银领工程——计算机项目案例与技能实训丛书

网络组建与管理

（第 2 版）

（累计第 4 次印刷，总印数 17000 册）

九州书源　编著

清华大学出版社

北　京

内 容 简 介

　　本书主要介绍了计算机网络组建与管理的相关知识，主要包括计算机网络基础知识、服务器操作系统和网络协议、网络组建相关设备、组网工具与传输介质、组建对等网、组建服务器/客户机网、组网应用实例、局域网连接到 Internet、网络的应用和局域网的安全与维护等知识。

　　本书采用了基础知识、应用实例、项目案例、上机实训、练习提高的编写模式，力求循序渐进、学以致用，并切实通过项目案例和上机实训等方式提高应用技能，适应工作需求。

　　本书提供了教学课件、电子教案和考试试卷等相关教学资源，读者可以登录 http://www.tup.com.cn 网站下载。

　　本书适合作为职业院校、培训学校、应用型院校的教材，也是非常好的自学用书。

图书在版编目（CIP）数据

网络组建与管理/九州书源编著．—2 版．—北京：清华大学出版社，2011.12
银领工程——计算机项目案例与技能实训丛书

ISBN 978-7-302-26926-7

I. ①网…　II. ①九…　III. ①计算机网络-教材　IV. ①TP393

中国版本图书馆 CIP 数据核字（2011）第 194526 号

责任编辑：赵洛育
版式设计：文森时代
责任校对：姜　彦
责任印制：何　芊

出版发行：清华大学出版社　　　　　　　　地　　址：北京清华大学学研大厦 A 座
　　　　　http://www.tup.com.cn　　　　　　邮　　编：100084
　　　　　社　总　机：010-62770175　　　　邮　　购：010-62786544
　　　　　投稿与读者服务：010-62776969，c-service@tup.tsinghua.edu.cn
　　　　　质　量　反　馈：010-62772015，zhiliang@tup.tsinghua.edu.cn
印　装　者：北京鑫海金澳胶印有限公司
经　　销：全国新华书店
开　　本：185×260　印　张：17.5　字　数：404 千字
版　　次：2011 年 12 月第 2 版　　印　　次：2011 年 12 月第 1 次印刷
印　　数：1～6000
定　　价：32.80 元

产品编号：042661-01

丛 书 序
Series Preface

本丛书的前身是"电脑基础·实例·上机系列教程"。该丛书于 2005 年出版，陆续推出了 34 个品种，先后被 500 多所职业院校和培训学校作为教材，累计发行 **100 余万册**，部分品种销售在 50000 册以上，多个品种获得**"全国高校出版社优秀畅销书"一等奖**。

众所周知，社会培训机构通常没有任何社会资助，完全依靠市场而生存，他们必须选择最实用、最先进的教学模式，才能获得生存和发展。因此，他们的很多教学模式更加适合社会需求。本丛书就是在总结当前社会培训的教学模式的基础上编写而成的，而且是被广大职业院校所采用的、最具代表性的丛书之一。

很多学校和读者对本丛书耳熟能详。应广大读者要求，我们对该丛书进行了改版，主要变化如下：

- 建立完善的立体化教学服务。
- 更加突出"应用实例"、"项目案例"和"上机实训"。
- 完善学习中出现的问题，更加方便学生自学。

一、本丛书的主要特点

1．围绕工作和就业，把握"必需"和"够用"的原则，精选教学内容

本丛书不同于传统的教科书，与工作无关的、理论性的东西较少，而是精选了实际工作中确实常用的、必需的内容，在深度上也把握了以工作够用的原则，另外，本丛书的应用实例、上机实训、项目案例、练习提高都经过多次挑选。

2．注重"应用实例"、"项目案例"和"上机实训"，将学习和实际应用相结合

实例、案例学习是广大读者最喜爱的学习方式之一，也是最快的学习方式之一，更是最能激发读者学习兴趣的方式之一，我们通过与知识点贴近或者综合应用的实例，让读者多从应用中学习、从案例中学习，并通过上机实训进一步加强练习和动手操作。

3．注重循序渐进，边学边用

我们深入调查了许多职业院校和培训学校的教学方式，研究了许多学生的学习习惯，采用了基础知识、应用实例、项目案例、上机实训、练习提高的编写模式，力求循序渐进、学以致用，并切实通过项目案例和上机实训等方式提高应用技能，适应工作需求。唯有学以致用，边学边用，才能激发学习兴趣，把被动学习变成主动学习。

二、立体化教学服务

为了方便教学，丛书提供了立体化教学网络资源，放在清华大学出版社网站上。读者登录 http://www.tup.com.cn 后，在页面右上角的搜索文本框中输入书名，搜索到该书后，单击"立体化教学"链接下载即可。"立体化教学"内容如下。

- **素材与效果文件**：收集了当前图书中所有实例使用到的素材以及制作后的最终效果。读者可直接调用，非常方便。
- **教学课件**：以章为单位，精心制作了该书的 PowerPoint 教学课件，课件的结构与书本上的讲解相符，包括本章导读、知识讲解、上机与项目实训等。
- **电子教案**：综合多个学校对于教学大纲的要求和格式，编写了当前课程的教案，内容详细，稍加修改即可直接应用于教学。
- **视频教学演示**：将项目实训和习题中较难、不易于操作和实现的内容，以录屏文件的方式再现操作过程，使学习和练习变得简单、轻松。
- **考试试卷**：完全模拟真正的考试试卷，包含填空题、选择题和上机操作题等多种题型，并且按不同的学习阶段提供了不同的试卷内容。

三、读者对象

本丛书可以作为职业院校、培训学校的教材使用，也可作为应用型本科院校的选修教材，还可作为即将步入社会的求职者、白领阶层的自学参考书。

我们的目标是让起点为零的读者能胜任基本工作！

欢迎读者使用本书，祝大家早日适应工作需求！

九州书源

前　言
Preface

　　随着网络在人们日常生活和工作中的不断普及，其使用范围越来越大。与此同时，网络组建中出现的疑难也越来越多。了解网络的基本知识，计算机网络组建所需要的硬件，掌握局域网的组建、维护及管理方法乃至计算机安全防护都已成为很多企业对员工的基本要求。

　　本书即迎合这一时代趋势，针对目前网络管理人员这一特殊行业中不同层次读者的实际需要，讲解他们最基本也是最迫切想要掌握的内容。从计算机网络的基础知识开始，介绍各种类型的局域网的组建方案和管理、局域网访问 Internet 及共享 Internet 连接的方法、组建网络服务器、局域网的安全和维护等实用操作知识。

📖 本书的内容

　　本书共 10 章，可分为 8 个部分，各部分具体内容如下。

章　节	内　容	目　的
第1部分（第1~2章）	网络的基础知识、服务器操作系统及网络通信协议等	了解组建网络的基础知识以及网络通信协议
第2部分（第3~4章）	网络所需的硬件设备、组网工具和网络设备间的传输介质等	对组建网络所需设备和工具有所认识和了解
第3部分（第5章）	组建对等网的方法，在对等网中共享文件、打印机和映射使用网络驱动器等	掌握对等网的组建方法，并利用对等网共享资源
第4部分（第6章）	组建服务器/客户机网的方法，以及使用和管理与其相关的设置等	掌握服务器/客户机网的组建及配置方法
第5部分（第7章）	宿舍局域网、校园局域网、网吧局域网、公司局域网和无线局域网的组建实例	掌握各种局域网的组建方法
第6部分（第8章）	局域网连接到 Internet 的不同方式、Internet的共享方法等	掌握各种上网方式的连接方法及共享Internet资源的方法
第7部分（第9章）	创建FTP和HTTP服务器、架设BBS服务器和建立Foxmail电子邮局等	掌握各种网络服务器的建立和使用
第8部分（第10章）	病毒的相关知识和防范病毒的方法、黑客常见的攻击方式和使用网络防火墙保障网络安全、数据的加密和备份、局域网的日常维护方法等	能够有效管理局域网，保障网络安全

✍ 本书的写作特点

　　本书图文并茂、条理清晰、通俗易懂、内容翔实，在读者难于理解和掌握的地方给出了提示或注意事项，以帮助读者加深理解或少走弯路。另外，书中还配置了大量的实例和练习，让读者在不断的实际操作中强化书中讲解的内容。

本书每章按"学习目标+目标任务&项目案例+基础知识与应用实例+上机与项目实训+练习与提高"结构进行讲解。

- ➥ **学习目标**：以简练的语言列出本章知识要点和实例目标，使读者对本章将要讲解的内容做到心中有数。
- ➥ **目标任务&项目案例**：给出本章部分实例和案例结果，让读者对本章的学习有一个具体的、看得见的目标，不至于感觉学了很多却不知道干什么用，以至于失去学习兴趣和动力。
- ➥ **基础知识与应用实例**：将实例贯穿于知识点中讲解，使知识点和实例融为一体，让读者加深理解思路、概念和方法，并模仿实例的制作，通过应用举例强化巩固小节知识点。
- ➥ **上机与项目实训**：上机实训为一个综合性实例，用于贯穿全章内容，并给出具体的制作思路和制作步骤，完成后给出一个项目实训，用于进行拓展练习，还提供实训目标、视频演示路径和关键步骤，以便于读者进一步巩固。
- ➥ **项目案例**：为了更加贴近实际应用，本书给出了一些项目案例，希望读者能完整了解整个制作过程。
- ➥ **练习与提高**：本书给出了不同类型的习题，以巩固和提高读者的实际动手能力。

另外，本书还提供有教学课件、电子教案和考试试卷等相关立体化教学资源，立体化教学资源放置在清华大学出版社网站（http://www.tup.com.cn），进入网站后，在页面右上角的搜索引擎中输入书名，搜索到该书，单击"立体化教学"链接即可。

☺ 本书的读者对象

本书主要供各大中专院校、高职院校和各类计算机培训学校作为计算机网络教材使用，也可供计算机网络初学者和爱好者自学使用，尤其适合作为职业院校、社会培训和应用型本科院校的教材使用。

✉ 本书的编者

本书由九州书源编著，参与本书资料收集、整理、编著、校对及排版的人员有：羊清忠、陈良、杨学林、卢炜、夏帮贵、刘凡馨、张良军、杨颖、王君、张永雄、向萍、曾福全、简超、李伟、黄沄、穆仁龙、陆小平、余洪、赵云、袁松涛、艾琳、杨明宇、廖宵、牟俊、陈晓颖、宋晓均、朱非、刘斌、丛威、何周、张笑、常开忠、唐青、骆源、宋玉霞、向利、付琦、范晶晶、赵华君、徐云江、李显进等。

由于作者水平有限，书中疏漏和不足之处在所难免，欢迎读者朋友不吝赐教。如果您在学习的过程中遇到什么困难或疑惑，可以联系我们，我们会尽快为您解答。联系方式是：

E-mail：book@jzbooks.com。

网 址：http://www.jzbooks.com。

编 者

导　读

Introduction

章　名	操 作 技 能	课 时 安 排
第 1 章　网络基础知识	1. 了解计算机网络的定义、发展史、功能和应用 2. 熟悉计算机网络的分类 3. 认识计算机网络的拓扑结构 4. 认识计算机网络的组成	2 学时
第 2 章　服务器操作系统和网络协议	1. 熟悉服务器操作系统的安装 2. 了解网络协议与体系结构的概念 3. 认识 TCP/IP 协议 4. 认识其他网络协议	2 学时
第 3 章　网络组建相关设备	1. 了解网卡的类型、性能和选购方法 2. 了解 Modem 的类型、性能和选购方法 3. 了解交换机的类型、性能和选购方法 4. 了解路由器的类型、性能和选购方法 5. 认识网关和网桥等其他网络设备	2 学时
第 4 章　组网工具与传输介质	1. 了解常用的网络组建工具 2. 认识双绞线 3. 认识同轴电缆 4. 认识光纤 5. 认识各种无线传输介质 6. 了解其他网络传输方式	2 学时
第 5 章　组建对等网	1. 了解对等网的基础知识 2. 学习对等网的组建 3. 熟悉共享对等网的资源	2 学时
第 6 章　组建服务器/客户机网	1. 了解服务器/客户机网 2. 熟悉服务器/客户机网的组建 3. 学会服务器/客户机操作系统的配置	2 学时
第 7 章　组网应用实例	1. 学习组建宿舍局域网 2. 学习组建校园局域网 3. 学习组建网吧局域网 4. 学习组建公司局域网 5. 学习组建无线局域网	3 学时
第 8 章　局域网连接到 Internet	1. 了解普通 Modem 拨号上网 2. 熟悉使用 ADSL 上网 3. 认识其他 Internet 接入方式 4. 学会共享 Internet 连接	3 学时
第 9 章　网络的应用	1. 学会建立 FTP 和 HTTP 服务器 2. 了解架设 BBS 服务器 3. 熟悉建立 Foxmail 电子邮局	2 学时

续表

章　名	操　作　技　能	课 时 安 排
第 10 章　局域网的安全和维护	1. 了解网络安全知识 2. 学会在网络中防御病毒 3. 认识和防御黑客攻击 4. 熟悉使用网络防火墙 5. 掌握数据加密与备份的方法 6. 学习局域网的日常维护	4 学时

目　录
Contents

第 1 章　网络基础知识

学习目标

- ☑ 了解计算机网络的定义、发展史、功能和应用
- ☑ 熟悉计算机网络的分类
- ☑ 认识计算机网络的拓扑结构
- ☑ 熟悉计算机网络的组成

1.1　计算机网络概述

网络化是计算机技术发展的一种必然趋势，随着对信息、数据交换需求的增加以及对复杂计算要求的提高，很多电器类都要求实现联网，以建立智能化、功能强大的网络平台。

1.1.1　计算机网络的定义

计算机网络，是指将地理位置不同的、具有独立功能的多台计算机及其外部设备，通过通信线路连接起来，在网络操作系统、网络管理软件及网络通信协议的管理和协调下，实现资源共享和信息传递的计算机系统。

可以用最简单的方法定义计算机网络，就是一些相互连接的、以共享资源为目的的、自治的计算机的集合。例如最简单的计算机网络就是只有两台计算机和连接它们的一条链路，即两个节点和一条链路，因为没有第三台计算机，所以不存在交换的问题。而最庞大的计算机网络就是因特网，它由若干计算机网络通过许多路由器互联而成，因此因特网也称为网络的网络。另外，从网络媒介的角度来看，计算机网络可以看作是由多台计算机通过特定的设备与软件连接起来的一种新的传播媒介。

1.1.2　计算机网络的发展史

计算机发展的早期并没有网络，网络是随着计算机技术的发展而形成的。计算机网络大致产生于 20 世纪 50 年代中期，20 世纪 60 年代得到了高速发展。迄今为止，计算机网络的发展大致可以划分为五代。

1. 第一代网络

早在 20 世纪 50 年代，人们利用通信线路，将多台终端设备连到一台计算机上，构成"主机–终端"系统，如图 1-1 所示。这种面向终端的计算机网络雏形，称为第一代计算机网络。

📢提示：

这里所说的终端不能够单独进行数据处理，仅能完成简单的输入/输出，所有数据处理和通信处理任务均由计算机主机完成。

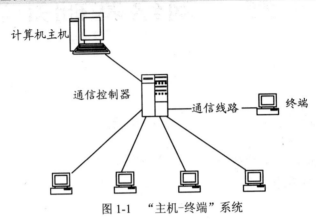

图1-1　"主机-终端"系统

第一代计算机网络——"主机-终端"系统，由于终端没有独立处理数据的能力，因此并不是真正意义上的计算机网络。但在该阶段中，逐步开始了计算机技术与通信技术相结合的研究，是当代计算机网络发展的基础。

2．第二代网络

第二代网络出现于20世纪60年代后期，其代表是美国国防部高级研究计划署协助开发的ARPAnet，它由多个主机通过通信线路连接起来。此时还没有比较完善的网络操作系统对网络通信进行管理，所以第二代计算机网络也被称为网络的初级阶段。

3．第三代网络

第三代网络的发展始于20世纪80年代中期，此时网络已经发展得比较规范了，具有统一的网络体系结构。在这一阶段，局域网得到了广泛的应用和迅猛的发展。

4．第四代网络

第四代网络即目前使用最广泛的网络系统。Internet是网络发展的代表产物。此时局域网技术发展趋于成熟，出现了光纤及高速网络技术。多媒体、智能网络也得到了迅速发展。

5．第五代网络

第五代计算机网络的发展趋势将是通信技术与计算机技术的进一步聚合，并且将改变各自原有的基本特征。未来的信息网络将各种功能分成以下3个层次。

- 比特路（Bitways）：是负责把二进制位流从一个位置传送到另一个位置的网络，如使用SDH传输网络构造的ATM网络、与IP协议接口的Internet等。
- 服务（Services）：提供一组通用或支撑特性，作为计算和通信基础设施的一部分，用于构造其他所有的网络应用，如音频或视频传送、文件系统管理、打印、电子支付机制、加密和密钥分发、可靠数据传递等都属于服务。
- 应用（Applications）：是提供给用户的一组有价值的功能，如电子邮件、电话、数据库访问、文件传送、WWW 浏览和视频会议系统等。

1.1.3　计算机网络的功能

计算机网络的功能主要体现在 3 个方面。

1. 数据通信

数据通信是计算机网络最基本的功能。它用来快速传送计算机与终端、计算机与计算机之间的各种信息，包括文字信件、新闻消息、咨询信息、图片资料和报纸版面等。利用这一特点，可实现将分散在各个地区的单位或部门用计算机网络联系起来，进行统一的调配、控制和管理。

2. 资源共享

资源指网络中所有的软件、硬件和数据资源。共享则是网络中的用户都能够部分或全部地享受这些资源。例如，某些地区或单位的数据库（如各种票据等）可供全网使用；某种设计的软件可供需要的地方有偿调用或办理一定手续后调用；一些外部设备（如打印机），可面向用户，使不具有这些设备的地方也能使用这些硬件设备。如果不能实现资源共享，各地区都需要有完整的一套软、硬件及数据资源，这将大大地增加全系统的投资费用。

3. 分布处理

由于单一计算机的处理能力非常有限，而利用计算机网络，可通过网络中的计算机协同操作和并行处理来提高整个系统的处理能力，并使网内各计算机负载均衡。因此，通过计算机网络可以缓解用户资源缺乏的矛盾，使各种资源得到合理的调整。另一方面，对某些大型的任务而言，通过网络将其分散到多个计算机上进行处理，也可以使各地的计算机通过网络资源共同协作，从而提高系统的处理能力。

1.1.4　计算机网络的应用

从计算机网络的功能来看，网络主要应用于 5 个方面。

1. 联机事务处理

联机事务处理是指利用计算机网络，将分布于不同地理位置的业务处理计算机设备或网络与业务管理中心网络连接，以便于在任何一个网络节点上都可以进行统一、实时的业务处理活动或客户服务。

联机事务处理在金融、证券、期货以及信息服务等系统得到广泛的应用，主要表现在以下几个方面。

- 金融系统的银行业务网，通过拨号线、专线、分组交换网和卫星通信网覆盖整个国家甚至于全球，可以实现大范围的储蓄业务通存通兑，在任何一个分行、支行进行全国范围内的资金清算与划拨。
- 在自动提款机网络上，用户可以持信用卡在任何一台自动提款机上获得提款、存款及转账等服务。在期货、证券交易网上，遍布全国的所有会员公司都可以在当地通过计算机进行报价、交易、交割、结算及信息查询。

➥ 民航订售票系统也是典型的联机事务处理，在全国甚至全球范围内提供民航机票的预订和售票服务。

2．企业信息网络

企业信息网络是指专门用于企业内部信息管理的计算机网络，一般为一个企业所专用，覆盖企业生产经营管理的各个部门，在整个企业范围内提供硬件、软件和信息资源的共享。根据企业经营管理的地理分布状况，企业信息网络既可以是局域网，也可以是广域网，既可以在近距离范围内自行铺设网络传输介质，也可以在远程区域内利用公共通信传输介质，它是企业管理信息系统的重要技术基础。

在企业信息网络中，业务职能的信息管理功能是由作为网络工作站的微型计算机提供的，可进行日常业务数据的采集和处理，而网络的控制中心和数据共享与管理中心由网络服务器或一台功能较强的中心主机实现，对于分布广泛的分公司、办事处、库房等异地业务部门，可根据其业务管理的规模和信息处理的特点，通过远程仿真终端、网络远程工作站或局域网远程互连实现彼此间的互连。

◀᷈提示：

> 目前，企业信息网络已成为现代企业的重要特征和实现有效管理的基础，通过企业信息网络，企业可以摆脱地理位置所带来的不便，对广泛分布于各地的业务进行及时、统一的管理与控制，并实现全企业范围内的信息共享，从而大大提高企业在全球化市场中的竞争能力。

3．电子邮件系统

电子邮件系统是在计算机及计算机网络的数据处理、存储和传输等功能基础之上构造的一种非实时通信系统。

电子邮件的基本原理是：在计算机网络主机或服务器的存储器中为每一个邮件用户建立一个电子邮箱，并赋予一个邮箱地址，邮件发送者可以在计算机网络工作站上进行邮件的编辑处理，并通过收件人的电子信箱地址表明邮件目的地。邮件发出后，网络通信设备根据邮件中的目的地址，确定最佳的传输路径，将邮件传输到收件人所在的网络主机或服务器上，并存入相应的邮箱中，收件人可随时通过网络工作站打开自己的邮箱，查阅所收到的邮件信息。

◀᷈提示：

> 目前，全球范围内的电子邮件服务都是通过基于分组交换技术的数据通信网提供的。随着网络能力的提高和网络用户的增加，电子邮政将逐渐替代传统的信件投递系统，成为人们广泛应用的非实时通信手段。

4．电子数据交换

电子数据交换（Electronic Data Interchange，EDI）系统是以电子邮件系统为基础扩展而来的一种专用于贸易业务管理的系统，它将商贸业务中贸易、运输、金融、海关和保险等相关业务信息，用国际公认的标准格式，通过计算机网络，按照协议在贸易合作者的计算机系统之间快速传递，完成以贸易为中心的业务处理过程。由于EDI可以取代以往在交易者之间传递的大量书面贸易文件和单据，有时也被称为无纸贸易。

EDI的应用是以经贸业务文件、单证的格式标准和网络通信的协议标准为基础的。商贸信息是 EDI 的处理对象，如订单、发票、报关单、进出口许可证、保险单和货运单等规范化的商贸文件，它们的格式标准是十分重要的，标准决定了 EDI 信息可被不同贸易伙伴的计算机系统所识别和处理。EDI 的信息格式标准普遍采用联合国欧洲经济委员会制订并推荐使用的 EDIFACT 标准。EDI 适用于需处理与交换大量单据的行业和部门，其业务特征是交易频繁、周期性作业、大容量的数据传输和数据处理等。

5. POS 系统

POS（Point Of Sales）系统是基于计算机网络的商业企业管理信息系统，它将柜台上用于收款结算的商业收款机与计算机系统联成网络，对商品交易提供实时的综合信息管理和服务，其主要特点如下：

- 商业收款机本身是一种专用计算机，具有商品信息存储、商品交易处理和销售单据打印等功能，既可以单独在商业销售点使用，也可以作为网络工作站在网络上运行。
- POS 系统将商场的所有收款机与商场的信息系统主机互连，实现对商场的进、销、存业务进行全面管理，并可以与银行的业务网通信，支持客户用信用卡直接结算。
- POS 系统不仅能够使商业企业的进、销、存业务管理系统化，提高服务质量和管理水平，并且能够与整个企业的其他各项业务管理相结合，为企业的全面、综合管理提供信息基础，并对经营和分析决策提供支持。

1.2　计算机网络的分类

计算机网络分类的方法很多，对计算机网络进行分类时，根据其强调的网络特性不同，分类方法也不同。

1.2.1　计算机网络的分类方式

计算机网络的分类方式主要有以下几种。

- **按网络覆盖范围分类**：计算机根据覆盖的地域范围与规模可以分为 4 类，分别是局域网（Local Area Network，LAN）、城域网（Metropolitan Area Network，MAN）、广域网（Wide Area Network，WAN）和国际互联网（Internet Working，Internet），这种分类方式也是最常用的。
- **按服务方式分类**：按服务方式分类，可将计算机网络分为对等网和客户机/服务器网络两种。
- **按网络的拓扑结构分类**：网络的拓扑结构是指网络中通信线路、计算机以及其他设备的物理布局。按照网络拓扑结构分类，主要有星型网络、环型网络、总线型网络、分布式网络、树型网络、网状网络和蜂窝网络等类型。
- **按网络传输介质分类**：按传输介质分类，可将计算机网络分为有线网和无线网两种。
- **按网络的使用性质分类**：网络的使用性质主要是指该网络服务的对象和组建的原因，按使用性质，主要分为公用网、专用网和利用公用网组建的专用网等类型。

1.2.2 局域网

　　局域网一般是在一个有限的范围之内，通常是一个公司、家庭或校园等，联网的计算机不多，网络规模不大，其特点是组网便利、传输效率高、维护简单方便，因此局域网在中小型企业中得到了广泛的应用。如图 1-2 所示为局域网示意图。局域网包含双机互连和多机相连两种网络连接情况，其中两台计算机直接连接是最简单的一种网络。而局域网又可分为对等网和服务器/客户机网。局域网是本书研究的重点，将在后面章节进行详细介绍。

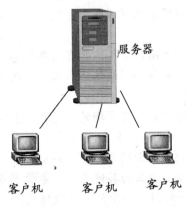

图 1-2　局域网示意图

1.2.3 城域网

　　城域网可看作是规模更大的局域网，它一般以一个城市、大型学校或大型企业为单位，采用光纤作为主干线。这类网络的传输距离一般较远，传输容量也较大。如图 1-3 所示为城域网示意图。

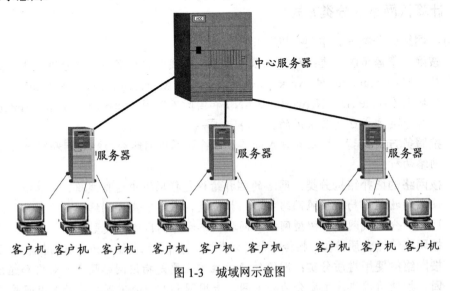

图 1-3　城域网示意图

1.2.4 广域网

广域网在地域上可以跨越国界、洲界，甚至覆盖全球范围。目前，Internet 是现今世界上最大的广域计算机网络，是一个横跨全球、供公共商用的广域网络。除此之外，许多大型企业以及跨国公司和组织也建立了属于内部使用的广域网络。如原邮电部的CHINANET、CHINAPAC 和 CHINADDN 网。如图 1-4 所示为广域网示意图。

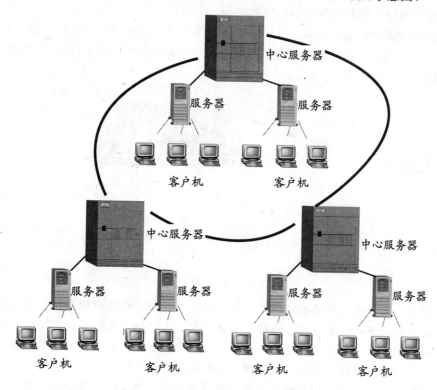

图 1-4 广域网示意图

1.2.5 Internet

Internet 也叫国际互联网或因特网，它是一组全球信息资源的总汇。有一种粗略的说法，认为 Internet 是由许多小的网络（子网）互联而成的一个逻辑网，每个子网中连接着若干台计算机（主机）。Internet 以相互交流信息资源为目的，基于一些共同的协议，并通过许多路由器和公共互联网而成，它是一个信息资源和资源共享的集合。

1.3 计算机网络的拓扑结构

每一种网络都要求有布线、网络设备、文件服务器、服务器和软件等，这些要素以各种不同的方式进行综合而创建出所需的网络。有些网络的启动成本很低，但是维护和升级的代价很高；而另有一些网络虽然建立时耗资较大，但易于维护和升级。

区分网络类型很直观的一点就是网络的拓扑结构。拓扑结构是指网络的物理布局及其逻辑特征。物理布局就像是描述办公室、建筑物或校园中进行布线的示意图，通常称为电缆线路。网络的逻辑是指信号沿电缆的一点向另一点进行传输的方式。

网络的布局可以分散开，电缆在网络的各个站铺开，也可以是集中的，每个站都与在工作站间的中央设备进行物理连接。分散布局就像一队登山者，每个登山者位于山的不同位置上，但都由一条很长的绳子连接着。集中布局像星空，工作站是每一颗星星，拓扑结构的逻辑特征包括数据包在网络中传递的路径。

网络的物理拓扑结构根据其几何形状可分为星型、总线型和环型 3 种。这些拓扑结构可进一步组合成目录式和混合式网络拓扑结构。每一种网络结构都由结点、链路和通路等几部分组成，其结构如图 1-5 所示。

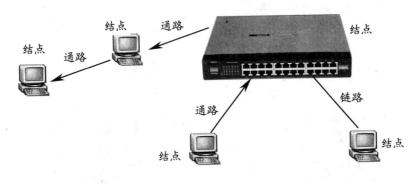

图 1-5　网络拓扑结构

- **结点**：又被称做网络单元，是网络系统中的各种数据处理设备、数据通信控制设备和数据终端设备。常见的结点有服务器、工作站、集线器和交换机等设备。
- **链路**：是两个结点间的连线。链路可分为物理链路和逻辑链路两种，前者指实际存在的通信线路，后者指在逻辑上起作用的网络通路。
- **通路**：是指从发出信息的结点到接收信息的结点之间的一串结点和链路。即是一系列穿越通信网络而建立起的结点到结点的链路。

1.3.1　星型网络拓扑结构

星型网络拓扑结构是最古老的一种通信方法，最早出现于电话交换系统中。尽管如此，在先进的网络技术推动下，星型网络拓扑结构成为现代网络很好的选择。星型网络拓扑结构由与中央集线器相连的多个结点组成。集线器是一种将单独的电缆段或单独的局域网连接为一个网络的中央设备，有些集线器也被称为集中器或存取装置。星型网络拓扑结构如图 1-6 所示。

由星型网络拓扑结构可看出星型网络具有以下特点：

- 星型网络的优点是结构简单、连接方便、管理和维护都相对容易，而且扩展性强。
- 在同一网段内支持多种传输介质，除非中心结点故障，否则网络不会轻易瘫痪。
- 星型网络的缺点是安装和维护的费用较高，且共享资源的能力较差。
- 中心结点要求相当高，一旦中心结点出现故障则整个网络瘫痪。

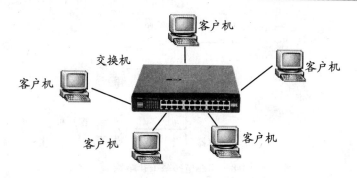

图 1-6　星型网络拓扑结构

1.3.2　环型网络拓扑结构

在环型网络拓扑结构（ring topology）中，数据的路径是连续的，没有逻辑的起点与终点，因此也就没有终结器。工作站和文件服务器在环的周围各点上相连。当数据传输到环时，将沿着环从一个结点流向另一个结点，找到其目标，然后继续传输直到回到原结点。环型网络拓扑结构如图 1-7 所示。

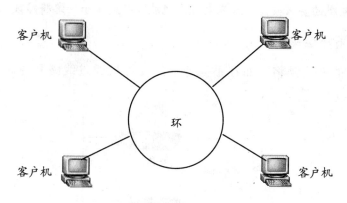

图 1-7　环型网络拓扑结构

由环型网络的拓扑结构，可看出环型网络具有以下特点：

- ➥ 电缆长度短，可节约费用；光纤传输速率高，网络性能稳定。
- ➥ 环型网络中每台计算机都拥有相同的访问权，所以整个网络中的数据不会出现冲突。
- ➥ 要扩充网络比较困难，会影响网络的正常运行。
- ➥ 若网络中任一点出现故障，整个网络都会瘫痪，影响网络的正常运行。

1.3.3　总线型网络拓扑结构

总线型网络拓扑结构（bus topology）由一台 PC 机或文件服务器连向另一台的电缆组成，与链接非常相似。与链接一样，采用总线型拓扑结构的网络有一个起点和一个终点，也就是与总线电缆段每个端点相连的终结器。传送包时，段中所有的结点都要对包进行检测，而且包必须在给定时间内到达目标。总线网络必须符合 IEEE 的长度规范，以确保包在期望的时间内到达。如图 1-8 所示为一个简单的总线型网络拓扑结构。

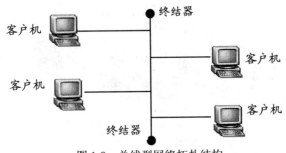

图1-8　总线型网络拓扑结构

🔊 **提示：**

> IEEE 是由一些科学家、工程师、技术人员和教育者组成的组织，在发展网络布线和数据传输的标准方面发挥着领导作用。

由总线型网络的拓扑结构，可看出总线型网络具有以下特点：

- 在总线型网络中，所有结点的地位都是平等的，没有主从之分。
- 由于是共享电缆的带宽，若接入的计算机数量较多，则网络速度会明显下降。
- 对总线电缆的要求较高，如果电缆出现故障，则整个网络将瘫痪。

1.3.4　分布式拓扑结构

分布式拓扑的网络是将分布在不同地点的计算机通过线路互连起来的一种网络形式，其结构如图1-9所示。

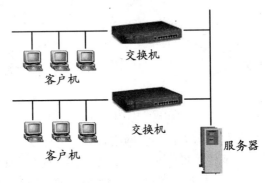

图1-9　分布式拓扑结构

分布式拓扑结构的优点如下：

- 由于采用分散控制，即使整个网络中的某个局部出现故障，也不会影响全网的操作，因而具有很高的可靠性。
- 网络中的路径选择最短路径算法，故网上延迟时间少，传输速率高。
- 各个结点间均可以直接建立数据链路，信息流程最短；便于全网范围内的资源共享。

分布式拓扑结构的缺点如下：

- 连接线路用电缆长，造价高。
- 网络管理软件复杂。

➥ 报文分组交换、路径选择、流向控制复杂，在一般局域网中不采用这种结构。

1.3.5　树型拓扑结构

树型拓扑结构的形状像一棵倒置的树，顶端是树根，树根以下带分支，每个分支还可再带子分支，如图 1-10 所示。"树根"接收各站点发送的数据，然后再广播发送到整个网络。树型拓扑结构的特点大多与总线型拓扑结构的特点相同，但也有一些特殊之处。

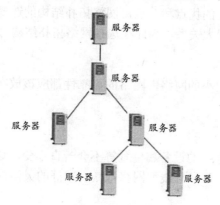

图 1-10　树型拓扑结构

树型拓扑结构的优点如下：

➥ **易于扩展**：这种结构可以延伸出很多分支和子分支，这些新结点和新分支都能容易地加入网络。

➥ **故障隔离较容易**：如果某一分支的结点或线路发生故障，很容易将故障分支与整个系统隔离开来。

树型拓扑结构的缺点是：各个结点对根的依赖性太大，如果根结点发生故障，则整个网络都不能正常工作。从这一点来看，树型拓扑结构的可靠性类似于星型拓扑结构。

1.3.6　网状拓扑结构

网状拓扑结构在广域网中得到了广泛的应用，其优点是不受瓶颈问题和失效问题的影响。由于结点之间有许多条路径相连，可以为数据流的传输选择适当的路由，从而绕过失效的部件或过忙的结点，如图 1-11 所示。这种结构由于可靠性高，受到用户的欢迎。

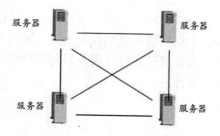

图 1-11　网状拓扑结构

1.3.7 蜂窝拓扑结构

蜂窝拓扑结构是无线局域网中常用的结构。它以无线传输介质（微波、卫星、红外等）点到点和多点传输为特征，是一种无线网，适用于城市网、校园网和企业网。

1.3.8 网络拓扑结构的选择

每种拓扑结构都有自己的优点和缺点，网络拓扑结构的选择还与传输介质的选择和介质访问控制方法的确定有很大关系。因此在选择网络拓扑结构时，需要考虑以下因素。

1. 网络的可靠性

无论组建什么类型和大小的网络，网络的可靠性都应该放在首位。因此在可靠性因素方面，星型网络是首选。

2. 网络的灵活性和扩展性

网络组建好后，其中连接的设备和位置等不会一直不变，这就需要网络拓扑结构具有较强的灵活性和扩展性。星型和总线型网络都具有较好的灵活性和扩展性。

3. 网络的组建费用

在组建网络时，组网的费用也是需要考虑的因素之一。网络组建费用的高低与拓扑结构和传输介质的选择、传输距离和网络所使用的硬件有很大关系。在组建网络之前应该将网络规划好，这样才能合理预算组建网络的费用。

从表 1-1 中可查看部分网络拓扑结构的特点。

表 1-1　部分网络拓扑结构的特点

网络拓扑结构	网络的可靠性	网络的灵活性和扩展性	费用及维护
星型网络拓扑结构	高	强	组网费用较高，维护简单方便
总线型网络拓扑结构	较高	稍差一些	组网费用低，维护困难
环型网络拓扑结构	较高	差	组网费用低，维护困难

1.4　计算机网络的组成

不同的计算机网络在网络规模、网络结构、通信协议和通信系统、计算机硬件及软件配置方面都有着很大的差异。无论网络的复杂程度如何，根据网络的定义，从系统组成上来说，一个计算机网络主要分为计算机系统（服务器与客户机）、数据通信系统（连接设备和传输介质）和网络软件 3 部分。

1.4.1 计算机系统

计算机系统是网络的基本组成部分，它主要完成数据信息的收集、存储、管理和输出的任务，并提供各种网络资源。计算机系统根据其在网络中的用途，主要由服务器和客户机组成。

1. 服务器

服务器（Server）在网络中居于核心地位，它是为网络中其他工作站提供服务，并管理工作站的高性能计算机。

服务器的配置和普通的台式计算机不同，它完全是为了满足网络中大量的数据通信量而配置的，除了具有高速的处理能力外，还配备了大容量的内存和高性能的网卡，甚至拥有磁盘和光盘阵列来满足大存储容量的需求。其实一般计算机也可充当服务器，只不过性能和专门的服务器相差太远。

根据功能不同，可将服务器分为打印服务器、文件服务器、通信服务器、备份服务器和网络服务器等。服务器的外观如图 1-12 所示。

根据服务器的定义可知，服务器是为其他计算机及设备提供服务的，这些服务包括：

- ➥ **打印服务**：为网络中的工作站提供打印功能。
- ➥ **文件服务**：为网络中的工作站提供文件共享资源和备份功能。
- ➥ **网络服务**：提供 WWW、FTP 和 E-mail 等网络服务功能。

图 1-12　服务器

2. 客户机

客户机（Workstation）在网络中又被称为工作站，是指在网络中享受由服务器提供服务的计算机（即普通的台式计算机或高性能的工作站）。客户机与服务器的不同之处在于，服务器是为网络中的工作站提供服务的，在网络中必须随时开启才能为其他工作站提供服务；而客户机专门享用服务器提供的服务，其接入和断开对网络几乎没有影响。客户机的外观如图 1-13 所示。

图 1-13　客户机

在不同的网络中，客户机又被称为结点。如拨号上网时，ISP 的服务器会给用户提供访问 Internet 的权限，使用户可连接到 Internet 上。当用户离开网络时，并不会影响 ISP 服务器的工作。

1.4.2　数据通信系统

数据通信系统是连接网络的桥梁，它提供各种连接技术和信息交换技术，主要由传输介质和网络连接设备等组成。

1. 网络传输介质

传输介质是指传输数据信号的物理通道，将网络中各种设备相互连接起来。网络中的传输介质是多种多样的，总的来说分为两类：无线传输介质和有线传输介质。常见的传输介质有光纤、双绞线、同轴电缆和无线电波等。

2. 网络连接设备

网络连接设备用来实现网络中各计算机之间的连接、网络与网络之间的互连、数据信号的变换和路由选择等功能。网络连接设备包括中继器、集线器、调制解调器、路由器以及交换机等。

1.4.3 网络软件

网络软件是计算机网络中不可或缺的组成部分。网络的正常工作需要网络软件的控制，就如同单个计算机是在软件的控制下工作一样。网络软件一方面授权用户对网络资源访问，帮助用户方便、快速地访问网络；另一方面，网络软件也能够管理和调度网络资源，提供网络通信和用户所需要的各种网络服务。网络软件一般包括网络操作系统、网络协议、管理和服务软件等。下面主要介绍常见的一些网络操作系统。

网络操作系统（OS）是网络用户和计算机网络之间的接口，以实现对整个网络的软硬件资源的控制和管理。网络操作系统是计算机网络的灵魂基础，没有网络操作系统的支持，服务器和客户机只能算是一堆"破铜烂铁"。网络操作系统可分为服务器操作系统和客户机操作系统两类。

1. 服务器操作系统

服务器操作系统是专门为服务器的特性而设定的，它除了具有一般计算机的功能外，还具有强大的网络管理功能。常见的服务器操作系统有 Windows NT Server、Windows 2000、Windows Sever 2003、Windows Server 2008、Linux、UNIX 和 NetWare 等，下面分别讲解。

- ➡ Windows NT 系列操作系统：Windows NT 是 Microsoft 公司推出的 32 位网络操作系统，如图 1-14 所示。它可以支持多种硬件平台，是一个功能强大、结构完善的操作系统。其操作简单，采用和 Windows 系统一致的图形用户界面，易于理解、操作和管理，并具有安全性高、32 位地址空间和抢先式多任务处理、硬件兼容性强、系统可靠性高、支持多种网络协议、支持 Internet 和 Intranet、管理方便以及具有数据备份功能等优点，包括 Windows NT Workstation(客户机)和 Windows NT Server（服务器）两个版本。

- ➡ Windows 2000 操作系统：Windows 2000 是 Microsoft 公司推出的主要面向网络应用的操作系统，如图 1-15 所示，包括 Windows 2000 Professional、Windows 2000 Server、Windows 2000 Advance Server 和 Windows 2000 Datacenter Server 4 个版本。它能够很好地支持客户机/服务器模式和对等模式的网络，同时还能够满足 TCP/IP 协议的许多附加功能的需要。此外，Windows 2000 操作系统具有支持更多文件系统、可靠性、稳定性、安全性、即插即用功能、自动系统恢复功能、活动目录功能、远程访问以及 Web 特性等突出的功能。

图 1-14　Windows NT Server 操作系统

图 1-15　Windows 2000 Server 操作系统

➥ **Windows Server 2003 操作系统**：Microsoft 公司推出的 Windows Server 2003 操作系统沿用了 Windows 2000 Server 的先进技术，同时结合了 Windows XP 漂亮的操作界面等特性，如图 1-16 所示，包括 Windows Server 2003 Standard（标准版）、Windows Server 2003 Enterprise（企业版）、Windows Server 2003 Datacenter（数据中心版）和 Windows Server 2003 Web（Web 服务器版）4 个版本，具有便于部署、管理和使用、安全的基础结构、可靠性、可用性、可伸缩性、便于创建动态 Intranet 和 Internet Web 站点、便于查找、共享和重新利用 XML Web 服务、稳定的管理工具以及降低支持成本等功能。

➥ **Windows Server 2008 操作系统**：Windows Server 2008 是 Microsoft 公司最新一代的 Windows Server 操作系统，其内置的 Web 和虚拟化技术，可增强服务器基础结构的可靠性和灵活性，如图 1-17 所示。新的虚拟化工具、Web 资源和增强的安全性可节省时间、降低成本，并且向用户提供了一个动态而优化的数据中心平台。强大的新工具，如 IIS7、Windows Server Manager 和 Windows PowerShell，能够加强对服务器的控制，并简化 Web、配置和管理任务。先进的安全性和可靠性增强功能，如 Network Access Protection 和 Read-Only Domain Controller，可加强服务器操作系统安全并保护服务器环境，确保坚实的业务基础。Windows Server 2008 包含 Windows Server 2008 Standard 、Windows Server 2008 Enterprise 、Windows Server 2008 Datacenter 、Windows Web Server 2008 、Windows HPC Server 2008 和 Windows Server 2008 for Itanium-Based Systems 6 种不同版本，另外还有 Windows Server 2008 Standard without Hyper-V、Windows Server 2008 Enterprise without Hyper-V 和 Windows Server 2008 Datacenter without Hyper-V 3 个不支持 Windows Server Hyper-V 技术的版本，因此共有 9 种版本。

图 1-16　Windows Server 2003 操作系统

图 1-17　Windows Server 2008 操作系统

➥ **UNIX 操作系统**：UNIX 是一个通用的、多用户的、交互型的操作系统，它以其良好的网络管理功能为广大用户所称赞，如图 1-18 所示。UNIX 系统多用于大型的网站或大型的企、事业局域网中。目前，UNIX 网络操作系统的版本有：AT&T 和 SCO 的 UNIXSVR3.2、SVR4.0 和 SVR4.2 等。如今，互联网中较大型的服务器都采用 UNIX 操作系统，这是因为 UNIX 提供了最完善的 TCP/IP 协议支持，并且非常稳定和安全。

- **Linux 操作系统**：开放源代码是 Linux 操作系统的最大特点，目前 Linux 操作系统仍主要应用于中、高档服务器中，如图 1-19 所示。Linux 操作系统支持多用户、多任务，并且具有传统的 DOS 命令行和苹果计算机系统的优点。

图 1-18　UNIX 操作系统　　　　　　　　图 1-19　Linux 操作系统

- **NetWare 操作系统**：Novell 网是美国 Novell 公司开发的一种高性能局域网系统，其核心是 NetWare 局域网操作系统。NetWare 操作系统是一个多进程、多任务系统，可根据用户的要求统一管理文件的打开、关闭以及读写操作。用户在使用 NetWare 操作系统时，能够独立调用某一个文件，也可以通过多用户软件来调用网络共享文件。NetWare 还能够同时支持多种拓扑结构，并具有较强的容错能力，这是其他操作系统无法比拟的。

2．客户机操作系统

客户机操作系统能完成一般计算机的工作，常见的客户机操作系统有 DOS、Windows 95、Windows 98、Windows Me、Windows XP、Windows Vista 和 Windows 7 等，下面分别讲解。

- **Windows 95 操作系统**：Windows 95 是 Microsoft 公司 1995 年推出的操作系统，如图 1-20 所示。它是一个混合的 16 位/32 位 Windows 系统，第一次抛弃了对前一代 16 位 x86 的支持，同时也是第一个特别捆绑了一个版本的 DOS 的 Windows 版本（Microsoft DOS 7.0）。它带来了更强大、更稳定、更实用的桌面图形用户界面，同时也结束了桌面操作系统间的竞争。在它发行的一两年内，便成为有史以来最成功的操作系统之一。

- **Windows 98 操作系统**：Windows 98 是 Windows 95 操作系统的全新升级版本，如图 1-21 所示。它全面集成了 Internet 标准，以 Internet 技术统一并简化桌面，使用户能够更快捷、简易地查找及浏览存储在个人计算机及网上的信息；其次，其速度更快，稳定性更佳。通过提供全新自我维护和更新功能，可以免去用户的许多系统管理工作，使用户专注于工作或游戏。

- **Windows Me 操作系统**：Windows Me（Windows Millennium Edition）是一个 16 位/32 位混合的 Windows 系统，也是最后一个基于 DOS 的混合 16 位/32 位的 Windows 9X 系列操作系统，如图 1-22 所示。它是在 Windows 95 和 Windows 98 的基础上开

发的，最重要的修改是系统不再包括实模式的 MS-DOS，另外，Windows Me 引进了"系统还原"日志和还原系统，这意味着简化了故障排查和问题解决工作。

图 1-20 Windows 95 操作系统

图 1-21 Windows 98 操作系统

➤ **Windows XP 操作系统**：Windows XP 是目前使用最为广泛的操作系统之一，如图 1-23 所示。Windows XP 操作系统具有非常强大的网络功能，如 Internet 连接共享、网络安装、Internet 连接防火墙等。Windows XP 操作系统主要包括 Home Edition、Professional 和 64-Bit Edition 3 个版本。

图 1-22 Windows Me 操作系统

图 1-23 Windows XP 操作系统

➤ **Windows Vista 操作系统**：Windows Vista 是 Microsoft 公司开发的第一代 64bit 系统，第一次引入了 Life Immersion 概念，即在系统中集成了许多人性的因素，并继承了 Windows XP 的标准性和安全性、可管理性和可靠性，以及即插即用、友好的用户界面和创新的支持服务等特性，如图 1-24 所示。主要包括 Windows Vista Business（商业版）、Windows Vista Enterprise（企业版）、Windows Vista Home Basic（家庭基础版）、Windows Vista Home Premium（家庭加强版）和 Windows Vista Ultimate（最终版）5 种不同版本。

➤ **Windows 7 操作系统**：Windows 7 是 Microsoft 公司最新的一代 Windows 操作系统，使用与 Windows Vista 相同的驱动模型，即基本不会出现兼容问题，如图 1-25 所示。Windows 7 的设计主要围绕 5 个重点——针对笔记本电脑的特有设计、基于应用服务的设计、用户的个性化、视听娱乐的优化和用户易用性的新引擎。

Windows 7 使用 Windows Vista 的版本分布原则，所以其正式版共有 6 大版本：Starter（简易版）、Home Basic（家庭基础版）、Home Premium（家庭高级版）、Professional（专业版）、Enterprise（企业版）和 Ultimate（旗舰版）。其中 Starter 是专门在上网本上运行的版本。

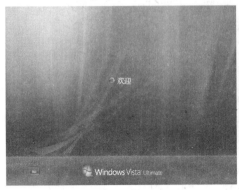

图 1-24　Windows Vista 操作系统

图 1-25　Windows 7 操作系统

1.5　练习与提高

（1）计算机网络是什么？你见过哪些类型的计算机网络？

（2）从网上搜集一些资料，详细了解计算机网络的发展历史。

（3）了解局域网、城域网、广域网的概念，仔细分析对比它们之间有什么不同。

🔊 提示：

从网络的规模、传输介质等方面进行比较。

（4）什么是网络的拓扑结构？常见的网络拓扑结构有哪些？

（5）什么是星型网络拓扑结构？它有哪些特点？

（6）在组建网络时选择网络拓扑结构应考虑哪些因素？

（7）网络由哪几部分组成？

（8）您见过或使用过哪些网络操作系统？

通过本章的学习可以了解计算机网络的基本知识，下面介绍几点本章中需注意的内容。

➥ TCP/IP 协议（实现网络的连通）和 FTP 协议（实现资源的共享）是目前计算机网络中使用最为广泛的协议。

➥ 在一个大型的网络拓扑结构中，根据实际需要，很多时候会使用几种拓扑结构结合的方式进行组网，以达到提高网络的可靠性、节约组网成本和利于故障的检测和维护等目的。

第2章　服务器操作系统和网络协议

学习目标

☑ 熟悉服务器操作系统的安装
☑ 了解网络协议与体系结构的概念
☑ 认识 TCP/IP 协议
☑ 认识其他网络协议

2.1　服务器操作系统

在选择服务器操作系统时，应从网络硬件和网络要求等各方面进行考虑。首先应考虑目前的网络硬件是否满足网络软件运行的基本要求，如果不能，会使网络的服务效率大大降低。其次，从网络要求的基本功能和服务出发，网络操作系统在满足现有要求的前提下，能够稳定地运行即可，不必一味追求新版本和新功能，由于新版本的操作系统并没有真正经历各种情况的考验，其稳定性很难保证。

2.1.1　服务器操作系统的特征

服务器操作系统具有如下特征：

- 具有基本操作系统的特征，如支持处理机、协议、自动硬件监测及应用程序的多重处理。
- 有很高的安全性，能够进行系统安全性保护和各类用户的存取权限控制。
- 提供服务名和目录。
- 提供文件和打印服务、Web 服务、支持和复制服务。
- 支持 Internet 网络，如路由选择和广域网端口。
- 用户管理并支持登录和离开网络、远程访问、系统管理、图形接口的管理和审计工具。
- 聚集能力、容错及高效性系统。
- 允许在不同的硬件平台上安装和使用，能够支持各种网络协议和网络服务。
- 提供必要的网络连接支持，能够连接两个不同的网络。
- 提供多用户协同工作的支持，具有多种网络设置和管理的工具软件，能够方便地完成网络的管理。

2.1.2 了解 Windows Server 2003 操作系统

Windows Server 2003 是 Microsoft 公司推出的网络服务器专用操作系统，它沿用了 Windows 2000 Server 的先进技术，并结合了 Windows XP 的多媒体、华丽的操作界面等特性，使之更易于部署、管理和使用，是目前使用最广泛的服务器操作系统。

1. Windows Server 2003 操作系统版本

Windows Server 2003 操作系统包括 Windows Server 2003 Standard（标准版）、Windows Server 2003 Enterprise（企业版）、Windows Server 2003 Datacenter（数据中心版）和 Windows Server 2003 Web（Web 服务器版）4 个版本。

- Windows Server 2003 Standard（标准版）：它是一个灵活、可靠的网络操作系统，是满足各种规模公司（特别是小企业和工作组）日常需要的多用途网络操作系统。
- Windows Server 2003 Enterprise（企业版）：这是为满足各种规模企业的一般用途和要求而设计的，它提供了理想的应用程序、Web 服务和基础结构平台，还具有高可靠性和高性能。
- Windows Server 2003 Datacenter（数据中心版）：主要是为运行企业和任务所倚重的数据库等应用程序而设计的，这些应用程序要求最高级别的可伸缩性、可用性和可靠性。
- Windows Server 2003 Web（Web 服务器版）：主要用于建立 Web 服务器和托管。

2. Windows Server 2003 的主要功能及特点

Windows Server 2003 的主要功能及特点如下。

1）便于部署、管理和使用

Windows Server 2003 操作简单，容易上手。有效的新向导简化了特定服务器的安装和日常服务器的管理任务，即使没有专职的系统管理员也易于管理。另外，针对系统管理员还有一些新增和改进的功能设计，让部署活动目录管理更为容易。改进的部署工具（如远程安装服务）可协助管理员快速创建系统映像及部署服务器。

2）安全的基础结构

对于保持企业的竞争力而言，高效、安全的网络计算是非常重要的。使用 Windows Server 2003 可以利用现有 IT 投资的优势，并通过部署关键功能将这些优势扩展到合作伙伴、顾客和供应商。Active Directory 中标识管理的范围跨越整个网络，有助于确保整个企业的安全。加密敏感数据非常容易，而且软件限制策略可用于防止由病毒和其他恶意代码造成的破坏。Windows Server 2003 是部署公钥结构（PKI）的最佳选择，而且其自动注册和自动更新功能使在企业中部署智能卡和证书非常简单。

3）可靠性、可用性、可伸缩性和其他性能均有了极大的提高

Windows Server 2003 通过一连串的新功能和改进功能增强了可靠性。Microsoft 群集服务目前支持高达 8 结点的群集以及地理散布的结点。支持从单处理器到 32 位系统的多种系统，提供了更好的可扩展性。整体而言，Windows Server 2003 的文件系统性能比以往的

操作系统提高了 140%，并且 Active Directory、XML Web 服务、终端服务和网络方面的性能也显著提高。

4）增强和采用最新技术降低了成本

Windows Server 2003 提供许多技术革新以帮助企业降低成本（TCO）。例如，Windows 资源管理器使管理员可以设置服务器应用程序的资源使用情况（处理器和内存），并通过组策略设置来管理。网络附加存储（NAS）帮助用户合并文件服务，其他改进包括对非唯一内存访问（NUMA）、Intel 超线程技术和多路输入/输出（I/O）等有助于服务器扩展性的支持。

5）便于创建动态 Intranet 和 Internet Web 站点

IIS 6.0 是 Windows Server 2003 中内置的 Web 服务器，它提供增强的安全性和可靠的结构（该结构提供对应用程序的隔离并极大地提高了性能），以获得更高的总体可靠性和运行时间。

6）用 Integrated Application Server 加快开发速度

Microsoft .NET 框架是集成在 Windows Server 2003 操作系统中的。Microsoft ASP.NET 帮助用户生成高性能的 Web 应用程序。由于有了 .NET-connected 技术，将开发人员从编写单调的错综复杂的代码中解脱出来，并且可以用他们已经掌握的编程语言和工具高效率地工作。Windows Server 2003 提供了许多提高开发人员生产效率和应用程序价值的功能。现有的应用程序可以被简便地重新打包成为 XML Web 服务。UNIX 应用程序可以被简便地集成或迁移，并且开发人员可以通过 ASP.NET 移动 Web 窗体控件和其他工具快速生成与移动有关的 Web 应用程序和服务。

7）便于查找、共享和重新利用 XML Web 服务

Windows Server 2003 包含了名为企业通用描述、发现与集成（Enterprise Universal Description，Discovery and Integration，UDDI）的服务。这一基于标准的 XML Web Services 的动态弹性基础结构可让组织运行自己的 UDDI 目录，用于在内部或外部网络更方便地搜索 Web Service 及其他编程资源。开发人员可以简便快速地发现并重新使用组织内的 Web Service。IT 管理人员可以分类和管理网络中的编程资源。企业 UDDI 服务也帮助企业建立更智能、更可靠的应用。

8）稳定的管理工具

新的组策略管理控制台（GPMC）使管理员可以更好地部署并管理那些自动调整关键配置区域（如用户的桌面、设置、安全和漫游配置文件）的策略。管理员可以用一套新的命令行工具使管理功能脚本化和自动化，而且大多数管理任务都能从命令行完成。对 Microsoft 软件更新服务（SUS）的支持可以帮助管理员使当前系统更新自动化，并且其影像复制服务将改进备份、还原和系统区域网（SAN）管理性任务。

9）降低支持成本、增强用户功能

由于有了新的影像复制功能，用户可以立即检索到以前版本的文件。分布式文件系统（DFS）和文件复制服务（FRS）的增强为用户提供一种一致的方法，使它们无论身在何处都能访问其文件。对于需要高级别安全性的远程用户，远程访问连接管理器可以被配置为给予用户对虚拟专用网络（VPN）的访问权，而不需要用户了解技术连接配置信息。

3．Windows Server 2003 的安装要求

由于 Windows Server 2003 在网络性能上的突出特点，受到了广大用户的青睐。在安装 Windows Server 2003 之前，需要了解其安装要求。

1）基本硬件配置

Windows Server 2003 操作系统的基本硬件配置如下。

- CPU：233MHz 或更快的处理器。
- 内存：128MB 以上的内存。
- 硬盘：大于 2GB 可用硬盘空间。
- 光盘驱动器：16X CD-ROM 驱动器。
- 显示器：支持 VGA 接口的监视器。
- 显卡：能够支持 800×600 分辨率和 16 位真彩色。
- 输入设备：Windows 兼容键盘和鼠标。

2）推荐硬件配置

Windows Server 2003 操作系统的推荐硬件配置如下。

- CPU：1GMHz 或更快的处理器。
- 内存：512MB 及以上的内存。
- 硬盘：10GB 以上可用空间。
- 光盘驱动器：32X 以上 CD-ROM 光驱。
- 显示器：至少支持 VGA 接口。
- 显卡：至少支持 800×600 分辨率和 16 位真彩色。
- 输入设备：Windows 兼容键盘和鼠标。

2.1.3 安装 Windows Server 2003 操作系统

安装 Windows Server 2003 操作系统是使用它的前提，下面通过实例介绍其安装方法。

【例 2-1】 从光盘全新安装 Windows Server 2003 企业版操作系统。

操作步骤如下：

（1）启动计算机并将安装光盘放入光驱，这时计算机将自动运行光盘中的安装程序，检测计算机的硬件设备，并自动加载安装所需要的文件，如图 2-1 所示。

（2）在打开的"欢迎使用安装程序"界面中按 Enter 键，开始安装 Windows Server 2003，如图 2-2 所示。

（3）打开"Windows 授权协议"界面，阅读 Windows Server 2003 企业版的授权协议后按 F8 键同意该协议，如图 2-3 所示。

（4）安装程序将提示选择安装分区，一般选择安装在 C 分区，由于本硬盘未进行分区和格式化，这里选择"未划分的空间"选项，按 Enter 键，如图 2-4 所示。

（5）安装程序打开界面询问用户选择何种文件系统格式，这里选择"用 NTFS 文件系统格式化磁盘分区（快）"选项，按 Enter 键，如图 2-5 所示。

图 2-1　放入安装光盘并检测硬件

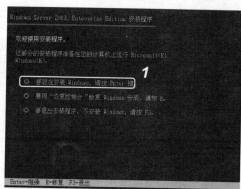

图 2-2　设置安装方式

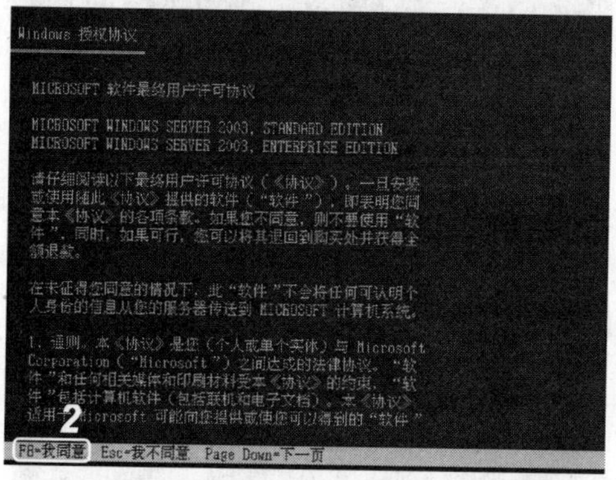

图 2-3　"Windows 受权协议"界面

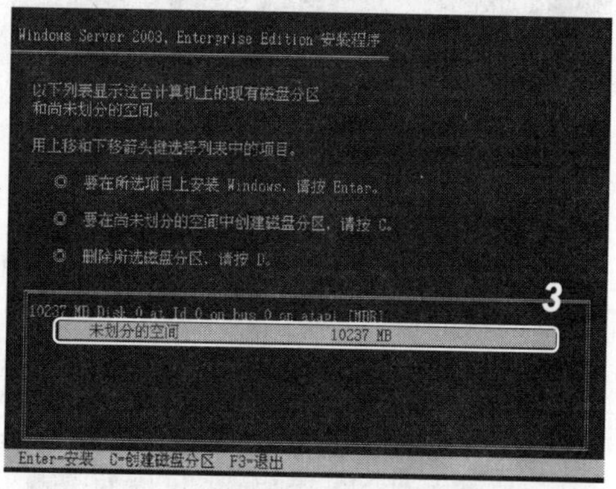

图 2-4　设置分区

（6）安装程序提示格式化分区将删除上面的所有文件，确认格式化则按 F 键，如图 2-6 所示。

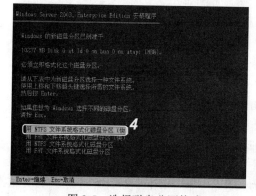

图 2-5　选择磁盘分区格式

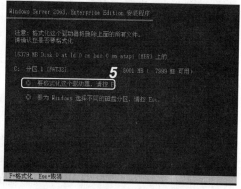

图 2-6　提示用户是否格式化磁盘

提示：

由于 Windows Server 2003 主要用于服务器，且占用的硬盘空间较大，出于对操作系统的安全性及实用性等方面的考虑，使用占用空间小、安全性更高的 NTFS 文件系统格式更加有利于发挥 Windows Server 2003 的性能。

（7）Windows Server 2003 的安装程序开始格式化硬盘分区并将其转换为 NTFS 文件系统格式，如图 2-7 所示。

（8）格式化完成后，Windows Server 2003 安装程序将需要的文件复制到硬盘中，如图 2-8 所示。

图 2-7　格式化磁盘分区

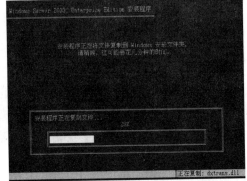

图 2-8　复制安装文件

（9）文件复制完成后，安装程序提示 15 秒后将自动重新启动计算机，按 Enter 键将立即重启，如图 2-9 所示。

（10）重新启动计算机后，安装程序将检测计算机中的硬件设备并安装相应驱动程序，如图 2-10 所示。

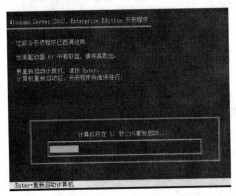

图 2-9　重新启动计算机

图 2-10　开始检测并安装设备

（11）在打开的"区域和语言选项"对话框中保持默认设置，单击 下一步(N) 按钮，如图 2-11 所示。

（12）在打开的"自定义软件"对话框的"姓名"和"单位"文本框中输入相关信息，单击 下一步(N) 按钮，如图 2-12 所示。

（13）在打开的"您的产品密钥"对话框的"产品密钥"文本框中输入安装光盘上的密码，单击 下一步(N) 按钮，如图 2-13 所示。

（14）在打开的"授权模式"对话框中选中 每服务器。同时连接数(V)：单选按钮，并在其后的数值框中输入"5"，单击 下一步(N) 按钮，如图 2-14 所示。

图 2-11　设置区域和语言

图 2-12　设置用户信息

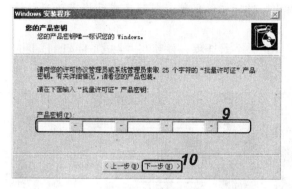

图 2-13　输入产品密码

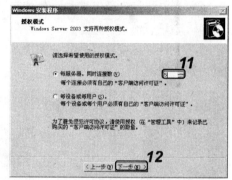

图 2-14　设置授权模式

（15）在打开的"计算机名称和管理员密码"对话框中设置计算机的名称和管理员密码，单击 下一步(N) 按钮，如图 2-15 所示。

（16）在打开的"日期和时间设置"对话框中设置当前日期、时间和时区，这里保持默认设置，单击 下一步(N) 按钮，如图 2-16 所示。

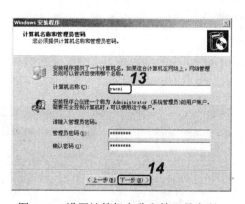

图 2-15　设置计算机名称和管理员密码

图 2-16　设置日期和时间

（17）在打开的"网络设置"对话框中，保持默认选中的 ⊙ 典型设置(T) 单选按钮，单击 下一步(N) 按钮，如图 2-17 所示。

（18）在打开的"工作组或计算机域"对话框中保持默认设置，单击 下一步(N) 按钮，如图 2-18 所示。

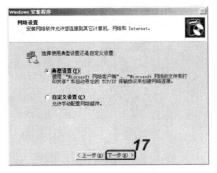

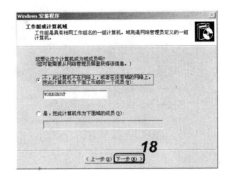

图 2-17 设置网络　　　　　　　　　　图 2-18 设置工作组和域

（19）安装程序设置完相关的信息后开始进行文件复制，复制完成后将重新启动计算机，如图 2-19 所示。

（20）重新启动计算机后，操作系统打开一个对话框，提示用户按 Ctrl+Alt+Delete 键开始，如图 2-20 所示。

图 2-19 继续安装　　　　　　　　　图 2-20 登录 Windows Server 2003

（21）在打开的"登录到 Windows"对话框的"密码"文本框中输入在第 15 步中设置的管理员密码，单击 确定 按钮，如图 2-21 所示。

（22）通过密码验证后，将进入 Windows Server 2003 的桌面并打开"管理您的服务器"窗口，如图 2-22 所示。

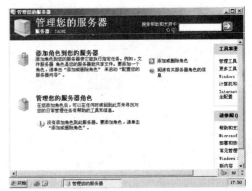

图 2-21 用户登录对话框　　　　　　图 2-22 启动 Windows Server 2003

提示：

> 在 Windows Server 2003 中，可创建多个账户，账户可以使用中文名。如果要以中文用户名登录，可以在启动系统出现"登录到 Windows"对话框时按 Ctrl+Shift 键切换到中文输入法。

2.2　网络协议与体系结构的概念

要了解网络协议，首先需要了解网络协议的概念、层次结构和体系结构。

2.2.1　网络协议

计算机网络由多个互连的结点组成，结点之间需要不断地交换数据与控制信息。要想做到有条不紊地交换数据，网络中的每一个结点都必须遵守一些事先约定的规则。这些规则明确地规定了所交换数据的格式和时序。通常情况下，人们将为网络数据交换而定制的规则、约定与标准称为网络协议（Protocol）。网络协议主要由语法、语义和时序 3 个要素组成，下面分别进行介绍。

1．语法

语法即用户数据与控制信息的结构与格式，它是规定将若干协议元素和数据组合在一起表示一个更完整的内容所应遵循的格式，也可以说它是对数据结构形式的一种规定。

2．语义

语义是指对构成的协议元素含义的解释，即需要发出何种控制信息，以及完成的动作与作出的响应。

3．时序

时序是对事件实现顺序的详细说明。

提示：

> 简单来说，假如将网络中的通信双方比喻为两个人进行谈话，那么，语法则相当于规定了双方的谈话方式，语义则相当于规定了谈话的内容，时序则相当于规定了双方按照什么顺序来进行谈话。

由此可见，网络协议实际上是计算机网络之间通信时使用的一种语言。这种语言在发送方和接收方要有统一的标准，否则无法进行沟通，如图 2-23 所示。

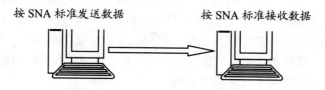

图 2-23　网络两端相同的协议标准

提示：

> SNA（System Network Architecture）是美国 IBM 公司提出的世界上第一个网络体系结构。

2.2.2 网络协议的层次结构

采用层次结构模型来描述网络协议可将复杂的网络协议简单化，能够更好地定制并实现网络协议。分层定义网络协议，能够实现在每一层定义一个或多个协议，以完成相应的通信功能。

层次结构模型的概念比较抽象，这里将以日常生活中大家经常使用的邮政特快专递为例，帮助读者理解关于层次结构模型的相关概念。

通过邮政特快专递系统传送物品时，一般来说，应涉及发送和接收的通信者、邮局前台、转发部门及运输部门等环节。整个通信过程如图2-24所示，可用一个具有4个层次的模型来描述。

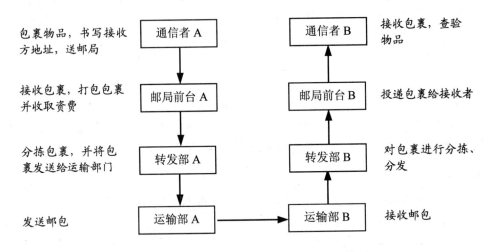

图 2-24 具有 4 个层次的邮政特快专递系统模型

在图2-24中，通信者是最高层，下面依次为邮局前台层、转发部层及运输部层。当通信者 A 与通信者 B 进行邮政特快专递时，整个过程必须经由4层合作才能完成。

在网络结构模型中，经常出现许多专业名词和概念，下面将进行简单的介绍。

1. 分层

分层是将整个网络通信系统按逻辑功能分解到若干层次中，每一层均规定了本层要实现的功能。这种"结构化分层"的设计方法，要求各层次相对独立、界限分明，以便网络的硬件和软件分别去实现。例如，通信者 A 只负责按规定的格式书写通信者 B 的地址信息，并将包裹送往邮局。各个层次完成自己的工作和职责后，还需要协同合作，才能将整个网络通信完成。例如，邮政特快专递的整个过程，只有通过发送和接收的通信者、邮局前台、转发部及运输部等环节协同工作才能够完成。

2. 服务

在层次结构中，下层向上层提供服务，上层使用下层的服务，同时又为更高一层提供服务。虽然在层次结构中的每一层的功能各不相同，但各层功能之间是相互关联的。

3．接口

网络分层结构中，相邻层之间都会有一接口，它定义了低层向高层提供的原始操作和服务。接口是相邻层次之间用来交换信息的通道，为了使两层之间保持其功能的独立性，通常情况下通过接口的信息量很少。如邮局的服务窗口可以称为一个接口。

4．对等实体

在分层结构中，如果每一层次中包括两个实体，则称为对等实体（Peer Entity）。如邮政特快专递系统中的两个转发部就是一个对等实体。

5．通信协议

网络中各层对等实体之间进行通信都需要有一套双方都遵守的通信规则，即通信协议。通信协议包括通信的同步、数据编码和差错处理等方式。图 2-24 中，通信者 A 和 B 以及每一层的收、发双方，在通信时都将按照一定的规则进行，如填写地址的格式等。

2.2.3　网络体系结构

计算机之间的通信可看作是人与人沟通的过程。网络协议对计算机网络是不能缺少的，对于结构复杂的网络协议来说，最好的组织方式就是通过层次结构模型。网络体系结构定义了计算机网络的功能，而这些功能的实现，是通过硬件与软件而完成的。

1．网络体系结构的定义

从网络协议的层次模型来看，网络体系结构（Architecture）可以定义为计算机网络的所有功能层次、各层次的通信协议以及相邻层次间接口的集合。

网络体系结构中三要素分别是分层、协议和接口，可以表示为：

$$网络体系结构=\{分层、协议、接口\}$$

网络体系结构是抽象的，它仅给出一般性指导标准和概念性框架，不包括实现的方法，其目的是在统一的原则下来设计、建造和发展计算机网络。

2．网络体系结构的分层原则

目前，层次结构被各种网络协议所采用，如 OSI/RM、TCP/IP 等。由于网络协议的不同，其协议分层的方法有很大差异。通常情况下，网络体系结构的分层有如下原则。

- **各层功能明确**：在网络体系结构中分层，需要让各层既要保持系统功能的完整，又能够避免系统功能的重叠，让各层结构相对稳定。
- **接口清晰简洁**：在网络体系结构中，下层通过接口对上层提供服务。在对接口的要求上有两点，一是接口需要定义向上层提供的操作和服务；二是通过接口的信息量最小。
- **层次数量适中**：为了让网络体系结构便于实现，要考虑层次的数量，既不能过多，也不能太少。如果层次过多，会引起系统繁冗和协议复杂化；层次过少，会引起一层中拥有多种功能。
- **协议标准化**：在网络体系结构中，各个层次的功能划分和设计应强调协议的标准化。

3．网络体系层次结构的优点

计算机网络中采用层次结构具有各层次之间相互独立、灵活性高、易于实现和维护、有利于促进标准化等优点，下面将进行简单的介绍。

- **各层次之间相互独立**：高层不需要知道低层是如何实现的，只需知道低层通过接口提供的服务。各层都可以采用最合适的技术来实现，各层实现技术的改变不会影响其他层。
- **灵活性高**：当网络体系结构中的任何一层发生变化时，只要接口保持不变，则该层以上或者以下各层均不受影响。当某层提供的服务不再需要时，可以将该层取消。
- **易于实现和维护**：在网络体系结构中，整个网络系统已经被分解为若干个易于处理的部分，这种层次结构可以使一个庞大而又复杂的系统的实现和维护变得容易控制。
- **有利于促进标准化**：每一层的功能和所提供的服务都已经有了精确的说明，有利于促进标准化。

2.3 TCP/IP 协议

TCP/IP（Transmission Control Protocol/Internet Protocol，传输控制协议/网际协议）是目前整个计算机网络中使用最为广泛的通信协议，其前身是美国国防部在 20 世纪 60 年代末开发的一种网络协议。其特点是成本低和可在多个不同的计算机间提供可靠性的通信。由于它能够在异构网络环境中使用（也就是说可以在各种广泛的硬件和操作系统上实现），因此得到了广泛的应用支持，它既可以用作局域网（LAN）协议，也可以用作广域网（如 Internet）协议。TCP/IP 协议是计算机连入 Internet 并进行信息交换和传输的基础。

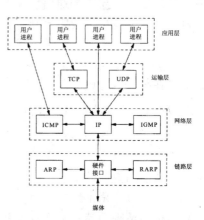

图 2-25　TCP/IP 协议的分层结构

2.3.1　TCP/IP 协议基础

对于 TCP/IP 协议，首先应该了解其结构和特点。

1．TCP/IP 协议的结构

TCP/IP 实际上是一种分层协议，每一层由多个协议组成，如图 2-25 所示，其中各层的功能如下。

- **链路层**：也称数据链路层或网络接口层，包括操作系统的设备驱动程序和计算机中对应的网络接口卡。链路层是为网络层提供数据传送服务的，具有链路连接的建立、拆除、分离；帧定界和帧同步；顺序控制以及差错检测和恢复等功能。
- **网络层**：也称作互联网层，用于处理分组在网络中的活动，如分组的选路。在 TCP/IP 协议中，网络层协议包括 IP 协议（网际协议）、ICMP 协议（Internet 互联网控制报文协议）和 IGMP 协议（Internet 组管理协议）。

- 运输层：主要为两台主机上的应用程序提供端到端的通信。在 TCP/IP 协议中，有两个互不相同的传输协议，即 TCP（传输控制协议）和 UDP（用户数据报协议）。
- 应用层：主要向应用程序提供服务，并按其向应用程序提供的特性分成组。

2．TCP/IP 协议的特点

TCP/IP 协议在 Internet 和局域网中都得到了广泛的应用，作为目前最主要的网络协议，它具有以下一些特点。

- 目前大多数操作系统都支持 TCP/IP 协议，即使两台计算机使用的操作系统不同，也可以通过 TCP/IP 协议进行通信。因此，使用 TCP/IP 协议可以连接各种不同的服务器或客户机，如连接 IBM 大型机和个人计算机。
- TCP/IP 灵活多变，适用于各种不同类型以及不同规模的网络，可以连接两种不同的网络，如 Microsoft Windows 网络和 UNIX 网络的互连；TCP/IP 协议在传输数据时，不用考虑传输层采用何种传输介质，如可以在光纤和双绞线之间互相转换。因此，Internet 可以通过 TCP/IP 将整个世界连接起来。然而由于它的灵活性，TCP/IP 需要更多的配置。
- TCP/IP 最大的优势之一是其可路由性，也就意味着它可以携带被路由器解释的网络编址信息。
- 在网络中能一次传送的数据帧增大到 64KB，可以让更多的数据在网络中一次性地传输到目的地，增大了网络带宽的利用率。

提示：

> TCP/IP 还提供了 DHCP（动态地址配置协议），它可以为网络中的各台计算机动态地分配 IP 地址，而不用单独设置每台计算机进入网络的 IP 地址。

2.3.2 TCP 协议

TCP（Transmission Control Protocol）是一种面向连接的传输层协议。由于 TCP 协议在各个行业中的成功应用，它已成为事实上的网络标准，广泛应用于各种网络主机间的通信。

1．TCP 协议的功能

由于 IP 协议提供的是不可靠的数据报服务，为了保证数据传输的正确性，需要通过 TCP 协议对 IP 协议进行"弥补"，以提供一个可靠的、面向连接的、全双工的数据流传输服务。

TCP 协议的主要功能介绍如下。

- **建立和释放连接**：TCP 协议允许在不同主机之间建立连接，以实现全双工数据传输，并在传输结束后自动释放连接。在连接时，TCP 采用著名的"3 次握手"技术，释放时采用"文雅释放"技术。
- **基本数据传输**：为了方便数据传输，上层数据被 TCP 分成若干段，每段是一个传输层的协议数据单元。通过 TCP 将每个段封装在 IP 数据报中传输。

- **可靠性控制**：TCP 为了保证数据传输的可靠性，采用了滑动窗口、超时重传、流量控制等技术。
- **多路复用**：TCP 可以为多个进程提供并行传输连接，实现更大的传输速率。

2. TCP 报文的首部格式

TCP 报文由报文首部和数据两大部分组成。TCP 的功能在其报文首部中全部体现出来。TCP 报文首部的固定大小为 20 字节。TCP 报文格式如图 2-26 所示。

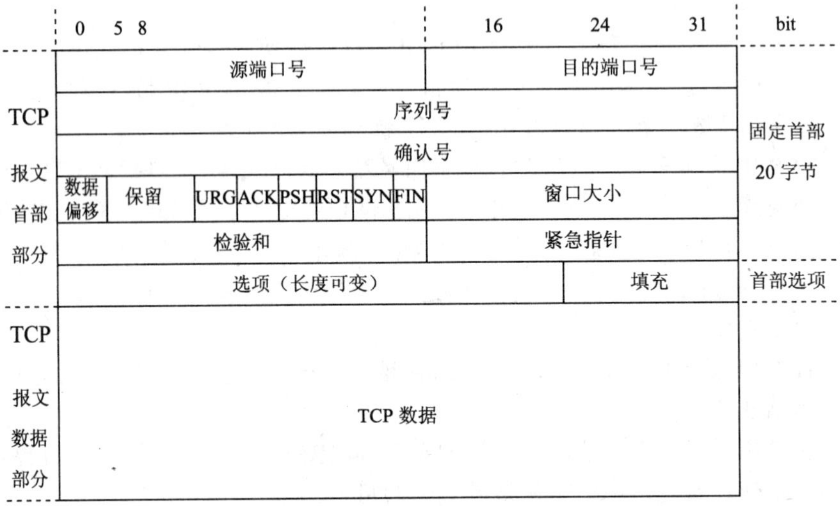

图 2-26　TCP 报文格式

下面对报文格式首部中的主要字段进行简单的介绍。

- **源端口号和目的端口号**（各占 16 bit）：TCP 端口是指 TCP 与应用层服务的接口，不同的服务其接口也各不相同。
- **序列号**（占 32bit）：TCP 报文中的数据流是按字节进行编号的。TCP 报文中的序列号是指本报文中数据部分的起始字节号。
- **确认号**（占 32bit）：TCP 报文中的确认号是指接收方希望收到发送方发送的下一个报文中数据部分的第一个字节序号。需要注意与前面的序列号之间的区别。
- **数据偏移**（占 4bit）：数据偏移指明了 TCP 报文首部的长度。TCP 报文首部中，通常都有可变长度的选项，因此 TCP 报文中首部长度也是可变的。
- **窗口大小**：窗口大小是指接收方缓存区可用空间的大小，单位是字节，TCP 通过可变大小的窗口来进行流量控制。接收方使用窗口通知发送方自己的接收能力，而发送方据此确定发送窗口的大小。流量控制通过确认号字段和窗口大小字段一起完成。
- **校验和计算**（占 16bit）：TCP 可以对报文，包括首部和数据两部分进行校验和计算。
- **选项**（长度可变）：最大报文段长度是 TCP 中唯一的选项。该字段指明了接收端缓存区中所能接收的报文中最大的数据字段长度。若报文格式首部中没有此选项，默认最大的数据字段长度为 536 字节，此时整个报文长度为 536+20 字节。

3．TCP 支持的服务

TCP 支持的服务类型有以下几种。

- **FTP 文件传送**：允许用户从一台计算机到另一台计算机取得文件，或发送文件到另外一台计算机。它不同于 NFS（Network File System）和 Netbios 协议，一旦要访问另一台计算机中的文件，任何时刻都要运行 FTP。
- **RLogin 远程登录**：网络终端协议 TELNET 允许用户登录到网络上任一计算机上。一般这种远程连接是通过类似拨号连接的方式实现的，也就是拨通后，远程系统提示输入注册名和口令，退出远程系统，TELNET 程序也就退出。
- **SMTP POP3 电子邮件**：允许发送消息给其他计算机用户，通常人们趋向于使用指定的一台或两台计算机。计算机邮件系统只需简单地往另一用户的邮件文件中添加信息，为了发送电子邮件，邮件软件希望连接到目的计算机，但计算机有可能已关机或者正在运行另一个应用程序，出于这种原因，通常由一个较大的系统来处理这些邮件，也就是一个一直运行着的邮件服务器。
- **NFS 网络文件系统**：这种访问另一计算机的文件的方法非常接近于流行的 FTP。网络文件系统提供磁盘或设备服务，而无需特定的网络实用程序来访问另一系统的文件。可以简单地认为它是一个外加的磁盘驱动器，这种额外磁盘驱动器就是其他计算机系统的磁盘。
- **远程打印**：允许使用其他计算机上的打印机。
- **远程执行**：允许请求运行在不同计算机上的特殊程序，如在一个很小的计算机上运行一个需要大系统资源的程序时，远程执行就非常有用。
- **名字服务器**：在一个大的系统安装过程中，需要用到大量的各种名字，包括用户名、口令、姓名、网络地址和账号等，因此将这些数据形成数据库，放到一个小系统中去，其他系统可通过网络来访问这些数据。
- **终端服务器**：很多的终端连接安装不再直接将终端连到计算机，取而代之的是将它们连接到终端服务器上。终端服务器是一个小的计算机，它只需知道怎样运行 TELNET（或其他一些完成远程登录的协议）即可。

2.3.3　IPv4 协议

IP 是 Internet Protocol（网络之间互连的协议）的缩写，也就是为计算机网络相互连接进行通信而设计的协议。IP 协议属于网络层协议，提供了无连接的数据报传输机制。IP 协议是现行的最重要、最基本的协议，IPv4 则是 IP 协议的第 4 版本。

1．IP 地址概述

网络中两台计算机之间要进行通信，就必须先知道对方的网络地址。为了实现网络中各计算机间的相互通信，每台计算机都必须有一个唯一的网络地址，该地址被称为 IP 地址。IP 地址由 IP 协议来划分，并且每台计算机的 IP 地址都是唯一的。

一个完整的 IP 地址由 32 位（bit）二进制数组成，每 8 位（即 1 个字节）为一个段，共 4 段，段与段之间用圆点符号隔开。为了便于应用，IP 地址在实际使用时不是直接用二进制，而是用大家熟悉的十进制数表示，如图 2-27 所示。

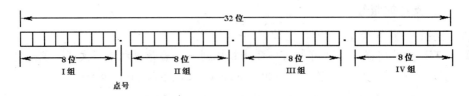

图 2-27　IP 地址组成

IP 地址在编址时要遵循以下规范：

➡ IP 地址是一个 32 位（bit，一位进制数即 1bit）的二进制数。

➡ IP 地址的 32 位数被分成 4 组，每组由 8 位二进制数组成，每组为一个字节（byte，二进制数据的一个单位，8 位二进制数为 1byte），各组之间用 "." 号隔开。

➡ 每组数字的大小范围转换成十进制数为 0～255。

➡ 每个 IP 地址都包含两部分，即网络 ID（net-ID）和主机 ID（host-ID）。

➡ 可以通过区别 IP 地址中的网络 ID 部分，对 IP 地址进行分类。

IP 地址标准的写法为点分十进制表示法。例如，IP 地址 192.168.0.1 的表示方法如图 2-28 所示。

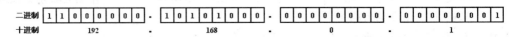

图 2-28　IP 地址 192.168.0.1 的表示方法

2．IP 地址的划分

IP 地址由网络 ID 和主机 ID 组成。按照网络规模的大小，IP 地址分为 A 类、B 类、C 类、D 类和 E 类 5 类，如图 2-29 所示。在这 5 类 IP 地址中，D 类和 E 类在目前的网络中基本不用。

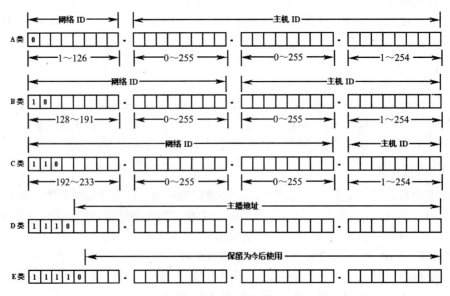

图 2-29　IP 地址的分类

- **A 类地址**：这类地址以二进制"0"开头，第 1 字节表示网络 ID，第 2、3、4 字节表示网络中的主机 ID，因此其网络数量较少，最多可以表示 126 个网络 ID。A 类地址网络 ID 的范围为 1～126，每个网络中主机最多可以有 16 777 214 个。
- **B 类地址**：这类地址以二进制"10"开头，第 1、2 字节表示网络 ID，第 3、4 字节表示网络中的主机 ID，最多可以有 16 384 个网络 ID。B 类地址网络 ID 的取值范围为 128.1～191.254，每个网络中主机最多可以有 66 534 个。
- **C 类地址**：这类地址以二进制"110"开头，第 1、2、3 字节表示网络 ID，第 4 字节表示网络中的主机 ID，可以有 2 097 152 个网络 ID。C 类地址网络 ID 的取值范围为 192.0.1～223.255.254，每个网络中主机最多可以有 254 个。
- **D 类地址**：D 类地址是多播地址，主要预留给 Internet 体系结构委员会 IAB 使用，其第 1 字节的取值范围为 224～239，支持多目传输技术。
- **E 类地址**：用于将来的扩展之用，E 类地址第 1 字节的取值范围为 240～254。

除了前面列出的 5 类网络 IP 地址外，还有许多没有用到的地址，如第一个字节为 0 的 IP 地址，第一个字节为 127 的 IP 地址以及第一个字节为 255 的 IP 地址等。

下面介绍几个特殊网络号的意义。

- 网络 ID "127" 是用来做循环测试用的。如将信息发送给 127.0.0.1，则此信息将传给自己。
- 如果 1、2、3、4 组中的数字中出现 255，则表示广播地址。如果将信息发送给 255.255.255.255，表示将信息发送给网络中的每一台计算机；如果将信息发送给 192.168.255.255，表示将该信息发送给网络 ID 为 192.168 中的每一台主机。
- 在网络中并非所有的计算机都要接入 Internet，如果不计划接入到 Internet，则可用 RFC1918 中定义的非 Internet 连接的网络地址，即"专用 Internet 地址分配"。RFC1918 规定了接入 Internet 的 IP 地址分配指导原则。由 Internet 地址授权机构（IANA）控制 IP 地址分配方案中留出 3 类网络号，给不接入 Internet 的网络专用，分别用于 A、B 和 C 类 IP 网，具体如表 2-1 所示。

表 2-1　保留 IP 地址列表

专用网络 ID	子网掩码	IP 地址的范围
10.0.0.0	255.0.0.0	10.0.0.1 ～ 10.255.255.254
172.16.0.0	255.240.0.0	172.16.0.1～ 172.31.255.254
192.168.0.0	255.255.0.0	192.168.0.1 ～ 192.168.255.254

提示：

如果用户组建的网络是一个封闭式的网络，即不准备接入 Internet，只要在保证每个设备的 IP 地址唯一的前提下，3 类地址中的任何一个都可以直接使用（最好使用 C 类 IP 地址），而无需考虑它们是否和其他 Internet 地址冲突。

3. 子网掩码

计算机在引导的过程中需要将一个 IP 地址的网络 ID 和主机 ID 区分开来，这就需要使用子网掩码，子网掩码不能单独存在，必须结合 IP 地址一起使用。子网掩码只有一个作用，就是将某个 IP 地址划分成网络 ID 和主机 ID 两部分。

与 IP 地址相同，子网掩码也是一个 32 位二进制数，左侧的网络 ID 所占的位数全部用二进制数字“1”表示；右侧的主机 ID 所占的位数全部用二进制数字“0”表示。如图 2-30 所示为 IP 地址为 192.168.0.1 和子网掩码为 255.255.255.0 的二进制对照。其中，有 24 个“1”，表示 IP 地址左边 24 位是网络号；有 8 个“0”，表示 IP 地址右边 8 位是主机号。这样，子网掩码就确定了一个 IP 地址的 32 位二进制数字中哪些是网络号，哪些是主机号。这对于采用 TCP/IP 协议的网络来说非常重要，只有通过子网掩码，才能表明一台主机所在的子网与其他子网的关系，使网络正常工作。

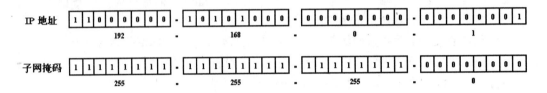

图 2-30　IP 地址和子网掩码的二进制对照

4．将网络划分为多个子网

如果需要将一个局域网进行分段管理，或者该网络是由多个局域网互连而成，而又不可能为每个网段或每个局域网都申请分配一个网络 ID，这时可以利用子网掩码将整个网络划分为多个子网。

假设有 5 个分布于各地的局域网络，每个网络中大约有 20 台左右的计算机，但只有一个 C 类网络号 222.230.236。正常情况下，C 类网址的子网掩码应该为 255.255.255.0，此时所有的计算机必须在同一个网络区段内，可是网络分布于 5 个地区，而只有一个网络号。此时，可以将子网掩码设置为 255.255.255.224，而不是默认的 0。224 的二进制值为 11100000，即表示将原主机 ID 的最高 3 个二进制位作为网络 ID。这样就有 000、001、010、011、100、101、110 及 111 这 8 种组合，除去 000（代表本身）与 111（代表广播）外，还有 6 种组合，即可以有 6 个子网。每个子网的 IP 地址范围如表 2-2 所示。

表 2-2　子网 IP 地址

子　网	IP 地址前 3 个字节	IP 地址第 4 个字节（二进制）	IP 地址第 4 个字节（十进制）	IP 地址
1	222.230.236	00100001～00111110	33～62	222.230.236.33～222.230.236.62
2	222.230.236	01000001～01011110	65～94	222.230.236.65～222.230.236.94
3	222.230.236	01100001～01111110	97～126	222.230.236.97～222.230.236.126
4	222.230.236	10000001～10011110	129～158	222.230.236.129～222.230.236.158
5	222.230.236	10100001～10111110	161～190	222.230.236.161～222.230.236.190
6	222.230.236	11000001～11011110	193～222	222.230.236.193～222.230.236.222

每个子网都可支持 30 台计算机，足以满足 5 个子网、每个子网有 20 台计算机的需求。

从表 2-2 可看出，经过子网划分后会有一部分 IP 地址无法使用，如第 1、2 子网之间的 222.230.236.63 与 222.230.236.64 这两个地址。

2.3.4　IPv6 协议

IPv6 协议是由 IETF 小组（Internet Engineering Task Force，Internet 工程任务组）设计的用来替代现行的 IPv4 协议的一种新的 IP 协议，是 IP 协议的第 6 版本，其基本功能与 IPv4 协议相同，但 QoS、安全性更好，支持移动性，并大大增加了地址空间。

1．IPv6 的特点

IPv6 的发展经过了很长的时间，其标准体系已经基本完善，具备了如下几个特点。

- **地址充足**：IPv6 产生的初衷主要是针对 IPv4 地址短缺问题，即从 IPv4 的 32bit 地址，扩展到了 IPv6 的 128bit 地址，充分解决了地址匮乏问题。同时，IPv6 地址是有范围的，包括链路本地地址、站点本地地址和任意传播地址，这也进一步增加了地址应用的扩展性。
- **简单**：通过简化固定的基本报头、采用 64bit 边界定位、取消 IP 头的校验和域等措施，以提高网络设备对 IP 报文的处理效率。
- **扩展为先**：引入灵活的扩展报头，按照不同协议要求增加扩展头种类，按照处理顺序合理安排扩展头的顺序，其中网络设备需要处理的扩展头在报文头的前部，而需要宿端处理的扩展头在报文头的尾部。
- **层次区划**：IPv6 极大的地址空间使层次性的地址规划成为可能，同时，国际标准中已经规定了各个类型地址的层次结构，这样既便于路由的快速查找，也有利于路由聚合，缩减 IPv6 路由表大小，降低网络地址规划的难度。
- **即插即用**：IPv6 引入自动配置及重配置技术，对于 IP 地址等信息实现自动增删更新配置，提高 IPv6 的易管理性。
- **贴身安全**：IPv6 集成了 IPSec，用于网络层的认证与加密，为用户提供端到端安全，使用起来比 IPv4 简单、方便，可以在迁移到 IPv6 时同步发展 IPSec。
- **QoS 考虑**：新增流标记域，为源宿端快速处理实时业务提供可能，有利于低性能的业务终端支持 IPv6 的语音、视频等应用。
- **移动便捷**：Mobile IPv6 增强了移动终端的移动特性、安全特性、路由特性，降低了网络部署的难度和投资，为用户提供了永久在线的服务。

2．IPv6 地址

从 IPv4 到 IPv6 最显著的变化就是网络地址的长度。RFC 2373 和 RFC 2374 定义的 IPv6 地址为 128 位，IPv6 地址的表达形式一般采用 32 位十六进制数。IPv6 中可能的地址有 2^{128} ≈3.4×10^{38} 个。也可以想像为 1632 个，因为 32 位地址每位可以取 16 个不同的值（参考组合数学）。

在很多场合，IPv6 地址由两个逻辑部分组成：一个 64 位的网络前缀和一个 64 位的主机地址，主机地址通常根据物理地址自动生成，叫做 EUI-64（或者 64 位扩展唯一标识）。

3．IPv6 地址的分类

IPv6 地址可分为单播地址、任播地址和多播地址，下面将分别进行讲解。

1）单播（unicast）地址

单播地址标示一个网络接口，协议会把送往地址的分组投送给其接口。IPv6 的单播地址可以有一个代表特殊地址名字的范畴，如 link-local 地址和唯一区域地址（Unique Local Address，ULA）。

2）任播（anycast）地址

任播地址用于指定给一群接口，通常这些接口属于不同的结点。若分组被送到一个任播地址，则会被转送到成员中的其中之一，通常会根据路由协议，选择"最近"的成员。任播地址通常无法轻易分别：它们拥有和正常单播地址一样的结构，只是会在路由协议中将多个结点加入网络中。

3）多播（multicast）地址

多播地址也被指定到一群不同的接口，送到多播地址的分组会被传送到所有的地址。多播地址由皆为 1 的字节起始，亦即它们的前置为 FF00::/8。其第 2 个字节的最后 4 个位用以标明范畴。

一般有 node-local（0x1）、link-local（0x2）、site-local（0x5）、organization-local（0x8）和 global（0xE）。多播地址中的最低 112 位会组成多播组群识别码，不过因为传统方法是从 MAC 地址产生，故只使用组群识别码中的最低 32 位。定义过的组群识别码包括用于所有结点的多播地址 0x1 和用于所有路由器的 0x2。

另一个多播组群的地址为"solicited-node 多播地址"，是由前置 FF02::1:FF00:0/104 和剩余的组群识别码（最低 24 位）组成的。这些地址允许经由邻居发现协议（Neighbor Discovery Protocol，NDP）来解译连接层地址，因而不会干扰在区网内的所有结点。

4．IPv6 地址转换

IPv4 地址可以很容易地转化为 IPv6 格式。举例来说，如果 IPv4 的一个地址为 135.75.43.52（十六进制为 0x874B2B34），它可以被转化为 0000:0000:0000:0000:0000:0000:874B:2B34 或者:874B:2B34。同时，还可以使用混合符号（IPv4-compatible address），则地址可以为 135.75.43.52。

2.3.5　域名系统

IP 地址是采用点分十进制表示的。由于数字过多，此种方式不便于记忆，也不能客观地反映出主机的相关信息。出于此种原因，Internet 中采用了层次结构的域名系统（Domain Name System，DNS）来协助管理 IP 地址。

1．域名的层次结构

Internet 域名具有一定的层次结构，可以大致分为顶级域名（TOP-LEVEL）、二级域名（SECOND-LEVEL）和子域（SUB-DOMAIN）等。

整个 Internet 网被划分成几个顶级域，顶级域名采用两种划分模式：组织模式和地理模式。组织模式的每个顶级域规定了一个通用的顶级域名。如 com 代表商业组织、edu 代表教育机构、gov 代表政府部门、int 代表国际组织、mil 代表军事部门、net 代表网络支持中心、org 代表各种非营利性组织。地理模式的顶级域名采用两个字母缩写形式来表示一个国家或地区。如 cn 代表中国、us 代表美国、jp 代表日本、uk 代表英国等。

层次结构也应用于 Internet 主机域名中，从右至左依次为顶级域名、二级域名、三级域名……，各级域名之间用点"."隔开。每一级域名由英文字母、符号和数字构成。Internet 主机域名的一般格式为：

三级域名.二级域名.顶级域名

由于域名的设计往往和单位、组织的名称有关，方便了人们通过域名来查找相关单位的网络地址。

2．我国的域名结构

在我国，cn 作为顶级域名，这是由中国互联网信息中心（CNNIC）负责管理的。顶级域名 cn 按照组织模式和地理模式被划分为多个二级域名。对应于组织模式的包括 com，edu，gov，net 和 org；对应于地理模式的是行政区代码，如 sc 代表四川省。

中国互联网信息中心（CNNIC）将二级域名的管理权授予下一级管理部门。如 CERNET 网络中心拥有二级域名 edu 的管理权。与此同时，CERNET 网络中心又将 edu 域划分成多个三级域，各大学和教育机构均注册为三级域名，它们可以继续对三级域名按本单位管理需要分成多个四级域，并对四级域名进行分配，依此类推。

3．域名解析和域名服务器

使用域名是为了用户方便记忆，但在网络中传输数据时，网络设备仍然只识别 IP 地址。因此，在 Internet 上需要通过域名服务器将该域名映射为相对应的 IP 地址，这样才能够真正访问该主机，该过程称为域名解析。域名解析就像初次拜访一个人一样，需要知道这个人的门牌号，然后按照地址访问。

实现域名解析的硬件设备是域名服务器（DNS），它是一个安装有域名解析处理软件的主机，同时在 Internet 中拥有自己的 IP 地址。Internet 中存在着大量的域名服务器，每台域名服务器中都设置了一个数据库，其中保存着它所负责区域内的主机域名和主机 IP 地址的对照表，这个对照表通常情况下是不能更改的。

由于域名结构是有层次性的，因此形成一棵由域名服务器组成的逻辑树，每一个域名服务器需要知道根域名服务器和其父结点的名字。如图 2-31 所示为域名服务器层次结构图。

在 Internet 中，域名解析方式有递归解析和反复解析两种方式。

- 在递归解析过程中，应用程序只需向本地域名服务器发送一次请求，域名服务器系统能够向根域名服务器发出查询请求，直到查找到相对应的 IP 地址，然后将查询结果按原路返回到应用程序中，一次性完成全部域名地址变换。
- 反复解析过程中，当应用程序向本地域名服务器发送请求后，若在其中查找不到相应的 IP 地址，它会将可能的授权域名服务器通知应用程序，此时应用程序需要向该授权域名服务器再次发送请求，如此反复，直到完成解析为止。

图 2-31　域名服务器的层次结构

4．IPv6 和域名系统

IPv6 地址在域名系统中为执行正向解析表示为 AAAA 记录，即所谓的 4A 记录，类似地，IPv4 表示为 A 记录（A records）。反向解析在 ip6.arpa（曾经为 ip6.int）下进行，在这里地址空间为半字节十六进制数字格式。这种模式在 RFC 3596 给予了定义。

AAAA 模式是 IPv6 结构设计时的两种提议之一。另外一种正向解析为 A6 记录并且有一些其他的创新，如二进制串标签和 DNAME 记录等。RFC 2874 和它的一些引用中定义了这种模式。AAAA 模式只是 IPv6 域名系统的简单概括，A6 模式使域名系统中检查更全面，也因此更复杂，可作如下理解：

- 一种新的叫做比特标签的类型被引入，主要用于反向解析。
- 使用域名系统记录委派地址被 DNAME 记录（类似于现有的 CNAME，不过是重命名整棵树）所取代。
- A6 记录允许一个 IPv6 地址分散于多个记录中或在不同的区域，举例来说，这就在原则上允许网络的快速重编号。

2.4　其他网络协议

最常用的网络协议有 3 种，除了前面介绍的 TCP/IP 协议外，还有 NetBEUI 和 IPX/SPX 协议。

2.4.1　NetBEUI 协议

NetBEUI（NetBios Enhanced User Interface，NetBios 增强用户接口）协议是 NetBIOS 协议的增强版本，它在许多情形下很有用，是 Windows 98 之前的操作系统的默认协议。NetBEUI 协议是一种短小精悍、通信效率高的广播型协议，安装后不需要进行设置，特别适合于在网络邻居中传送数据。所以建议除了 TCP/IP 协议之外，小型局域网的计算机中也可以安装 NetBEUI 协议。

1．NetBEUI 协议的特点

NetBEUI 协议与其他协议相比，具有以下优点：

- 耗用内存资源较少。

- 安装、配置简单。
- 具有很好的错误保护功能。

2．NetBEUI 协议的应用范围

NetBEUI 协议主要用于本地局域网中，一般不能与其他网络的计算机进行沟通。如果在一台计算机上安装了双网卡或使用路由器等设备进行几台计算机互连时，就不能使用 NetBEUI 协议，因为 NetBEUI 协议不支持网络路由，即一个网络段内的计算机不能访问另一网络段。

在对网络进行配置时，只要满足下列条件，就可以使用 NetBEUI 协议。

- 计算机不通过代理服务器上网，不访问 Internet。
- 该网络是一个独立的网络段，即不需要路由转发。
- 不与使用 TCP/IP 协议的网络连接。
- 计算机数不超过 100 台的小型网络。
- 不与 Novell 网络相连。

【例 2-2】　在 Windows Server 2003 操作系统中安装 NetBEUI 协议。

操作步骤如下：

（1）将 Windows XP 的安装光盘放入计算机光驱，打开 VALUEADD\MSFT\NET\NETBEUI 文件夹，选择其中的 NBF.SYS 文件，按 Ctrl+C 键复制，如图 2-32 所示。

（2）返回系统盘，打开 WINDOWS\system32\drivers 文件夹，在其中空白处右击，在弹出的快捷菜单中选择"粘贴"命令，如图 2-33 所示。

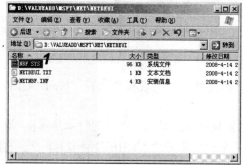

图 2-32　复制文件

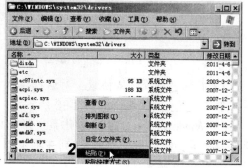

图 2-33　粘贴文件

🔊提示：

由于 Windows Server 2003 操作系统不支持 NetBEUI 网络协议，所以如果需要安装，可以通过 32 位版本的 Windows XP 安装光盘，手动复制 NetBEUI 文件到网络协议的列表，然后进行安装。

（3）用同样的方法打开 Windows XP 安装光盘的 VALUEADD\MSFT\NET\NETBEUI 文件夹，选择其中的 NETNBF.INF 文件，将其复制到系统盘的 WINDOWS\system32\drivers 文件夹中，如图 2-34 所示。

（4）选择"开始/控制面板/网络连接/本地连接"命令，在其上右击，在弹出的快捷菜单中选择"属性"命令，如图 2-35 所示。

（5）打开"本地连接 属性"对话框，单击 安装(N)... 按钮，如图 2-36 所示。

（6）打开"选择网络组件类型"对话框，在"单击要安装的网络组件类型"列表框中

选择"协议"选项，单击 添加(A)... 按钮，如图 2-37 所示。

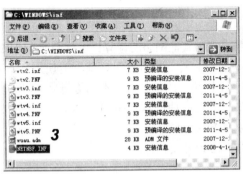

图 2-34　复制其他文件

图 2-35　选择命令

图 2-36　"本地连接 属性"对话框

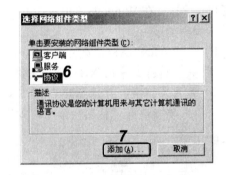

图 2-37　选择网络组件类型

（7）打开"选择网络协议"对话框，在"网络协议"列表框中选择"NetBEUI 协议"选项，单击 确定 按钮，如图 2-38 所示。

（8）Windows Server 2003 操作系统开始安装 NetBEUI 协议，并返回"本地连接 属性"对话框，在"此连接使用下列项目"列表框中即可看到安装好的 NetBEUI 协议，单击 关闭 按钮，如图 2-39 所示。

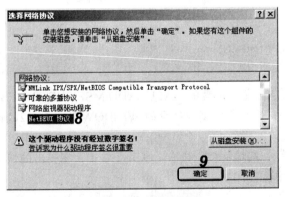

图 2-38　选择安装的协议

图 2-39　完成安装

2.4.2　IPX/SPX 协议

IPX/SPX（Internetwork Packet Exchange/Sequences Packet Exchange，网际包交换/顺序包交换）协议是用于 NetWare 操作系统的网络协议，后来被 Microsoft 的 Windows 系列操作系统广泛采用，主要用来与 NetWare 网络进行互连，在 Windows NT 系列操作系统中它被称为 NWLink（意为与 NetWare 的连接）。IPX/SPX 协议由一组网络协议组成，包括 IPX 协议、SPX 协议、NCP 协议（NetWare 核心协议）及 SAP 协议（服务广告协议）等，如图 2-40 所示为 IPX/SPX 体系结构模型图。

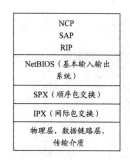

图 2-40　IPX/SPX 体系结构模型

IPX/SPX 协议集最初就能连接多个网段，因而比较庞大，适用于复杂、大型的网络环境，具有强大的路由功能。目前 IPX/SPX 通信协议在普通的 Windows 平台上使用得较少，只有当用户连接到 NetWare 网络时才采用。在组建对等网时，也不需要选择 IPX/SPX 协议。

Windows Server 2003 提供了 IPX/SPX 的兼容协议 NWLink IPX/SPX/NetBIOS Compatible Transport Protocol，该协议是 Novell 公司的 IPX/SPX 协议在 Microsoft 网络中的实现，它在继承 IPX/SPX 协议优点的同时，更适应了 Microsoft 的操作系统和网络环境。

【例 2-3】　在 Windows Server 2003 操作系统中安装 IPX/SPX 协议。

操作步骤如下：

（1）打开"本地连接 属性"对话框，单击 安装(N)... 按钮，如图 2-41 所示。

（2）打开"选择网络组件类型"对话框，在"单击要安装的网络组件类型"列表框中选择"协议"选项，单击 添加(A)... 按钮，如图 2-42 所示。

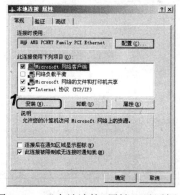

图 2-41　"本地连接 属性"对话框

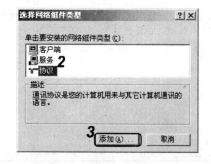

图 2-42　选择网络组件类型

（3）打开"选择网络协议"对话框，在"网络协议"列表框中选择 NWLink IPX/SPX/NetBIOS Compatible Transport Protocol 选项，单击 确定 按钮，如图 2-43 所示。

（4）Windows Server 2003 操作系统开始安装 IPX/SPX 协议，并返回"本地连接 属性"对话框，在"此连接使用下列项目"列表框中即可看到安装好的 IPX/SPX 协议，单击 关闭 按钮，如图 2-44 所示。

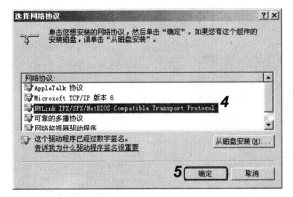

图 2-43 选择安装的协议

图 2-44 完成安装

2.5 上机与项目实训

2.5.1 在 Windows XP 操作系统中安装 NetBEUI 协议

本次实训将从 32 位版本的 Windows XP 安装光盘中手动复制 NetBEUI 文件到网络协议的列表，然后进行安装。操作步骤如下：

（1）将 Windows XP 的安装光盘放入计算机光驱，打开 VALUEADD\MSFT\NET\NETBEUI 文件夹，选择其中的 NBF.SYS 文件，按 Ctrl+C 键复制文件，如图 2-45 所示。

（2）返回系统盘，打开 WINDOWS\system32\drivers 文件夹，将复制的文件粘贴到文件夹中，如图 2-46 所示。

图 2-45 复制文件

图 2-46 粘贴文件

（3）打开 Windows XP 安装光盘的 VALUEADD\MSFT\NET\NETBEUI 文件夹，选择其中的 NETNBF.INF 文件，将其复制到系统盘的 WINDOWS\system32\drivers 文件夹中，如图 2-47 所示。

（4）单击 开始 按钮，在弹出菜单的"网上邻居"命令上右击，在弹出的快捷菜单中选择"属性"命令，如图 2-48 所示。

图 2-47 复制其他文件

图 2-48 选择命令

（5）打开"网上邻居"窗口，在"LAN 或高速 Internet"栏中的"本地连接"图标上右击，在弹出的快捷菜单中选择"属性"命令，如图 2-49 所示。

（6）打开"本地连接 属性"对话框，单击 安装(N)... 按钮，如图 2-50 所示。

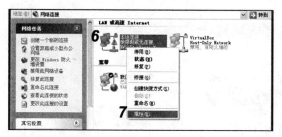

图 2-49 "网上邻居"窗口

图 2-50 "本地连接 属性"对话框

提示：

> 在"本地连接 属性"对话框的"此连接使用下列项目"列表框中可以查看系统中已经安装好的协议。

（7）打开"选择网络组件类型"对话框，在"单击要安装的网络组件类型"列表框中选择"协议"选项，单击 添加(A)... 按钮，如图 2-51 所示。

（8）打开"选择网络协议"对话框，在"网络协议"列表框中选择"NetBEUI 协议"选项，单击 确定 按钮，如图 2-52 所示。

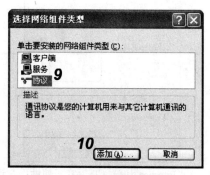

图 2-51 选择安装的组件类型

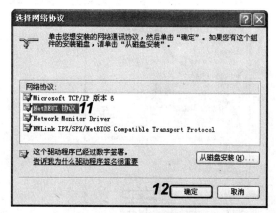

图 2-52 选择安装的协议

（9）Windows XP 操作系统开始安装 NetBEUI 协议，并返回"本地连接 属性"对话框，在"此连接使用下列项目"列表框中即可看到安装好的 NetBEUI 协议，单击 确定 按钮完成协议的安装操作。

2.5.2 在 Windows XP 操作系统中配置 TCP/IP 协议

在常见的网络协议中，TCP/IP 协议的配置最为复杂，对 TCP/IP 协议进行配置时，需手动输入 IP 地址、子网掩码和网关。本次上机主要练习 TCP/IP 协议的配置，掌握设置 IP 地址、子网掩码、网关及 DNS 的方法。下面在 Windows XP 操作系统中配置 TCP/IP 协议，主要操作步骤如下：

（1）在 Windows XP 操作系统桌面的"网上邻居"图标上右击，在弹出的快捷菜单中选择"属性"命令，如图 2-53 所示。

（2）打开"网络连接"窗口，在其中的"本地连接"图标上右击，在弹出的快捷菜单中选择"属性"命令，如图 2-54 所示。

 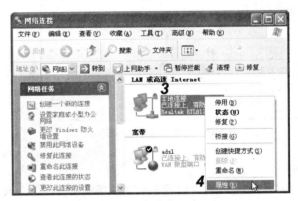

图 2-53　选择"属性"命令　　　　图 2-54　"网络连接"窗口

（3）打开"本地连接 属性"对话框，在"此连接使用下列项目"列表框中选择"Internet 协议（TCP/IP）"选项，然后单击 属性(R) 按钮，如图 2-55 所示。

（4）打开"Internet 协议（TCP/IP）属性"对话框，选中 ○使用下面的 IP 地址(S): 单选按钮，进行 IP 地址、子网掩码和网关的设置，如图 2-56 所示。

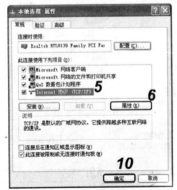 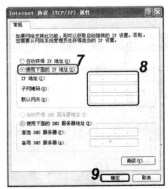

图 2-55　"本地连接 属性"对话框　　　图 2-56　"Internet 协议（TCP/IP）属性"对话框

（5）单击 确定 按钮关闭"Internet 协议（TCP/IP）属性"对话框，再单击 确定 按钮关闭"本地连接 属性"对话框即可。

📢提示：

选中 ○自动获得 IP 地址(Q) 单选按钮，可自动从 DHCP 服务器上获取 IP 地址、子网掩码和默认网关。

2.6　练习与提高

（1）相对于其他网络操作系统，Windows Server 2003 具有哪些特点？

（2）组建网络时应如何选择操作系统？

（3）练习从光盘安装 Windows Server 2003。

（4）网络协议是如何分层的？网络体系结构的分层原则有哪些？

（5）TCP/IP 协议的作用是什么？

（6）什么是 IP 地址？

（7）IPv6 的特点有哪些？

（8）练习在 Windows Server 2003 中安装 NetBEUI 协议。

（9）练习在 Windows XP 中安装 IPX/SPX 兼容协议。

通过本章的学习，可以了解服务器操作系统和网络协议的基本知识，下面介绍几点本章中需注意的内容。

➥ 随着操作系统被接受程度的提高，其复杂性也变得越来越高，在服务器操作系统方面有了很大选择性的同时，人们往往认为最新的就是最好的。但这种想法对操作系统而言并不一定正确，操作系统有时会比它预期的应用时间长，所以最好使用技术成熟的操作系统。

➥ 对于很多中小型局域网来说，网络协议主要安装 TCP/IP 和 NetBEUI 协议，至于其他协议，最好在特别需要时再进行安装，这样能加强网络的安全性能。

第 3 章　网络组建相关设备

学习目标

- ☑ 了解网卡的类型、性能和选购方法
- ☑ 了解 Modem 的类型、性能和选购方法
- ☑ 了解交换机的类型、性能和选购方法
- ☑ 了解路由器的类型、性能和选购方法
- ☑ 认识网关和网桥等其他网络设备

3.1　网　　卡

网卡是组成计算机网络最重要的物理连接设备之一，也是计算机中发送和接收数据的重要设备之一。网卡的性能对网络信息传输质量的好坏有重大影响。

3.1.1　网卡的概念

网卡（Network Interface Card，NIC），又称为网络接口卡或网络适配器，是计算机与网络之间使用最为广泛的硬件设备，它安装在主板的扩展插槽中，通过传输介质与其他设备相连接，便于与其他设备交换数据。网卡的外观如图 3-1 所示。

图 3-1　网卡

网卡在网络中主要负责两方面的工作：一是将本地需要传送到网络上的数据封包后发送；二是接收网络中其他主机传送过来的信号并将其数据包还原。

3.1.2　网卡的类型

网卡可按不同的标准进行分类。常见的网卡分类标准有总线类型、连接对象、传输速率和接口类型等。

1．按总线类型分类

在网络设备中安装网卡之前，需要清楚该设备需要什么类型的网卡。网卡必须与它的总线类型相匹配。总线是主板用来向其他部件传送数据的线路。

总线的能力是由其数据通道的宽度（用 bit 表示）和数据传输速率（用 MHz 表示）来表示的。总线的数据通道宽度等于其在任何时候都能并行传输的数据的位数。最早的个人计算机总线的数据通道宽度是 8 位，此后，制造商扩展了总线宽度，使它们能够处理 16 位的数据，不久又扩展到了 32 位。现在最新的总线计算机可以交换 64 位数据。随着总线处理数据位数的增加，与总线相连的部件的速度也随之提高。

网卡主要有以下两种总线类型。

➥ ISA（工业标准结构）：这是几乎已经被淘汰的一种总线标准，它支持 8 位数据传输，后来扩展至 16 位。由于 ISA 总线不支持 100MHz 的数据传输，因此 ISA 总线的网卡几乎已经被淘汰。与 ISA 总线对应的是 ISA 网卡，如图 3-2 所示。

➥ PCI（外围部件互连）：一种 32 位或 64 位的总线结构，自 20 世纪 80 年代引入以来，已经成为几乎所有个人计算机的网络接口卡所采用的总线结构。它比 ISA 板卡更短，但能更快地传输数据。与 PCI 总线对应的是 PCI 网卡，如图 3-3 所示。

图 3-2 ISA 网卡

图 3-3 PCI 网卡

📢提示：

网卡还有其他一些总线标准，如 MCA（微通道结构）、EISA（扩展的工业标准结构），但是使用不广泛。

网卡也可以连接其他接口，而不仅仅是计算机总线。对于笔记本电脑而言，PCMCIA（也被称为个人计算机卡）也可以用来连接网卡。在早期的模式中，并口也具有同样的功能。PCMCIA 接口是在 20 世纪 90 年代早期开发出来的，它可以为便携式计算机提供与任何类型设备连接的功能。PCMCIA 插槽可以插调制解调器、网卡、扩展硬盘卡或只读光盘卡等。通常，它们都被用来连接网卡或调制解调器。PCMCIA 卡的外观如图 3-4 所示。

图 3-4 PCMCIA 网卡

2. 按连接对象分类

在不同类型的计算机上,网卡也不同。如服务器上使用的网卡的性能明显高于在普通计算机上使用的网卡。按连接对象的不同,网卡又可分为服务器网卡、普通网卡、笔记本网卡和无线网卡等几类。下面分别进行介绍。

- **服务器网卡**:是服务器专用的网卡,专门为服务器的特性而研发。这类网卡一般自带处理芯片,可大大减轻服务器的数据处理负担,而且网卡上还应用了一些新技术,增加了网卡工作的可靠性。服务器网卡一般价格较贵,其外观如图3-5所示。
- **普通网卡**:是使用最广泛的一类网卡,具有价格低廉、工作稳定等优点。普通网卡的外观如图3-6所示。

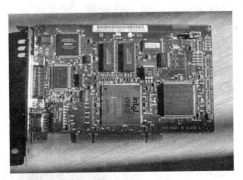
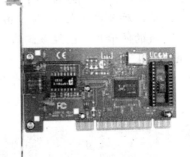

图 3-5　服务器网卡 　　　　　　　　　　　图 3-6　普通网卡

- **笔记本网卡**:适合笔记本电脑和移动 PC 使用,具有体积小巧、携带方便、耗电量低的特点。笔记本网卡的外观如图3-7所示。
- **无线网卡**:是为无线网络而设计的网卡,它依靠无线电波(如红外线)来传输数据信号。无线网卡的外观如图3-8所示。

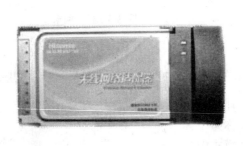
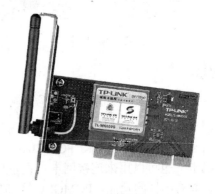

图 3-7　笔记本网卡 　　　　　　　　　　　图 3-8　无线网卡

3. 按传输速率分类

传输速率是网卡性能的主要指标之一,按传输速率的不同,网卡可分为10M、100M、10/100M 自适应、1000M 和 10/100/1000M 自适应网卡。下面分别进行介绍。

- **10M 网卡**:这是较早的一类网卡,目前已经被淘汰。10M 网卡的传输速率为

1.25Mbps，其外观如图 3-9 所示。

- ➼ **100M 网卡**：是从 10M 网卡升级而来的，传输速率比 10M 网卡快得多。100M 网卡的传输速率为 12.5Mbps，其外观如图 3-10 所示。

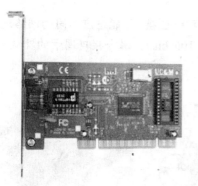

图 3-9　10M 网卡　　　　　　　　　　图 3-10　100M 网卡

- ➼ **10/100M 自适应网卡**：这类网卡能自动根据网络的连接速率调整自身的连接速率，即可在 10M 和 100M 之间自由切换，因此这类网卡目前得到了广泛的使用。10/100M 自适应网卡的外观如图 3-11 所示。

- ➼ **1000M 网卡**：这类网卡在普通计算机上应用得较少，一般应用在服务器上，某些高端的台式计算机上也有所见。1000M 网卡具有比 100M 网卡更快的传输速率，多用在需要大量数据传输的网络中心。1000M 网卡的外观如图 3-12 所示。

- ➼ **10/100/1000M 自适应网卡**：能根据网络的连接情况自动在 10/100/1000M 网络之间进行切换，适用于不同工作下的网络环境，因此这类网卡将是以后主流网卡的类型。10/100/1000M 自适应网卡的外观如图 3-13 所示。

图 3-11　10/100M 自适应网卡　　　图 3-12　1000M 网卡　　　图 3-13　10/100/1000M 自适应网卡

4．按接口类型分类

网卡的接口类型是指网络信号的输入/输出接口标准。常见的网卡接口类型有 RJ-45 接口、BNC 接口以及采用这两种模式的混合接口。下面分别进行介绍。

- ➼ **RJ-45 接口**：是使用最广泛的一类接口标准，与其匹配的传输介质是双绞线。采用 RJ-45 接口类型的网卡最大传输速率可达 1000Mbps。RJ-45 接口的网卡的外观如图 3-14 所示。

- **BNC 接口**：这种接口的网卡是专门与同轴电缆进行连接的，比较少见。由于同轴电缆的传输特性，采用 BNC 接口网卡的传输速率最大只能达到 10Mbit/s。BNC 接口网卡的外观如图 3-15 所示。
- **混合接口**：网卡上同时具有 RJ-45 接口和 BNC 接口，能适应不同的网络连接需求，不过这类网卡的传输速率最大只能达到 10Mbit/s。混合接口网卡的外观如图 3-16 所示。

　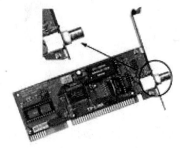　

图 3-14　RJ-45 接口网卡　　　图 3-15　BNC 接口网卡　　　图 3-16　混合接口网卡

3.1.3　网卡的选择

网卡在计算机网络中扮演着十分重要的角色，因此，选择一款性能好的网卡能保证网络稳定、正常运行。在选择网卡时，需要注意以下几个方面。

1．留意网卡的编号

由于每块网卡都有一个属于自己的物理地址卡号，负责与用户名直接连接，并进行网卡用户识别，网卡物理地址对应实际信号传输过程。网卡的编号是全球唯一的，未经认证或授权的厂家无权生产网卡。在购买网卡时，一定要注意网卡的编号。

正规厂家生产的网卡上都直接标明了该网卡所拥有的卡号，一般为一组 12 位的十六进制数，其中前 6 位代表网卡的生产厂商，后 6 位是由生产厂商自行分配给网卡的唯一号码。卡号可以通过驱动程序获取。有些网卡用最后 6 位数来表示卡号，一般也没有问题。

2．注意网卡的性能指标

网卡的性能指标主要是传输速率，如果是无线网卡，还需要注意其传输稳定性和散热性。网卡的性能指标介绍如下。

- **传输速率**：它是网卡与网络交换数据的速度频率，10Mbit/s 经换算后实际的传输速率为 1.25MB/s（1Byte=8bit/s，10Mb/s=1.25MB/s），100Mbit/s 的实际传输速率为 12.5MB/s，1000Mbit/s 的实际传输速率为 125MB/s。
- **传输稳定性**：目前全球发射模块被几大厂商所垄断，因此不同产品之间的差距实际上并不大，但选择主流品牌产品才能保证信号传输的稳定。
- **散热性**：散热性是无线网卡的另一重要指标，在狭小的 PCMCIA 插槽中，无线上网卡如果连续长时间工作，其发热量如果太大就容易导致产品加速老化，甚至频繁掉线。

3. 注意网卡的工作模式

通常情况下，网卡有全双工和半双工两种工作模式，与此对应的是全双工网卡和半双工网卡。下面分别进行介绍。

- **全双工网卡**：网卡在向网络中发送数据的同时，也能从网络中接收数据，发送和接收数据互不影响，能够同时进行，提高了网卡的使用效率。
- **半双工网卡**：简而言之，网卡在某个时间点上，只能单一地完成向网络发送数据或者从网络接收数据的工作，而不能同时发送和接收数据，即两者不能同时进行。

提示：

> 采用全双工网卡能够极大地提高数据传输和处理的能力，可以更好地利用网络带宽，提高网络资源的利用率。

4. 查看网卡的做工

正规厂商生产的网卡，做工精良，用料和走线都十分精细，金手指明亮光泽无晦涩感，很少出现虚焊现象，而且产品中附带有相应的精美包装和一册详细的说明书（包括简体中文），配置驱动光盘以及为方便用户使用的各种配件。而质量差的网卡产品，其包装粗糙无光，更没有详细使用说明。用户在选择时需要仔细查看。

5. 注重品牌

常见的网卡主流品牌有 TP-LINK、水星、D-Link、B-Link、腾达、迅捷网络、Netcore、NETGEAR、华硕和 IP-COM 等。部分品牌网卡介绍如下。

- **TP-LINK**：它是一家专门从事网络与通信终端设备研发、制造和行销的业内主流厂商，也是国内少数几家拥有完全独立自主研发和制造能力的公司之一。
- **水星**：它是一家专业的网络与通信产品解决方案提供商，一直致力于无线网络、宽带路由及以太网领域的研发、生产和行销，现有产品线已覆盖无线、路由器、交换机、集线器、光纤收发器和网卡等系列网络产品。
- **D-Link**：致力于局域网、宽带网、无线网及相关网络设备的研发、生产和行销，拥有众多美国和日本的世界级影响客户，是世界前五大网络设备厂商之一。
- **B-Link**：它是专门从事网络与通信终端设备研发、制造和行销的业内主流厂商，也是国内少数几家拥有完全独立自主研发和制造能力的公司之一。
- **腾达**：致力于无线网络、有线网络和区域网络的各类产品，并于 2001 年率先自主研发推出全系列无线局域网产品，成为中国无线网络领域的首批开拓者之一。

此外，在选购网卡时还应注意其是否支持自动网络唤醒功能、是否支持远程启动等。

3.2 Modem

Modem 就是调制解调器，通常安装在计算机和电话系统之间，使一台计算机能够通过电话线与其他设备进行信息交换。

3.2.1　Modem 的功能与用途

Modem 是一个将数字信号与模拟信号进行相互转换的网络设备，其一端连接计算机，另一端连接电话线接入电话网（PSTN），通过 Internet 服务提供商（ISP）接入 Internet。

这里以两台计算机使用 Modem 实现网络通信为例，介绍其整个数据传送的过程，从而解析 Modem 的功能和用途。

在数据发送端，首先由 Modem 将计算机的数字信号调制为模拟信号，通过电话线传递给 Internet；在数据接收端，由 Modem 接收电话线传递来的模拟信号进行解调，将模拟信号转换为数字信号，然后传递给接收端的计算机，从而实现两台计算机的通信和数据传送。

在上述过程中，Modem 把将要发送的数字信号转换成在传输线路上使用的模拟信号的过程称为调制，把从电话线上接收到的模拟信号转换为计算机能够使用的数字信号的过程称为解调。Modem 就是不断地在调制和解调之间进行切换，使用户的计算机通过普通电话线也能连接到网络。

3.2.2　Modem 的种类

Modem 按照结构进行分类，通常分为外置式和内置式两种。另外，常见的还有 PCMCIA 插卡式和机架式 Modem。

1．内置式 Modem

内置式 Modem 又称为 Modem 卡，是一块类似于网卡、显卡的 PC 扩展卡，可以直接安装在计算机的 PCI 扩展槽中。因为没有外壳和电源，所以内置式 Modem 的制造成本较低，价格也较便宜，如图 3-17 所示为一款内置式 Modem。

除了有应用于台式机 PCI 接口的 Modem 卡外，还有专用于笔记本电脑 PCMCIA 接口的 Modem 卡。内置式 Modem 的优点是不占用桌面空间、不易损坏和丢失、价格相对便宜。

2．外置式 Modem

外置式 Modem 就是安装在一个盒子里的 Modem 卡，盒上有开关、指示灯、电源接口和串行数据接口等，需要外接电源。由于外置式 Modem 的制造成本要高一些，价格也就比内置式 Modem 要贵，如图 3-18 所示为一款外置式 Modem。

图 3-17　内置式 Modem

图 3-18　外置式 Modem

目前，外置式 Modem 与计算机的连接通常使用两种方式：串行接口和 USB 接口。相对这两种连接方式而言，USB 接口所提供的传输速率更高，而且安装也更简单，并且支持热插拔。外置式 Modem 的外壳上有许多 LED 指示灯，通过这些灯的闪烁情况，可以准确地判断 Modem 的工作状态，并及时地排除各种故障。外置 56Kbps 的 Modem 共有 8 个指示灯（LED），其含义介绍如下。

- ➲ **HS（高速）**：当调制解调器进行高速上传或下载工作时，HS 灯亮。
- ➲ **AA（自动应答）**：当调制解调器在设定为自动应答方式工作时，AA 灯亮；当调制解调器设定为检测到有呼叫的方式时，在振铃期间，AA 灯亮。
- ➲ **OH（摘机）**：当调制解调器工作时，OH 灯亮；当调制解调器停止工作时，OH 灯灭。
- ➲ **CD（载波检测）**：本地调制解调器从远端调制解调器接收到数据载波信号时，CD 灯亮。
- ➲ **MR（就绪/进行测试）**：当调制解调器通电时，MR 灯变亮；而当调制解调器处于自检或诊断方式状态下时，MR 灯呈闪烁状态。
- ➲ **TR（终端就绪）**：当接收到 RS-232C 的 DTR（数据传送协议）信号时，TR 灯亮。
- ➲ **RD（接收就绪）**：从本地调制解调器向所连接的设备传送数据时，RD 灯呈闪烁状态。
- ➲ **SD（发送数据）**：从本地调制解调器向远端调制解调器传送数据时，SD 灯呈闪烁状态。

3．PCMCIA 插卡式 Modem

插卡式 Modem 主要用于笔记本电脑，其体积纤巧，配合移动电话，可方便地实现移动办公，如图 3-19 所示为一款 PCMCIA 插卡式 Modem。

4．机架式 Modem

机架式 Modem 相当于把一组 Modem 集中于一个箱体或外壳里，并由统一的电源进行供电。机架式 Modem 主要用于 Internet/Intranet、电信局、校园网和金融机构等网络的中心机房，如图 3-20 所示为一款机架式 Modem。

图 3-19　PCMCIA 插卡式 Modem

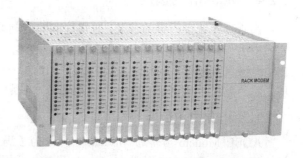

图 3-20　机架式 Modem

🔊**提示：**

除以上 4 种常见的 Modem 外，现在还有 ISDN 调制解调器和一种称为 Cable Modem 的调制解调器。Cable Modem 利用有线电视的电缆进行信号传送，不但具有调制解调功能，还集路由器、集线器、桥接器于一身，理论传输速度更可达 10Mbps 以上。

3.2.3　ADSL 调制解调器

ADSL 调制解调器是一种专为 ADSL（非对称用户数字环路）提供调制和解调数据的调制解调器，也是目前最为常见的一种调制解调器。

1．ADSL 简介

ADSL 是一种异步传输模式（ATM）。在电信服务提供商端，需要将每条开通 ADSL 业务的电话线路连接在数字用户线路访问多路复用器（DSLAM）上。而在用户端，用户需要使用一个 ADSL 调制解调器来连接电话线路。由于 ADSL 使用高频信号，所以在两端还都要使用 ADSL 信号分离器将 ADSL 数据信号和普通音频电话信号分离出来，避免打电话的时候出现噪音干扰。

2．ADSL 调制解调器的特点

通常的 ADSL 调制解调器有一个电话 Line-In，一个以太网口，有些终端集成了 ADSL 信号分离器，还提供一个连接的 Phone 接口。某些 ADSL 调制解调器使用 USB 接口与计算机相连，需要在计算机上安装指定的软件以添加虚拟网卡来进行通信。ADSL 调制解调器具有以下特点：

- 一条电话线可同时接听、拨打电话，并进行数据传输，两者互不影响。
- 虽然使用的还是原来的电话线，但 ADSL 传输的数据并不通过电话交换机，所以 ADSL 上网不需要缴付额外的电话费，节省了费用。
- ADSL 的数据传输速率是根据线路的情况自动调整的，它以"尽力而为"的方式进行数据传输。

📢)提示：

现在的网络服务商通常都会在安装网络时提供 ADSL 调制解调器。

3.2.4　Modem 的选购

由于现在宽带网络的普及，通常选购的调制解调器都是 ADSL Modem，通常上网多久，它就得工作多长时间。用户在初装 ADSL 的时候，电信局会赠送相关的器件，包括布线。由于开关次数频繁，以及使用时间的增加，ADSL Modem 的损坏也在所难免。当解调器损坏之后，超过了质保期的产品，就需要另行采购了。

1．接口类型的选择

ADSL Modem 与普通 Modem 一样，为了满足不同需求的用户和计算机配置，提供了以太网、USB 和 PCI 3 种接口。USB 和 PCI 适用于家庭用户，性价比较高，小巧、方便、实用。而在价格方面，PCI 的最便宜，以太网接口的最贵，USB 接口的价格适中。

以太网接口的 ADSL Modem 更适用于企业和办公室的局域网，它可以承受多台计算机同时进行上网，属于一种外置型的 Modem。当然这种 Modem 的性能是最好的，功能也最齐全，有的还带有桥接和路由功能，这样对一些小型企业用户来说就可以省掉一个路由器。价格方面自然比家庭用的 PCI 和 USB 接口的产品要贵许多。外置型以太网接口带路由功能

的 ADSL Modem 支持 DHCP、NAT、RIP 等功能，还有自己的 IP POOL（IP 池）可以给局域网内的用户自动分配 IP，方便网络的搭建，从而给企业节约成本。

2．支持协议的选择

ADSL Modem 上网方式有专线方式（静态 IP）、PPPOA 和 PPPOE 3 种，当然所需支持的协议也不尽相同。一般普通用户，多数选择 PPPOA、PPPOE 虚拟拨号上网方式，对于企业用户更多的是选择静态 IP 地址的专线方式。在选择 ADSL Modem 时，不同用户一定要注意选择是否支持所需上网方式，否则不能满足用户需求，造成资金浪费。

现在国内有的 ADSL Modem 厂家只提供 PPPOA 的外置拨号软件，没有 PPPOE 的软件，这给一些局域网用户带来了许多不便。但也有些国内厂家考虑比较全面，产品有内置的 PPPOE、PPPOA 的拨号器，只要把用户名和密码添加到里面，就会自动拨号，操作起来很方便。国外的著名品牌，如 3COM、Alcatel、爱立信等的外置 ADSL Modem 一般都同时支持 PPPOA 和 PPPOE 协议，但这些著名品牌价格要贵许多，在选择时要仔细权衡。

3.3　交　换　机

交换机（Switch，意为开关）是一种用于电信号转发的网络设备。它可以为接入交换机的任意两个网络结点提供独享的电信号通路。最常见的交换机是以太网交换机，其他常见的还有电话语音交换机和光纤交换机等。

3.3.1　交换机的相关概念

交换机的雏形出现在电话交换机系统，经过不断创新和发展，才形成了如今的交换机技术。交换机的主要功能包括物理编址、网络拓扑结构、错误校验、帧序列以及流量控制。目前一些高档交换机还具备了一些新的功能，如对 VLAN（虚拟局域网）的支持、对链路汇聚的支持，有的还具有路由和防火墙功能。

交换（switching）是按照通信两端传输信息的需要，用人工或设备自动完成的方法，把要传输的信息送到符合要求的相应路由上的技术的统称。广义的交换机就是一种在通信系统中完成信息交换功能的设备。

在计算机网络系统中，交换概念的提出改进了共享工作模式。过去的集线器就是一种共享设备，它本身不能识别目的地址，当同一局域网内的 A 主机给 B 主机传输数据时，数据包在以集线器为架构的网络上是以广播方式传输的，由每一台终端通过验证数据包头的地址信息来确定是否接收。也就是说，在这种工作方式下，同一时刻网络上只能传输一组数据帧的通信，如果发生碰撞还得重试，这种方式就是共享网络带宽。

3.3.2　交换机的种类

交换机的分类标准多种多样，常见的有以下几种。

1．根据网络覆盖范围划分

从网络覆盖范围可将交换机分为以下两类。

1）广域网交换机

广域网交换机主要应用于电信网之间的互连、互联网接入等领域的广域网中，提供通信用的基础平台，一般很少见。

2）局域网交换机

局域网交换机较常见，主要应用于局域网络，用于连接终端设备，如服务器、工作站、集线器、路由器等网络设备，并提供高速独立通信通道。

2. 根据传输介质和传输速度划分

根据传输介质和传输速度，可将交换机划分为以太网交换机、快速以太网交换机、千兆以太网交换机、ATM 交换机、FDDI 交换机和令牌环交换机等，下面分别进行介绍。

1）以太网交换机

以太网交换机是指带宽在 100Mbps 以下的以太网所用交换机，如图 3-21 所示为工业级 5 口以太网交换机。以太网交换机是最普遍的，其档次比较齐全，应用领域也非常广泛。因为目前采用双绞线作为传输介质的以太网十分普遍，所以在以太网交换机中通常配置 RJ-45 接口，与此同时，为了兼顾同轴电缆介质的网络连接，还适当添加 BNC 或 AUI 接口。

2）快速以太网交换机

快速以太网交换机适用于 100Mbps 快速以太网。快速以太网交换机通常所采用的介质也是双绞线，有的也会留有光纤接口 SC 兼顾与其他光传输介质的网络互连。如图 3-22 所示为一款快速以太网交换机。

图 3-21　工业用 5 口以太网交换机

图 3-22　快速以太网交换机

🔔**注意：**

快速以太网并非全都是 100Mbps 带宽的端口，事实上，目前基本上还是以 10/100Mbps 自适应型为主。

3）千兆以太网交换机

千兆以太网交换机主要用于目前较新的一种网络——千兆以太网中，也有人把这种网络称为吉比特（GB）以太网，是因为其带宽可以达到 1000Mbps。千兆以太网交换机一般用于一个大型网络的骨干网段，所采用的传输介质有光纤和双绞线，对应的接口为 SC 和 RJ-45 两种。如图 3-23 所示为一款千兆以太

图 3-23　千兆以太网交换机

网交换机。

4）ATM 交换机

ATM 交换机是用于 ATM 网络的交换机产品。由于 ATM 网络只用于电信、邮政网的主干网段，因此其交换机产品在市场上很少看到。ATM 交换机的传输介质一般采用光纤，接口类型同样有两种：以太网接口和光纤接口，这两种接口适合与不同类型的网络互连。因为 ATM 交换机的价格较高，因此很少在局域网中使用。

5）FDDI 交换机

顾名思义，FDDI 交换机使用在 FDDI 网络中。FDDI 交换机适用于中、小型企业老式的快速数据交换网络，其接口形式都为光纤接口。虽然 FDDI 网络传输速度可达到 100Mbps，但是随着快速以太网技术的成功开发，它也逐渐失去了市场，所以 FDDI 交换机也就比较少见。

6）令牌环交换机

令牌环交换机是使用在令牌环网中的。由于令牌环网逐渐失去了市场，相应的纯令牌环交换机产品也非常少见。但是在一些交换机中仍留有一些 BNC 或 AUI 接口，以方便令牌环网进行连接。

3．根据交换机应用网络层次划分

根据交换机应用网络层次可划分为企业级交换机、校园网交换机、部门级交换机、工作组交换机和桌机型交换机。

4．根据交换机端口结构划分

根据交换机端口结构可划分为固定端口交换机和模块化交换机。

5．根据工作协议层划分

根据工作协议层可划分为第二层交换机、第三层交换机和第四层交换机。

6．根据是否支持网管功能划分

根据是否支持网管功能可划分为网管型交换机和非网管型交换机。

3.3.3　交换机的功能

交换机的主要功能包括物理编址、网络拓扑结构、错误校验、帧序列以及流控。目前交换机还具备了一些新的功能，如对 VLAN（虚拟局域网）的支持、对链路汇聚的支持，甚至有的还具有防火墙的功能。最后简略地概括一下交换机的基本功能。

- 交换机提供了大量可供线缆连接的端口，这样可以采用星型拓扑布线，该功能能够代替集线器。
- 当转发帧时，交换机会重新产生一个不失真的方形电信号，该功能能够代替中继器、集线器和网桥。
- 交换机在每个端口上都使用相同的转发或过滤逻辑，该功能能够代替网桥。
- 交换机将局域网分为多个冲突域，每个冲突域都有独立的宽带，因此大大提高了

局域网的带宽，该功能能够代替网桥。

- 除了具有网桥、集线器和中继器的功能以外，交换机还提供了更先进的功能，如虚拟局域网（VLAN）和更高的性能。

3.3.4 交换机的选择

选择交换机应该从性能参数和接入层次两个方面的因素进行考虑。

1．性能参数

考虑到交换机传统性能参数，在实际选择时应该重点考虑以下参数。

- **背板带宽、二/三层交换吞吐率**：该参数决定着网络的实际性能，交换机功能再多，管理再方便，如果实际吞吐量上不去，网络只会变得拥挤不堪。所以这 3 个参数是最重要的。背板带宽包括交换机端口之间的交换带宽，端口与交换机内部的数据交换带宽和系统内部的数据交换带宽。二/三层交换吞吐率表现了二/三层交换的实际吞吐量，该吞吐量应该大于等于交换机所有端口与端口带宽数值的乘积。
- **VLAN 类型和数量**：一个交换机支持更多的 VLAN 类型和数量将更加方便地进行网络拓扑的设计与实现。
- **TRUNKING**：目前交换机都支持 TRUNKING 功能，在实际应用中还不太广泛，所以一般只要支持此功能即可，并不要求提供最大多少条线路的绑定。
- **交换机端口数量及类型**：不同的应用有不同的需要，应视具体情况而定。
- **支持网络管理的协议和方法**：需要交换机提供更加方便和集中式的管理。
- **Qos、802.1q 优先级控制、802.1X、802.3X 的支持**：这些都是交换机发展的方向，这些功能能提供更好的网络流量控制和用户的管理，应该考虑采购支持这些功能的交换机。
- **堆叠的支持**：当用户量提高后，堆叠就显得非常重要了。一般公司扩展交换机端口的方法为在一台主交换机各端口下连接分交换机，这样分交换机与主交换机的最大数据传输速率只有100M，极大地影响了交换性能，如果能采用堆叠模式，其以 G 为单位的带宽将发挥出巨大的作用。主要参数有堆叠数量、堆叠方式和堆叠带宽等。
- **其他**：交换机的交换缓存和端口缓存、主存、转发延时等也是相当重要的参数。对于三层交换机来说，802.1d 生产树也是一个重要的参数，该功能可以让交换机学习到网络结构，对网络的性能也有很大的帮助。三层交换机还有一些重要的参数，如启动其他功能时二/三层是否保持线速转发、路由表大小、访问控制列表大小、对路由协议的支持情况、对组播协议的支持情况、包过滤方法、机器扩展能力等都是值得考虑的参数，应根据实际情况考察。

2．接入层次

作为信息化建设中最基本的网络设备，由于其具有交换、路由，甚至还包括安全、应用等功能，目前除了部分大型网络采用高端核心路由器进行路由转换、高速传输、安全保障等应用外，交换机已经在网络核心层、汇聚层以及接入层得到了广泛的应用。

1）选择接入交换机

选择接入层次的交换机应该注意以下 5 个方面的性能。

- 应了解网络结点数等基本网络环境，对交换机产品的性能（如端口数、交换速率）以及自己可以承受的价格范围等有一个明晰的目标。
- 了解产品供应商的品牌、口碑、质量认证、研发能力、核心技术实力以及售后服务情况，以减少后顾之忧。
- 看交换机的实际速率、端口数量，建议选择具备千兆端口或能够升级到更高的产品，以适应未来网络升级的需要。在交换机的端口数量上，建议多选择 24 或 48 端口的交换机。
- 选择高可扩展的产品，毕竟交换机的可伸缩性决定着网络内各信息点传输速率的升级能力。
- 还要关注包括虚拟 LAN 支持、MAC 地址列表数量、QoS 服务质量等相关技术指标，根据自己的实际需求情况加以衡量和取舍。

2）选择汇聚层交换机

对于选择汇聚层交换机产品，必须注意以下 5 个方面的性能指标。

- **可对网络及设备监控和管理**：目前，在政府网络中应用网管系统十分完善，因此，用户在选择交换机产品时，除了能满足对整个网络结点的拓扑发现、流量监控和状态监控等需求以外，还应对交换机产品提出远程配置、用户管理、访问控制乃至 QoS 监控等要求。
- **提供高 QoS 保障功能**：该类产品必须具有对不同应用类型数据进行分类和处理（QoS）的功能，实现端到端的 QoS 保障，而这要求交换机产品支持 802.1p 优先级、IntServ（RSVP）和 DiffServ 等功能。
- **支持多媒体应用**：整个网络将是朝着网络融合以及应用融合的趋势发展，而政府网也不例外。对于支持语音、组波等功能的交换机产品应优先考虑。
- **进行访问控制**：如今，网络已经变得越来越智能化，而在汇聚层设备上实现用户分类、权限设置和访问控制是智能网络的重要功能。这就要求汇聚层设备能够支持 VLAN、AAA 技术（授权、认证、计费）和 802.1x 等多种安全认证方式。
- **高安全性**：为确保核心交换机不受类似拒绝服务（DoS）攻击而导致全网瘫痪，不但要在核心路由交换机中采用防火墙和 IDS 系统中的防攻击技术，在汇聚层交换设备中也必须增加此项功能，从而更好地实现全网安全。

3.4　路　由　器

路由器是一种多端口设备，它可以传输不同的速率并运行于各种环境的局域网和广域网中，也可以采用不同的协议，属于 OSI 模型的第 3 层。路由器是依赖于协议存在的，其早期的速度比交换机和网桥要慢一些，因为在它们使用某种协议转发数据前，必须将其设置或配置成能识别的协议。

3.4.1　路由器的概念

路由器（Router）采用不同的协议，是一种连接多个不同网络或多段网络的网络设备。路由器的外观如图 3-24 所示。

图 3-24　路由器

3.4.2　路由器的特征和功能

路由器的稳定性在于它的智能性。路由器不仅能追踪网络的某一结点，还能和交换机一样，选择出两结点间的最近、最快的传输路径，而且它们还可以连接不同类型的网络，这使路由器成为大型局域网和广域网中功能强大且非常重要的设备。如 Internet 就是依靠遍布全世界的几百万台路由器连接起来的。

🔊**提示：**

> 有些协议是不可路由的。可路由的协议包括 TCP/IP、IPX/SPX 和 Apple Talk。而 NetBEUI 和 SNA 协议不能路由，所以采用这些协议的网络不能使用路由器。换而言之，支持第 2 层桥接功能的高级路由器的性能大大超过了网桥和交换机的性能。

典型的路由器内部都带有自己的处理器、内存、电源以及为各种不同类型的网络连接器而准备的输入/输出插座，通常还具有管理控制台接口。功能强大并能支持各种协议的路由器有多种插槽，以容纳各种网络接口（RJ-45、BNC、FDDI 等）。具有多种插槽以支持不同接口卡或设备的路由器称为堆叠式路由器。

路由器使用起来非常灵活。尽管每一台路由器都可以被指定不同的任务，但所有的路由器都可以完成下面的工作：连接不同的网络、解析第 3 层信息、连接从 A 点到 B 点的最优数据传输路径、在主路径中断后还可以通过其他可用路径重新路由等。为了执行这些基本的任务，路由器应具有以下功能：

- 过滤出广播信息以避免网络拥塞。
- 通过设定隔离和安全参数，禁止某种数据传输到网络。
- 支持本地和远程同时连接。
- 利用电源或网络接口卡等冗余设备提供较高检错能力。
- 监视数据传输，并向管理信息库报告统计数据。
- 诊断内部或其他连接问题并触发报警信号。

由于其可制定性，安装路由器并非易事。一般而言，技术人员或工程师必须对路由技术非常熟悉才能知道如何放置和设置路由器，以发挥其最好的效能。

3.4.3　路由协议 RIP、OSPF、EIGRP 和 BGP

对于路由器而言，要找出最优的数据传输路径是一件比较有意义也很复杂的工作。最优路径可能会依赖于结点间的转发次数、当前的网络运行状态、不可用的连接、数据传输速率和拓扑结构。为了找出最优路径，各个路由器间要通过路由协议来相互通信。需要区别的是，路由协议与可路由的协议是不同的。如 TCP/IP 和 IPX/SPX，尽管它们可能处于可路由协议的顶端，但它们不是路由协议。路由协议只用于收集关于网络当前状态的数据并负责寻找最优传输路径。根据这些数据，路由器就可以创建路由表转发以后的数据包。

除了寻找最优路径的能力之外，路由协议还可以用收敛时间（路由器在网络发生变化或断线时寻找出最优传输路径所耗费的时间）来表现。

尽管并不需要精确地知道路由协议的工作原理，但还是应该对最常见的路由协议有所了解。常见的路由协议有 RIP、OSPF、EIGRP 和 BGP（还有更多的其他路由协议，但使用都并不广泛），其作用如下。

- 为 IP 和 IPX 设计的 RIP（路由信息协议）：RIP 是一种最古老的路由协议，但现在仍然被广泛使用，这是由于它在选择两点间的最优路径时只考虑结点间的中继次数。与其他类型的路由协议相比，RIP 要慢一些，但其安全性却更高。
- 为 IP 设计的 OSPF（开放的最短路径优先）：这种路由协议弥补了 RIP 的一些缺陷，并能与 RIP 在同一网络中共存。OSPF 在选择最优路径时使用了一种更灵活的算法。最优路径是指从一个结点到另一个结点效率最高的路径。在理想的网络环境中，两点间的最优路径就是直接连接两点的路径。如果要传输的数据量过大或数据在传输过程中损耗过大，数据不能沿最直接的路径传输，路由器就要另外选择一条通过其他路由器且效率最高的路径。寻求这种方案就要求路由器带有更多的内存和功能更强大的中央处理器。这样，用户就不会感觉到带宽被占用，而收敛时间也很短。OSPF 是继 RIP 之后使用得最多的协议。
- 为 IP、IPX 和 Apple Talk 而设计的 EIGRP（增强内部网关路由协议）：EIGRP 路由协议由 Cisco（思科）公司在 20 世纪 80 年代开发。它具有快速收敛和低网络开销等优点。由于它比 OSPF 容易配置和需要较少的 CPU 资源，也支持多协议且限制路由器之间多余的网络流量。所以，在大型的银行和公司网络中使用较广泛。
- 为 IP、IPX 和 Apple Talk 而设计的 BGP（边界网关协议）：BGP 是为 Internet 主干网设计的一种路由协议。因特网的飞速发展对路由器需求的增长推动了对 BGP 这种最复杂的路由协议的开发工作。

3.4.4　路由器的分类

路由器的产品众多，按照不同的划分标准有多种类型。常见的分类方法有以下几种。

1. 按路由器性能档次划分

按路由器的性能档次分为高、中、低档，通常将吞吐量大于 40Gbps 的路由器称为高档路由器，吞吐量在 25Gbps～40Gbps 之间的路由器称为中档路由器，而将低于 25Gbps 的看作低档路由器。这只是一种笼统的划分标准，各厂家划分并不完全一致，实际上路由器档次的划分不仅是以吞吐量为依据的，而是通过一个综合的性能指标来划分的。

2．按路由器使用级别划分

互联网各种级别的网络中随处都可见到路由器。接入网络使得家庭和小型企业可以连接到某个互联网服务提供商；企业网中的路由器连接一个校园或企业内成千上万的计算机；骨干网上的路由器终端系统通常是不能直接访问的，它们连接长距离骨干网上的 ISP 和企业网络。互联网的快速发展无论是对骨干网、企业网还是接入网都带来了不同的挑战。骨干网要求路由器能对少数链路进行高速路由转发。企业级路由器不但要求端口数目多、价格低廉，而且要求配置起来简单方便，并提供 QoS。

- 接入路由器：接入路由器连接家庭或 ISP 内的小型企业客户，如图 3-25 所示。接入路由器已经开始不只是提供 SLIP 或 PPP 连接，还支持诸如 PPTP 和 IPSec 等虚拟私有网络协议，这些协议要能在每个端口上运行。诸如 ADSL 等技术将很快提高各家庭的可用带宽，这将进一步增加接入路由器的负担。因此，接入路由器将来会支持许多异构和高速端口，并能够在各个端口运行多种协议，同时还要避开电话交换网。

- 企业级路由器：企业或校园级路由器连接许多终端系统，其主要目标是以尽量便宜的方法实现尽可能多的端点互连，并且进一步要求支持不同的服务质量，如图 3-26 所示。许多现有的企业网络都是由 Hub 或网桥连接起来的以太网段，尽管这些设备价格便宜、易于安装、无需配置，但是它们不支持服务等级。相反，有路由器参与的网络能够将机器分成多个碰撞域，并因此能够控制一个网络的大小。此外，路由器还支持一定的服务等级，至少允许分成多个优先级别。但是路由器每端口的造价要高些，并且在使用之前要进行一系列的配置工作。因此，企业路由器的成败就在于是否提供大量端口且每端口的造价很低，是否容易配置，是否支持 QoS。另外，还要求企业级路由器有效地支持广播和组播。企业网络还要处理历史遗留的各种 LAN 技术，支持多种协议，包括 IP、IPX 和 Vine。它们还要支持防火墙、包过滤 VLAN 以及大量的管理和安全策略。

图 3-25　接入路由器　　　　　　　　　图 3-26　企业级路由器

- 骨干级路由器：骨干级路由器实现企业级网络的互联，如图 3-27 所示。对它的要求是速度和可靠性，而代价则处于次要地位。硬件可靠性可以采用电话交换网中使用的技术，如热备份、双电源和双数据通路等来获得。这些技术对所有骨干路由器而言差不多是标准的。骨干 IP 路由器的主要性能瓶颈是在转发表中查找某个路由所耗的时间。当收到一个包时，输入端口在转发表中查找该包的目的地址以确定其目的端口，当包越短或者当包要发往许多目的端口时，势必增加路由查找的代价。因此，将一些常访问的目的端口放到缓存中能够提高路由查找的效率。不管是输入缓冲还是输出缓冲路由器，都存在路由查找的瓶颈问题。

➡ **双 WAN 路由器**：双 WAN 路由器具有物理上的两个 WAN 口作为外网接入，这样内网计算机就可以经过双 WAN 路由器的负载均衡功能同时使用两条外网接入线路，大幅提高了网络带宽。当前双 WAN 路由器主要有"带宽汇聚"和"一网双线"的应用优势，这是传统单 WAN 路由器做不到的。双 WAN 路由器的外观如图 3-28 所示。

图 3-27　骨干级由器

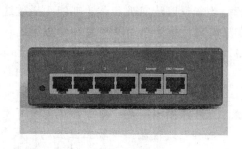

图 3-28　双 WAN 路由器

➡ **太比特路由器**：在未来核心互联网使用的 3 种主要技术中，光纤和 DWDM 都已经很成熟并且是现成的。如果没有与现有的光纤技术和 DWDM 技术提供的原始带宽对应的路由器，新的网络基础设施将无法从根本上得到性能的改善，因此开发高性能的骨干交换/路由器（太比特路由器）已经成为一项迫切的要求。太比特路由器技术现在还主要处于开发实验阶段。

3．按路由器功能划分

从功能上进行分类也是最常见的路由器分类方式之一，主要有以下几种类型。

➡ **宽带路由器**：宽带路由器是近几年来新兴的一种网络产品，它伴随着宽带的普及而产生。宽带路由器在一个紧凑的箱子中集成了路由器、防火墙、带宽控制和管理等功能，具备快速转发能力、灵活的网络管理和丰富的网络状态等特点。多数宽带路由器针对中国宽带应用优化设计，可满足不同的网络流量环境，具备满足良好的电网适应性和网络兼容性。多数宽带路由器采用高度集成设计，集成 10/100Mbps 宽带以太网 WAN 接口，并内置多口 10/100Mbps 自适应交换机，方便多台机器连接内部网络与 Internet，可以广泛应用于家庭、学校、办公室、网吧、小区接入、政府和企业等场合。

➡ **模块化路由器**：模块化路由器主要是指接口类型及部分扩展功能可以根据用户的实际需求来配置的路由器，这些路由器在出厂时一般只提供最基本的路由功能，用户可以根据所要连接的网络类型来选择相应的模块，不同的模块可以提供不同的连接和管理功能。例如，绝大多数模块化路由器可以允许用户选择网络接口类型，有些模块化路由器可以提供 VPN 等功能模块，有些模块化路由器还提供防火墙的功能等。目前的多数路由器都是模块化路由器。

- **非模块化路由器**：非模块化路由器属低端路由器，主要用于连接家庭或 ISP 内的小型企业客户。它不仅提供 SLIP 或 PPP 连接，还支持诸如 PPTP 和 IPSec 等虚拟私有网络协议。这些协议要能在每个端口上运行。ADSL 等技术将很快提高各家庭的可用带宽，这将进一步增加接入路由器的负担。由于这些趋势，非模块化路由器将来会支持许多异构和高速端口，并能够在各个端口运行多种协议，同时还要避开电话交换网。

- **虚拟路由器**：虚拟路由器以虚求实，一些有关 IP 骨干网络设备的新技术突破，为将来因特网新服务的实现铺平了道路。虚拟路由器就是这样一种新技术，它使一些新型因特网服务成为可能。通过这些新型服务，用户将可以对网络的性能、因特网地址和路由以及网络安全等进行控制。

- **核心路由器**：核心路由器就是骨干路由器，是位于网络中心的路由器。核心路由器和边缘路由器是相对概念，它们都属于路由器，但是有不同的大小和容量。从网络的层次结构上说，某一层的核心路由器可能就是另一层的边缘路由器。

- **无线路由器**：无线路由器就是带有无线覆盖功能的路由器，它主要应用于用户上网和无线覆盖。市场上主流的无线路由器一般都支持专线 XDSL/CABLE、动态 XDSL 和 PPTP 4 种接入方式，还具有其他一些网络管理的功能，如 DHCP 服务、NAT 防火墙、MAC 地址过滤等功能。

- **独臂路由器**：独臂路由器的概念出现在三层交换机之前，网内各个 VLAN 之间的通信可以用 ISL 关联来实现，这样，路由器就成为一个独臂路由器，VLAN 之间的数据传输要先进入路由器处理，然后输出，以使得网络中的大部分报文同一个 VLAN 内的报文直接在交换设备间进行高速传输。

- **智能流控路由器**：智能流控路由器能够自动调整每个结点的带宽，每个结点的网速均能达到最快，不用限制每个结点的速度，这是其最大的特点。这种路由器经常用在电信的主干道上。

- **动态限速路由器**：动态限速路由器是一种能实时地计算每位用户需要的带宽的路由器，它能精确分析用户上网类型，并合理分配带宽，达到按需分配，合理利用，还具有优先通道的智能调配功能，这种功能主要应用于网吧、酒店、小区、学校等，网吧最常用的是奥雷路由器。

4．按路由器性能划分

路由器从性能上可划分为线速路由器和非线速路由器。

- **线速路由器**：它完全可以按传输介质带宽进行通畅传输，几乎没有间断和延时。线速路由器的端口带宽大，数据转发能力强，能以媒体速率转发数据包。

- **非线速路由器**：通常是指中低端路由器，而一些宽带接入路由器也有线速转发能力。

3.4.5　路由器的选择

路由器是整个网络与外界的通信出口，也是联系内部子网的桥梁。在网络组建的过程中，路由器的选择是极为重要的。下面就介绍在选择路由器时需要考虑的因素。

1．安全性能

由于路由器是网络中比较关键的设备，针对网络存在的各种安全隐患，路由器必须具有如下的安全特性。

- **可靠性与线路安全**：可靠性要求是针对故障恢复和负载能力而提出来的。对于路由器来说，可靠性主要体现在接口故障和网络流量增大两种情况下，为此，备份是路由器不可或缺的手段之一。当主接口出现故障时，备份接口自动投入工作，保证网络的正常运行。当网络流量增大时，备份接口又可承当负载分担的任务。
- **身份认证**：路由器中的身份认证主要包括访问路由器时的身份认证、对端路由器的身份认证和路由信息的身份认证。
- **访问控制**：对于路由器的访问控制，需要进行口令的分级保护。有基于 IP 地址的访问控制和基于用户的访问控制两种。
- **信息隐藏**：与对端通信时，不一定需要用真实身份进行通信。通过地址转换，可以做到隐藏网内地址，只以公共地址的方式访问外部网络。除了由内部网络首先发起的连接，网外用户不能通过地址转换直接访问网内资源。
- **数据加密**：路由器进行数据通信时，最好能对数据进行加密。
- **攻击探测和防范**： 对于各种攻击探测，路由器最好具有检测和防范的能力。
- **安全管理**：路由器最好具备数据管理和安全设置的能力。

2．处理器

路由器的处理器的好坏直接影响路由器的性能。作为路由器的核心部分，处理器的好坏决定了路由器的吞吐量。一般来说，处理器主频在 100MHz 或以下的属于较低主频，这样的路由器适合普通家庭和 SOHO 用户使用；200MHz 以上属于较高主频，适合网吧、中小企业用户以及大型企业的分支机构使用。

3．控制软件

控制软件是路由器发挥功能的一个关键环节。从软件的安装、参数自动设置，到软件版本的升级都是必不可少的。软件安装、参数设置及调试越方便，用户使用就越容易，就能更好地应用。

4．容量

路由表容量是指路由器运行中可以容纳的路由数量。一般来说，越是高档的路由器，其路由表容量越大，因为它可能要面对非常庞大的网络。这一参数与路由器自身所带的缓存大小有关。

5．网络扩展能力

随着计算机网络应用的逐渐增加，现有的网络规模有可能已不能满足实际需要，会产生扩大网络规模的要求，因此扩展能力是一个网络在设计和建设过程中必须要考虑的。扩展能力的大小主要看路由器支持的扩展槽数目或者扩展端口数目。

6．支持的网络协议

路由器连接不同类型的网络，其各自所支持的网络通信、路由协议也不一样，这时对于在网络之间起到连接桥梁作用的路由器来说，需要对多种网络协议进行支持，特别是在广域网中的路由器。而作为用于局域网之间的路由器来说，相对就较为简单些。因此选购路由器时要考虑目前及将来的企业实际需求，来决定所选路由器要支持何种协议。

7．带电拔插

随着网络的建设，网络规模会越来越大，网络的维护和管理就越难进行，所以网络管理显得尤为重要。而在管理过程中进行安装、调试、检修和维护或者扩展计算机网络的操作中，免不了要给网络增减设备，也就是说可能会要插拔网络部件。那么路由器能否支持带电插拔，就成为路由器的一个重要的性能指标。

3.4.6 路由器和交换机的区别

就路由器与交换机来说，主要区别体现在以下几个方面。

1．工作层次不同

最初的交换机是工作在 OSI / RM 开放体系结构的数据链路层，也就是第二层，而路由器一开始就设计工作在 OSI 模型的网络层。由于交换机工作在 OSI 的第二层（数据链路层），所以其工作原理比较简单；而路由器工作在 OSI 的第三层（网络层），可以得到更多的协议信息，做出更加智能的转发决策。

2．数据转发所依据的对象不同

交换机是利用物理地址或者说 MAC 地址来确定转发数据的目的地址的。而路由器则是利用不同网络的 ID 号（即 IP 地址）来确定数据转发的地址。IP 地址是在软件中实现的，描述的是设备所在的网络，有时这些第三层的地址也称为协议地址或者网络地址。MAC 地址通常是硬件自带的，由网卡生产商来分配，而且已经固化到了网卡中，是不可更改的。而 IP 地址则通常由网络管理员或系统自动分配。

3．分割范围不同

传统的交换机只能分割冲突域，不能分割广播域，而路由器可以分割广播域。由交换机连接的网段仍属于同一个广播域，广播数据包会在交换机连接的所有网段上传播，在某些情况下会导致通信拥挤和安全漏洞。连接到路由器上的网段会被分配成不同的广播域，广播数据不会穿过路由器。虽然第三层以上交换机具有 VLAN 功能，也可以分割广播域，但是各子广播域之间是不能通信交流的，它们之间的交流仍然需要路由器。

4．路由器提供了防火墙的服务

路由器仅仅转发特定地址的数据包，不传送、不支持路由协议的数据包传送和未知目标网络数据包的传送，从而可以防止广播风暴。交换机一般用于 LAN-WAN 的连接，归于网桥，是数据链路层的设备，有些交换机也可实现第三层的交换。路由器用于 WAN-WAN之间的连接，可以解决异性网络之间转发分组，作用于网络层。它们只是从一条线路上接受输入分组，然后向另一条线路转发。这两条线路可能分属于不同的网络，并采用不同协议。

3.5　其他网络设备

在网络中，除了集线器、交换机和路由器等主要网络设备外，还有网关、网桥、中继器等其他重要的网络设备。

3.5.1　网关

网关（Gateway）不能完全归为一种网络硬件。概括地讲，它应该是能够连接不同网络的软件和硬件的结合产品，它可以使用不同格式、通信协议或结构连接起两个系统。网关实际上通过重新封装信息以使它们能被另一个系统读取。为了完成这项任务，网关必须能运行在 OSI 模型的几个层上。网关必须同应用通信建立和管理会话，传输已经编码的数据，并解析逻辑和物理地址数据。

网关可以设在服务器、微机或大型机上。由于网关具有强大的功能并且大多数时候都和应用有关，因此它比路由器的价格贵。另外，由于网关的传输更复杂，传输数据的速度要比网桥或路由器低一些，所以可能会造成网络堵塞。然而在某些场合，只有网关能胜任工作。

常见的网关有如下几种。

- **电子邮件网关**：通过电子邮件网关可以从一种类型的系统向另一种类型的系统传输数据。例如，电子邮件网关可以允许使用 Eudora 电子邮件的用户与使用 Group Wise 电子邮件的用户相互通信。
- **IBM 主机网关**：通过 IBM 主机网关，可以在一台个人计算机与 IBM 大型机之间建立和管理通信。
- **因特网网关**：因特网网关允许并管理局域网和因特网间的接入。因特网网关可以限制某些局域网用户访问 Internet，反之亦然。
- **局域网网关**：通过局域网网关，运行不同协议或运行于 OSI 模型不同层上的局域网网段间可以相互通信。路由器或局域网中的服务器都可以充当局域网网关。局域网网关也包括远程访问服务器，它允许远程用户通过拨号方式接入局域网。

3.5.2　网桥

20 世纪 80 年代早期，开发网桥（Bridge）是为了转发同类网络间传递的数据包。此后，网桥已经进化到了可以处理不同类型网络间传递的数据包。尽管更高级的路由器和交换机取代了网桥的工作，但它们仍然非常适合某些场合，如有些网络需要利用网桥过滤传向各种不同节点的数据以提高网络性能，所以这些结点就能用更少的时间和资源侦听数据。另外，网桥还可以检测并丢弃出现问题的数据包，这些数据包可能会造成网络拥塞。最重要的是，网桥能够突破原来的最大传输距离的限制，从而可以方便地扩充网络。

网桥看上去类似中继器，具有单个的输入端口和输出端口，它与中继器的不同之处就在于它能够解析收发的数据。网桥属于 OSI 模型的数据链路层，能够进行流控制、纠错处理以及地址分配，能够解析它所接受的帧，并能指导如何把数据传送到目的地，特别是能够读取目标地址信息（MAC），并决定是否向网络的其他段转发送（重发）数据包，如果数据包的目标地址与源地址位于同一段，就可以把它过滤掉。当结点通过网桥传输数据时，网桥就会根据已知的 MAC 地址和它们在网络中的位置建立过滤数据库（也就是人们熟知的转发表）。网桥利用过滤数据库决定是转发还是过滤掉数据包。

网桥并未与网络直接连接，但它可能已经知道对不同的端口都连接了哪些工作站。这是因为安装网桥后，它对所处理的每一个数据包都进行了解析，以发现其目标地址。一旦获得这些信息，网桥就会把目标结点的 MAC 地址和与其相关联的端口录入过滤数据库中。通过不断累积，它就会发现网络中的所有结点，并为每个结点在数据库中建立记录。

因为网桥不能解析高层数据（如网络层数据），所以它们不能分辨不同的协议。可以同样的传输速率和精确度转发 Apple Talk、TCP/IP、IPX/SPX 以及 NetBIOS 的帧，是因为网桥的传输速率比传统的路由器更快。但另一方面，由于网桥解析了每个数据包，所以所花费的数据传输时间比中继器和集线器更长。

网桥转发和过滤数据包的方法有几种。大多数以太网采用的方法是所谓的透明网桥方式；大多数令牌环网采用的方法是源路由网桥方式；能够连接以太网和令牌环网的方法被称为中介网桥方式。

根据具体的使用情况，网桥可分为内桥、外桥和远程桥 3 类，下面分别进行介绍。

- ➥ **内桥**：利用文件服务器将两个局域网连接起来。
- ➥ **外桥**：外桥安装在工作站上，连接两个相似的局域网。外桥不能被当作工作站使用，它只用来建立两个网络之间的连接，管理网络之间的通信。
- ➥ **远程桥**：远程桥是实现远程网之间连接的设备，通常远程桥使用调制解调器与传输介质，如用电话线实现两个局域网连接。

📢**提示：**

> 独立式网桥流行于 20 世纪 80 年代和 90 年代早期，但随着先进的交换技术和路由技术的发展，网桥技术已经远远地落后了。一般来说，现在很少将网桥作为一种独立设备了。然而，理解网桥的概念对于理解交换机的工作原理是非常必要的。

根据网桥的特点，网桥具有以下作用：

- ➥ 连接两个或两个以上的局域网时可使用网桥。
- ➥ 设置在局域网中的某个关键部位，防止因某个结点出现故障而导致整个系统瘫痪。
- ➥ 增加联网的工作站之间总的物理距离，并且降低网络连接费用。
- ➥ 由于网桥并不是与网络直接连接的，因此使用网桥可加强网络系统的安全性。

3.5.3 无线设备

无线网络使用的主要硬件除了前面介绍的无线网卡外，还有无线接入点（AP）和无线路由器等无线设备。

1．无线接入点

无线接入点即无线 AP（Access Point），是用于无线网络的无线交换机，也是无线网络的核心，如图 3-29 所示。主要用于宽带家庭、大楼内部以及园区内部，典型距离覆盖几十米至上百米,目前主要技术为 802.11 系列。大多数无线 AP 还带有接入点客户端模式(AP client),可以和其他 AP 进行无线连接,延展网络的覆盖范围。

📢提示:

> 对无线 AP 的称呼目前比较混乱,但随着无线路由器的普及,目前的情况下如没有特别的说明,一般还是只将所称呼的无线 AP 理解为单纯性无线 AP,以和无线路由器加以区分。无线 AP 主要是提供无线工作站对有线局域网和从有线局域网对无线工作站的访问,在访问接入点覆盖范围内的无线工作站可以通过它进行相互通信。

2. 无线路由器

无线路由器是带有无线覆盖功能的路由器,它主要应用于用户上网和无线覆盖,如图 3-30 所示。市场上流行的无线路由器一般都支持专线 XDSL/CABLE、动态 XDSL 和 PPTP 4 种接入方式,它还具有其他一些网络管理的功能,如 DHCP 服务、NAT 防火墙、MAC 地址过滤等。

无线路由器(Wireless Router)好比将单纯性无线 AP 和宽带路由器合二为一的扩展型产品,不仅具备单纯性无线 AP 所有功能,如支持 DHCP 客户端、支持 VPN、防火墙、支持 WEP 加密等,而且还包括网络地址转换(NAT)功能,可支持局域网用户的网络连接共享,可实现家庭无线网络中的 Internet 连接共享,实现 ADSL 和小区宽带的无线共享接入。

无线路由器可以与所有以太网接的 ADSL 调制解调器直接相连,也可以在使用时通过交换机/集线器、宽带路由器等局域网方式再接入。其内置有简单的虚拟拨号软件,可以存储用户名和密码拨号上网,实现为拨号接入 Internet 的 ADSL、CM 等提供自动拨号功能,而无需手动拨号或占用一台计算机作服务器使用。此外,无线路由器一般还具备相对更完善的安全防护功能。

图 3-29　无线 AP

图 3-30　无线路由器

3.5.4　无线网桥

无线网桥是为使用无线传输介质(微波)进行远距离数据传输的点对点网间互联而设计的。从作用上来理解无线网桥,它可以连接两个或多个独立的网络段,这些独立的网络段通常位于不同的建筑内,相距几百米到几十公里。所以说它可以广泛应用在不同建筑物间的互联。同时,根据协议不同,无线网桥又可以分为 2.4GHz 频段的 802.11b 或 802.11g 以及采用 5.8GHz 频段的 802.11a 无线网桥。无线网桥有 3 种工作方式:点对点、点对多点和中继连接,特别适用于城市中的远距离通信。它有两种接入方式:IP 接口接入和 IP+E1

双接口接入。

无线网桥通常用于室外，主要用于连接两个网络，使用无线网桥时必需使用两个以上，而 AP 可以单独使用，如图 3-31 所示为一个室外的无线网桥。无线网桥有功率大，传输距离远（最远可达约 50km）、抗干扰能力强等优点，它不自带天线，一般配备抛物面天线实现长距离的点对点连接。现在市面上已经出现了 802.11n 的无线网桥，传输速率可达到 300Mbps 以上。不过由于各种因素的影响，实际速率远远低于商家标榜的数值。

图 3-31　无线网桥

3.6　练习与提高

（1）网卡有哪些类型？常见网卡的速率有哪些？

（2）网卡有哪些接口？其中使用最广泛的接口是什么？

（3）怎样选购一款合适的网卡？

（4）Modem 可分为哪两种类型？每种类型有什么特点？

（5）怎样选购一款合适的 Modem？

（6）交换机有哪些类型？每种类型有什么特点？

（7）集线器与交换机有什么区别？

（8）什么是路由器？它具有哪些功能？

（9）网桥的功能是什么？

通过本章的学习可以了解网络组建相关设备的基本知识，下面介绍几点本章中需注意的内容。

➥ 无线技术已走向了成熟的市场，基于这种技术的无线网络因为简捷便利的连接方式吸引着大量的用户，选择无线网络设备时，理论上应该选择最新无线标准 802.11n 草案的产品，但该标准设备刚上市，价格较高，适合公司或网吧使用，对于普通家庭用户，传输速度 54Mbps 的 802.11g 产品即可以满足网络传输的需求。

➥ 对于组网设备的选择，适用是第一准则，比如，家庭适用路由器，公司或网吧适用集线器，大型企业则适用交换机。

第 4 章　组网工具与传输介质

学习目标

☑　了解常用的网络组建工具
☑　认识双绞线
☑　认识同轴电缆
☑　认识光纤
☑　认识各种无线传输介质
☑　了解其他网络传输方式

4.1　网络组建工具

通过前面的学习，了解了网络的一些基础知识，如网络操作系统和网络中的硬件等，下面将学习网络传输介质的相关知识，首先了解组建网络的一些工具。

4.1.1　剥线钳

剥线钳是用来剥开线缆外层绝缘体的工具，常用的剥线钳的外观如图 4-1 所示，它可以用来剥开双绞线以及其他电缆的外层塑料绝缘体。

同轴电缆需要使用专用的剥线工具——同轴电缆专用剥线钳，如图 4-2 所示。其主要功能是用来剥掉细缆导线外部的两层绝缘层。同轴电缆专用剥线钳上共有 3 个刀片，分别用于剥掉外层绝缘层、中间金属屏蔽层和内部绝缘层。刀片切割深度的调节可通过调整随刀赠送的螺杆相应位置的内六角形螺母实现。

图 4-1　一般剥线钳　　　　　　　图 4-2　同轴电缆专用剥线钳

4.1.2　压线钳

通过双绞线和同轴电缆进行传输的网络需要使用压线钳制作网线。压线钳是一种专用的网线制作工具，它可以非常方便地剥开、夹断网线，并压制水晶头或 BNC 接头。

按制作网线的类型可将压线钳分为双绞线压线钳和同轴电缆压线钳，下面分别进行介绍。

1．双绞线压线钳

双绞线压线钳是专门压制双绞线的工具，它可以轻易地剥开双绞线外层的绝缘皮和内层的线缆，最后将双绞线压制在水晶头内，如图 4-3 所示。

2．同轴电缆压线钳

同轴电缆压线钳是专门压制同轴电缆的工具，它可以方便地剥开同轴电缆的外层绝缘皮，并且将同轴电缆内的铜芯压制在 BNC 接头内，如图 4-4 所示。

图 4-3　双绞线压线钳

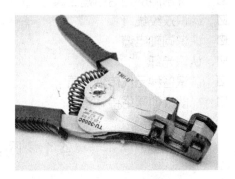

图 4-4　同轴电缆压线钳

4.1.3　测线仪

制作好网线后可以使用测线仪对制作好的网线进行测试，以判断网线是否畅通。

测线仪是专门用来对网线进行测试的工具，可分为主面板和从面板两个部分，每个面板上都有一个接口（或两种不同的接口类型）和一排指示灯，需要测试网线时，将制作好的网线两端分别插入两个面板的接口中，再打开测线仪上的电源开关，这时测线仪就会通过内部的控制芯片从主面板发送测试信号到从面板上，如果网线畅通，两面板上对应的指示灯就会一一闪烁。测线仪的外观如图 4-5 所示。

图 4-5　测线仪

4.1.4　万用表

万用表是组网工具中的一种辅助测试工具，通过万用表可快速判断网线是否畅通及确定网线线脚等。通常，万用表有数字式万用表和指针式万用表两种，其外观如图 4-6 所示。

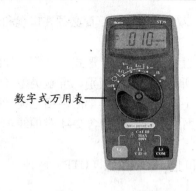

数字式万用表

指针式万用表

图 4-6　万用表

4.1.5　其他工具

在制作网线、组建网络的过程中，除了上面介绍的几种工具外，有时还需要使用到其他一些工具，如尖嘴钳、扳手和螺丝刀等，如图 4-7 所示。

图 4-7　其他组网工具

4.2　双　绞　线

双绞线（TP）是目前局域网中通用的电缆形式之一，它相对便宜、灵活且易于安装，传输质量较高，如果有中继器放大信号，可跨越更远的距离（但不如同轴电缆）。双绞线可应用于多种不同的拓扑结构中，最常用于星型和混合型拓扑结构。此外，双绞线能应付当前所采用的最快网络传输速度。由于双绞线性能优越，它将成为以后网络介质的主流。但双绞线有一个缺点，由于其非常灵活，比同轴电缆更易遭受物理损害。相对于双绞线带来的好处，这个缺点是可以忽略不计的。

4.2.1　双绞线的结构

双绞线的结构类似于电话线，由绝缘的彩色铜线对组成，每根铜线的直径为 0.4～0.8mm，每两根铜线互相缠绕在一起。每对铜线中的一根传输信号，另一根接地并吸收干扰。将两根铜线缠绕在一起有助于减少噪声。双绞线的结构如图 4-8 所示。

每一对铜线中，每英寸的缠绕数量越多，对所有形式噪声的抗噪性就越好。质量越好、价格越高的双绞线电缆在每英寸中的缠绕数量也越多。但每米或每英尺的

图 4-8　双绞线

缠绕率越高，将导致更大的信号衰减，为最优化性能，双绞线缆生产厂商必须在串扰和衰减之间取得平衡。

由于双绞线被广泛用于许多不同的领域，它有上百种不同的设计形式。这些设计的不同之处在于它们的缠绕率、所包含的铜线线对数目、所使用的铜线级别、屏蔽类型（有些没有）以及屏蔽使用的材料等。一根双绞线可以包括1~4对铜线，早期的网络电缆一般是两对：一对负责发送数据；一对负责接收数据。现代网络电缆一般包含2~4对铜线，从而有多根电线同时发送和接收数据。

所有的双绞线电缆可以分为屏蔽双绞线（STP）和非屏蔽双绞线（UTP）两种。

1．屏蔽双绞线（STP）

屏蔽双绞线（STP）的缠绕电线对被一种金属箔制成的屏蔽层所包围，而且每个线对中的电线也是相互绝缘的。一些STP使用网状金属屏蔽层，屏蔽层如同一根天线，将噪声转变成直流电（假设电缆被正确接地），该直流电在屏蔽层所包围的双绞线中形成一个大小相等、方向相反的直流电（假设电缆被正确接地）。屏蔽层上的噪声与双绞线上的噪声反相，从而使得两者相抵消来达到屏蔽噪声的功能。影响STP屏蔽作用的因素有环境噪声的级别和类型、屏蔽层的厚度和所使用的材料、接地方法以及屏蔽的对称性和一致性。如图4-9所示为一根屏蔽双绞线（STP）的结构示意图。

图4-9　屏蔽双绞线

2．非屏蔽双绞线（UTP）

非屏蔽双绞线（UTP）包括一对或多对由塑料封套包裹的绝缘电线对，但UTP没有屏蔽双绞线的屏蔽层，因此，相对STP更便宜，抗噪性也相对较低。如图4-10所示为一根典型的非屏蔽双绞线的结构示意图。

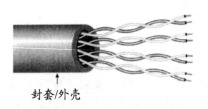

图4-10　非屏蔽双绞线

IEEE已将UTP命名为10 Base T，其中，10代表最大数据传输速度为10Mbps，Base代表采用基带传输方法传输信号，T代表UTP。

STP和UTP具有许多共同的特性，但也有差别，如下所示：

👉 **吞吐量**：STP和UTP都能以10Mbps的速度传输数据，CAT5 UTP在某些环境下的数据传输速度可达 100Mbps。高质量的 CAT5 UTP 也能以 1GB 每秒的速度传输数据。

- **成本**：STP 和 UTP 的成本区别在于所使用的铜线级别、缠绕率以及增强技术。一般来说，STP 比 UTP 更昂贵，但高级 UTP 也是非常昂贵的。例如，增强型 CAT 5 每英尺比常规 CAT 5 多花费 20%，新的 CAT 6 电缆甚至比增强型 CAT 5 还要昂贵得多。
- **连接器**：STP 和 UTP 使用的连接器和数据插孔看上去类似于电话连接器和插孔，如图 4-11 所示。

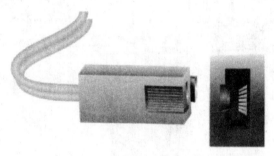

图 4-11 RJ-45 连接器

- **抗噪性**：STP 具有屏蔽层，因而比 UTP 具有更好的抗噪性。但另一方面，UTP 可以使用过滤和平衡技术抵消噪声的影响。
- **尺寸和可扩展性**：STP 和 UTP 的最大网段长度都是 100m。它们的跨距小于同轴电缆所提供的跨距，这是因为双绞线更易受环境噪声的影响。双绞线的每个逻辑段最多容纳 1024 个节点，整个网络的最大长度与所使用的网络传输方法有关。

4.2.2 双绞线的传输性能

1991 年，两个标准组织，TIA（电信工业协会）和 EIA（电子工业协会）在 TIA/EIA 568 标准中完成了对双绞线的规范说明。从此以后，两个组织一直在为新的传输介质修订国际标准。目前的标准涵盖电缆介质、设计以及安装规范，TIA/EIA 568 标准将双绞线电线分成 1、2、3、4、5 和 6 类，不久又提出了 7 类，所有这些电缆都必须符合 TIA/EIA 568 标准，局域网经常使用 3 类或 5 类电缆。下面对各类规范进行介绍。

- **1 类线（CAT 1）**：一种包括两个电线对的 UTP 形式。1 类适用于话音通信，而不适用于数据通信。其数据传输速率最高只能达到 20Kbps。
- **2 类线（CAT 2）**：一种包括 4 个电线对的 UTP 形式。数据传输速率可以达到 4Mbps。但由于大部分系统需要更高的吞吐量，2 类线很少用于现代网络中。
- **3 类线（CAT 3）**：一种包括 4 个电线对的 UTP 形式。在带宽为 16MHz 时，数据传输速率最高可达 10Mbps，3 类线一般用于 10Mbps 的 Ethernet 或 4Mbps 的 Token Ring。
- **4 类线（CAT 4）**：一种包括 4 个电线对的 UTP 形式。它能支持 10Mbps 的吞吐量，CAT 4 可用于 16Mbps 的 Token Ring 或 10Mbps 的 Ethernet 网络中。它可确保信号带宽高达 20MHz，与 CAT 1、CAT 2 或 CAT 3 相比，能提供更多的保护以

防止串扰和衰减。

> ➲ 5 类线（CAT 5）：用于新网安装及更新到 Ethernet 的最流行的 UTP 形式。CAT 5 包括 4 个电线对，支持 100Mbps 吞吐量和 100Mbps 信号速率。除 100Mbps Ethernet 之外，CAT 5 电缆还支持其他快速连网技术，如异步传输模式（ATM）。如图 4-12 所示为一根典型的 CAT 5 UTP 线，图中的双绞线未被缠绕，以使用户能看见相匹配的颜色编码。

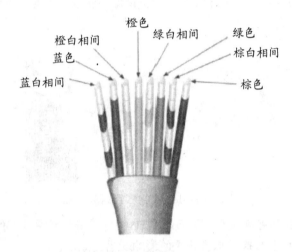

图 4-12　CAT 5 UTP 线

> ➲ 增强 CAT 5：CAT 5 电缆更高级别的版本。它包括高质量的铜线，能提供高的缠绕率，并使用先进的方法以减少串扰。增强 CAT 5 能支持高达 200MHz 的信号速率，是常规 CAT 5 容量的 2 倍。

> ➲ 6 类线（CAT 6）：一种包括 4 对电线对的双绞线电缆。每对电线被箔绝缘体包裹，另一层箔绝缘体包裹在所有电线对的外面，同时一层防火塑料封套包裹在第二层箔层外面。箔绝缘体对串扰提供了较好的阻抗，从而使 CAT 6 能支持的吞吐量是常规 CAT 5 吞吐量的 6 倍，由于 CAT 6 是一种新技术且大部分网络技术不能利用其最高容量，目前很少使用。

> ➲ 7 类线（CAT 7）：7 类双绞线标准带宽为 600MHz。但到目前为止，国际标准化组织有关 7 类双绞线的标准还没有正式提出。

4.2.3　双绞线的连接方法

在 5 类双绞线中有 8 根电缆，每根电缆用 1、2、3、4、5、6、7、8 进行编号，其颜色顺序分别为棕、棕白色、橙、橙白色、蓝、蓝白色、绿、绿白色，每种颜色和与之配套的白色线对缠绕在一起。目前双绞线的线对并未完全用完，只用到其中的 4 根。

双绞线的线序标准有两种，即 EIA/TIA 568 A 和 EIA/TIA 568 B。其线序分别如下。

> ➲ 568 A：绿白、绿、橙白、蓝、蓝白、橙、棕白、棕。

> ➲ 568 B：橙白、橙、绿白、蓝、蓝白、绿、棕白、棕。

双绞线的制作方法有直接连接法和交叉连接法两种。下面分别进行介绍。

1．直接连接法

直接连接法主要用于两台或两台以上的计算机通过集线器（交换机或其他网络设备）进行连接，此时双绞线的一端按照一定顺序将线头接入水晶头，而另一端也采用相同的连接顺序连入水晶头。这样的连线在大部分情况下可以完成数据信号的传输。但是在数据通信方面并不安全，可能会造成数据包丢失。直接连接法示意图如图 4-13 所示。

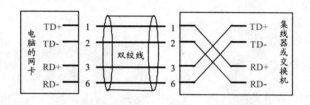

图 4-13　直接连接法示意图

2．交叉连接法

交叉连接法适用于两台计算机直接连接。此时双绞线的一端采用 568 A 排序，另一端使用 568 B 排序，即将双绞线的一端与水晶头连接好后，在此基础之上将另一端与水晶头相连接，连接方法与第一端相同，只不过将连接水晶头第 1 脚与第 3 脚、第 2 脚与第 6 脚的网线位置对换。交叉连接法的各线的作用如表 4-1 所示，交叉连接法示意图如图 4-14 所示。

表 4-1　交叉连接法各线作用表

连 接 顺 序	双绞线颜色	用　　途
1	绿白	TD+（发送信号正）
2	绿	TD-（发送信号负）
3	橙白	RD+（接收信号正）
4	蓝	不用（保留）
5	蓝白	不用（保留）
6	橙	RD-（接收信号负）
7	棕白	不用（保留）
8	棕	不用（保留）

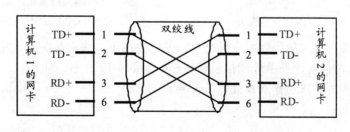

图 4-14　交叉连接法示意图

【例4-1】 制作双绞线。

使用压线钳将双绞线与水晶头连接制作线缆，操作步骤如下：

（1）用压线钳上的剥线口剥去双绞线的外层保护绝缘皮，注意不要夹断内部的电缆，如图4-15所示。

（2）剥去外层绝缘皮后，将4对双绞线分开拉直，按一定的顺序将其排列整齐，如图4-16所示。

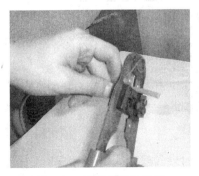 

图4-15　剥开外层绝缘皮　　　　　　　　图4-16　排列线头

（3）将线紧紧并列在一起，用压线钳的切线口切去过长的线，留下的线的长度约为15mm，使其刚好能全部插入到RJ-45接头，如图4-17所示。

（4）用右手握住水晶头，将有弹片的一面朝下，带金属片的一面朝上，将双绞线的线头插入水晶头中，直到从侧面看线头全在金属片下，如图4-18所示。

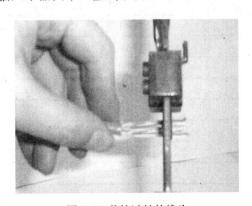 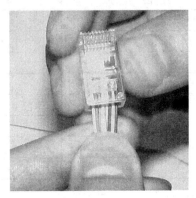

图4-17　剪掉过长的线头　　　　　　　图4-18　将双绞线插入水晶头中

（5）将水晶头放入压线钳的压线槽中，并用力压下，将水晶头的8片金属片压下去，刺穿双绞线的八芯包皮，并很好地接触在一起，如图4-19所示。

（6）用同样的方法制作双绞线的另一端。

🔔**注意：**

在制作双绞线的另一端时需要注意双绞线的线序排列方法。

（7）制作完成后，使用测线仪对双绞线进行测试，如图4-20所示。如果测试结果正常，则表示双绞线已经制作成功；反之，需要重新制作。

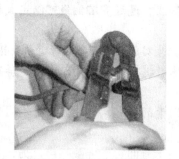

图 4-19　压制双绞线

图 4-20　测试双绞线

技巧：

如果通过计算机和集线器进行连接，如网线正常，集线器上的指示灯会亮。如果计算机和计算机直接进行连接，那么在 Windows XP 操作系统下将会出现如图 4--21 所示的提示；如果没有连接好，则将出现如图 4-22 所示的提示。

图 4-21　网线已制作好

图 4-22　网线不正常

4.3　同　轴　电　缆

同轴电缆是计算机网络中常见的传输介质之一，它是一种带宽宽、误码率低、性价比较高的传输介质，在早期的局域网中应用广泛。

4.3.1　同轴电缆的结构

同轴电缆（Coaxial Cable，Coax）的内部是由绝缘体包围的一根中心铜线，外部由网状屏蔽层包裹，最外层是塑料封套。其结构如图 4-23 所示。

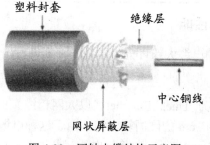

图 4-23　同轴电缆结构示意图

其中各部分的作用如下。

- **中心铜线**：标准的同轴电缆的中心铜线是多芯铜线，通过多芯铜线可以完成数据的传输。
- **绝缘层**：用来隔开中心导体和金属屏蔽网，以免产生接触短路而造成数据传输错误。
- **网状金属屏蔽层**：用于屏蔽外界干扰对中心导体数据传输的影响，同时，屏蔽网又可作接地用。
- **塑料封套**：用来保护整根电缆，以免受到外界因素的损坏，以适应各种不同的环境，如潮湿、高温等。

在同轴电缆中，铜线传输电磁信号；网状金属屏蔽层一方面可以屏蔽噪声，另一方面可以作为接地线；绝缘层通常由陶制品或塑料制品（如聚乙烯（PVC）或特富龙）组成，可将铜线与金属屏蔽物隔开，若这两者接触，电线将会短路；塑料封套可使电缆免遭物理性破环，它通常由柔韧性好的防火塑料制品制成。

同轴电缆的绝缘体和防护屏蔽层使它对噪声有较高的抵抗力。在信号必须放大之前，同轴电缆比双绞线电缆将信号传输得更远。另一方面，同轴电缆要比双绞线电缆昂贵得多，并且通常只支持较低的网络数据传输量，同轴电缆还要求网络段的两端通过一个电阻器进行终结，这使其发展受到一定限制。

同轴电缆存在许多不同规格，每一种规格都被分配一个无线管理（RG）规格号。电缆类型之间的主要差异在于中心线所使用的材料上。材料的不同将影响它们的阻抗（或电阻，用于控制信号，用欧姆表示）、吞吐量以及典型的用途。表 4-2 列出了几种不同类型的同轴电缆的规格说明。

表 4-2　几种不同规格的同轴电缆

规　　格	类　　型	阻　　抗	描　　述
RG-58/U	Thin wire	50Ω	固体实心铜线
RG-58 A/U	Thin wire	50Ω	绞合线
RG-58 C/U	Thin wire	50Ω	RG-58 A/U 的军用版本
RG-59	CATV	75Ω	宽带电缆，用于有线电视
RG-8	Thick wire	50Ω	固体实心线，直径大约为 0.4 英寸
RG-11	Thick wire	50Ω	标准实心线，直径大约为 0.4 英寸
RG-62	Base band	90Ω	用于 ARCner 和 IBM 3270 终端

4.3.2　同轴电缆的传输性能

根据直径的不同，同轴电缆大致可分为粗缆和细缆两种。

1. 粗缆

粗缆（Thicknet）也称为 Thick Ethernet（以太网粗缆）。它是一种用于原始 Ethernet（以太网）网络，直径大约 1cm 的硬同轴电缆。由于这种电缆常用一层黄色封套覆盖，因此 Thicknet 有时也称为 yellow Ethernet（黄色电缆）或 yellow garden hose（黄色橡胶软管）。IEEE 将 Thicknet 命名为 10 Base5 Ethernet，其中，10 代表 10Mbps 的吞吐量，Base 代表使用基带传输，5 代表 Thicknet 电缆的最大段长度为 500m。在较新的网络中几乎不能发现 Thicknet，只有在较老的网络中才可能存在。它一般用于将一数据机柜与另一个数据机柜相连以作为网络骨干的一部分。

Thicknet 的特性总结如下。

- ➥ **吞吐量**：粗缆传输数据的最大速率是 10Mbps，它使用基带传输。
- ➥ **成本**：粗缆比光纤要便宜，但比其他类型的同轴电缆（如 Thinnet）贵。
- ➥ **连接器**：粗缆需要一种转接器（在线上穿孔的连接器）连接到收发器，再用一个下行电缆连接网络设备，如图 4-24 所示。
- ➥ **抗噪性**：由于宽的直径和较好的屏蔽物，通常使用粗缆的网络具有较高的抗噪性。
- ➥ **尺寸和可扩展性**：由于粗缆具有高抗噪性，因此与其他类型的电缆相比，它允许数据传输更远的距离，其中最长段距离是 500m，每段最大能够容纳 100 个结点。

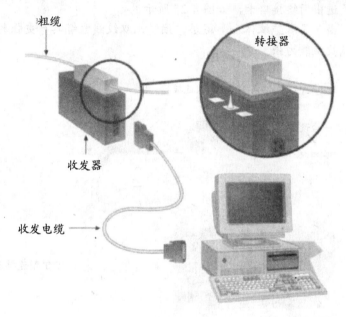

图 4-24　Thicknet 电缆连接机和一个穿孔的转接器

粗缆能连接的最大网络长度为 1500m，为最小化站点之间的干扰性，网络设备应分隔 2.5m，由于 Thicknet 的一些较重要的缺点使它很少用于现代网络中。首先，这种类型的电缆难以管理，其坚硬性使它难于处理和安装。其次，由于高速数据传输不能运行在 Thicknet 上，它不允许网络改进。虽然 Thicknet 比目前流行的许多传输介质便宜且具有较好的抗噪性，但从本质上说，它是一种过时的技术。

2．细缆

细缆（Thinnet）也称为 Thin Ethernet（以太网细缆），是 20 世纪 80 年代用于 Ethernet 局域网的最流行的介质。Thinnet 很少用于现代网络中，但在早期安装的网络中或在一些较新的小型办公室或家庭办公室局域网中偶尔也还在使用 Thinnet。IEEE 将 Thinnet 命名为 10 Base2 Ethernet，其中，10 代表数据传输速度为 10Mbps，Base 代表使用基带传输，2 代表最大段长度为 185m（或粗略为 200m）。由于 Thinnet 有一个黑色的外罩，也被称为 black Ethernet（黑色电缆）。Thinnet 电缆直径大约为 0.64cm，这使得它比 Thicknet 更加灵活，也更易于处理和安装。

Thinnet 的部分特性如下。

➥ **吞吐量**：细缆传输数据的最大速率为 10Mbps，使用基带传输。

➥ **费用**：细缆比 Thicknet 和光纤便宜得多，但比双绞线贵。

➥ **尺寸和可扩展性**：细缆允许每个网络段最长 185m，该长度比粗缆所能提供的要小，这是因为细缆抗噪性不如粗缆强。同样，细缆每段最多容纳 30 个结点，其最大网络长度为 550m 左右，为最小化干扰，细缆网络中的设备应至少分隔 0.5m。

➥ **连接器**：细缆使用 BNC T 型连接器将电缆与网络设备相连。一个具有 3 个开放口的 BNC 连接器的 T 型底部连接到 Ethernet 的网络接口卡上，两边连接细缆，以便允许信号进出网络接口卡，如图 4-25 所示。

➥ **抗噪性**：由于具有绝缘体和屏蔽层，细缆比双绞线电缆具有更强的抗噪能力，但没有粗缆抗噪能力强。

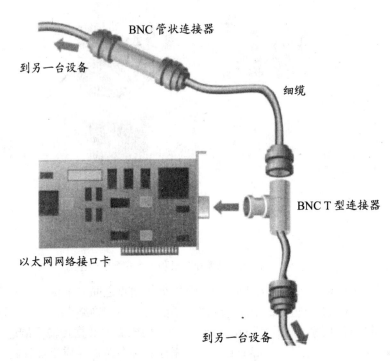

图 4-25 Thinnet BNC 连接器

Thinnet 只是偶尔用于现代网络中，其主要优点是成本较低，使用容易。由于双绞线电缆能传输更多的数据且价格已开始下降，Thinnet 几乎已被淘汰。

Thicknet 和 Thinnet 电缆都需要一个 50Ω 的电阻器以终结网络的每一端，且这些电缆的一端必须接地。如果将同轴电缆网络的两端都接地或没有接地端，将出现时有时无的数据传输错误。

Thicknet 和 Thinnet 电缆都能用于总线结构中。使用总线结构的网络必须在两端被终结。若没有终结器，总线网络上的信号将在网络的两端之间无休止地传输，这种现象称为信号反射。总线拓扑结构适用于小型办公室或家庭办公室的局域网，这是因为总线拓扑结构上的一个中断错误将影响网络中的所有设备，不仅仅是与它直接相连的设备。因此，总线网络难以进行故障检修，但安装简单且不昂贵。如图 4-26 所示为一个使用总线拓扑结构的同轴电缆网络的示意图。

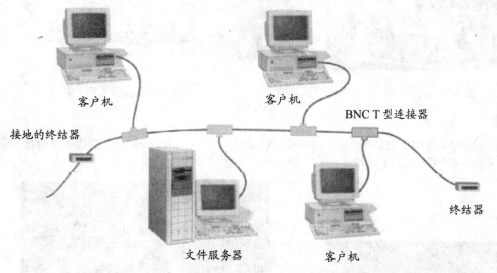

图 4-26　使用总线拓扑结构的同轴电缆网络

4.3.3　同轴电缆的连接方法

同轴电缆的应用不是很广泛，但还是有很多优点，因此在学习组建网络的过程中还应学会同轴电缆的连接方法。

在用同轴电缆组建局域网时，应准备好 BNC 接头网卡、T 型接头和 50Ω 终结器。另外，还需要准备好专用的同轴电缆压线钳。

➥ **BNC 接头网卡**：一种专门用来连接同轴电缆网线的网卡。

➥ **T 型接头**：共有 3 个接头，其中两个接头分别用来连接两端的同轴电缆，另一个接头用来连接网卡。

➥ **50Ω 终结器**：由于同轴电缆只能单向传输信号，因此在 10 Base-2 总线型对等网的首尾两端需要连接一个 50Ω 的终结器。

【例 4-2】　使用粗缆压线钳制作粗缆连接线接头。

操作步骤如下：

（1）用剥线钳剥去同轴粗缆的外层保护绝缘皮，注意不要割伤金属屏蔽线，剥去外层胶皮后的同轴粗缆如图 4-27 所示。

（2）将 BNC 接头的配件螺帽套在粗缆上，以便和 BNC 接头中间的连接套筒相连接。将 BNC 接头的配件中心针套在粗缆的铜芯上，如图 4-28 所示。

（3）用专用的粗缆压线钳，压紧中心针与铜芯，使它们紧密接触在一起，如图 4-29 所示。

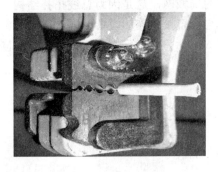

图 4-27　剥去外层胶皮

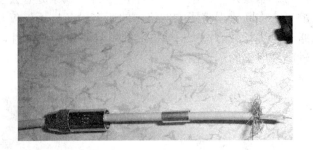

图 4-28　套上接头的配件螺帽

🔊提示：

制作前需准备好 BNC 接头的配件，包括垫圈、绝缘塑料、连接套筒、BNC 外接头和与 BNC 接头相连接的终端电阻，如图 4-30 所示。

图 4-29　压紧中心针

BNC 接头本体　芯线插针　屏蔽金属套筒

图 4-30　BNC 接头配件

（4）在同轴电缆上套上垫圈和绝缘塑料，如图 4-31 所示。

（5）将连接套筒套入同轴粗缆并拧紧，如图 4-32 所示。

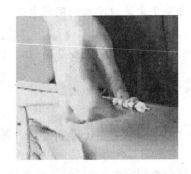

图 4-31　套上垫圈和绝缘塑料

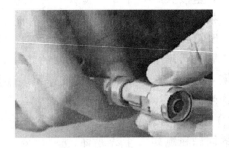

图 4-32　拧紧螺帽与连接套筒

（6）将 BNC 外接头套在连接套筒上并拧紧，如图 4-33 所示。

（7）最后将终端电阻连接在 BNC 接头上，如图 4-34 所示。

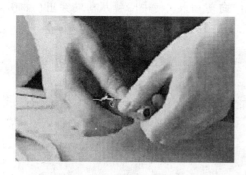
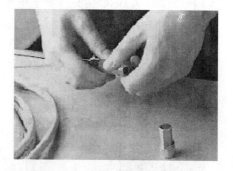

图 4-33　套上外接头　　　　图 4-34　连接上终端电阻

（8）制作好同轴电缆的一端后，使用相同的方法制作同轴电缆的另一端。

【例 4-3】　　制作细缆连接线接头。

操作步骤如下：

（1）用压线钳的剥线口将同轴电缆外层保护胶皮剥去，注意不要割伤金属屏蔽线，如图 4-35 所示。剥去外层胶皮的金属屏蔽线如图 4-36 所示。

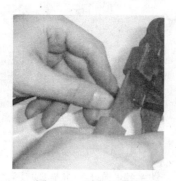
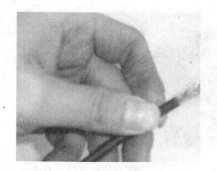

图 4-35　剥去外层胶皮　　　　图 4-36　剥开后的金属屏蔽线

（2）将芯线外的乳白色透明绝缘层剥去约 6mm，然后剥开金属屏蔽层使芯线裸露，如图 4-37 所示。

（3）用同轴电缆专用压线钳中部的小槽用力夹一下，使中心针夹紧芯线，如图 4-38 所示。

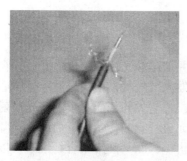

图 4-37　剥绝缘层和屏蔽层　　　　图 4-38　夹紧芯线

（4）将屏蔽金属套筒套入同轴电缆，如图 4-39 所示。

（5）将中心针从 BNC 接头外卡座尾部孔中向前插入，使中心针从前端穿出，如图 4-40 所示。

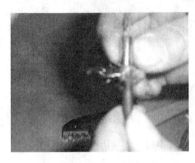 

图 4-39　套入金属套筒　　　　　　　　图 4-40　将中心线插入 BNC 接头

（6）将金属套筒向前推，将外层金属屏蔽线卡在 BNC 接头外卡座尾部的圆柱体中。再用卡线钳上的六边形卡口将套筒夹为六边形，如图 4-41 所示。

（7）制作好同轴电缆的一端后，使用相同方法制作同轴电缆的另一端。制作好的同轴电缆接头如图 4-42 所示。

图 4-41　用卡线钳上的六边形卡口用力压线　　　图 4-42　做好的同轴电缆接头

4.4　光　　纤

除了双绞线和同轴电缆这种低带宽的网络传输介质外，还有光纤等适用于大容量数据传输的介质。下面将对光纤进行详细介绍。

4.4.1　光纤简介

光纤是光导纤维的简称，是一种细小、柔韧并能传输光信号的传输介质。在它的中心部分包括一根或多根玻璃纤维，通过从激光器或发光二极管发出的光波穿过中心纤维来进行数据传输。在光纤的外面是一层玻璃，称为包层。它如同一面镜子，将光反射回中心，反射的方式根据传输模式不同而不同。这种反射允许纤维的拐角处弯曲而不会降低通过光传输的信号的完整性。包层外面是一层塑料的网状 Kevlar（高级聚合纤维），以保护内部的中心线，最外一层塑料封套覆盖在网状屏蔽物上。光纤的结构如图 4-43 所示。

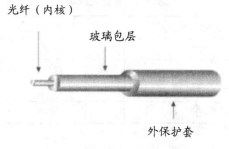

图 4-43　光纤结构

一根光纤线缆中含有多条光纤。通常情况下数条光纤作为一束，集中于线缆的中心，光纤的直径很小，约为 5～10μm，与一根头发的粗细相仿。与其他传输介质相比，光纤的电磁绝缘性能好、信号强、频带较宽、传输距离较远，主要用于在传输距离较远、布线条件特殊的情况下连接主干网。由于光纤能够适应网络长距离、大容量传输信息的需求，所以在网络中发挥着十分重要的作用。

4.4.2　光纤的类型

光纤的分类方式很多，如按光在光纤中的传输模式可分为单模光纤和多模光纤；按最佳传输频率窗口可分为常规型单模光纤和色散位移型单模光纤；按折射率分布情况可分为突变型光纤和渐变型光纤。但最常见的还是第一种分类方法。

1. 多模光纤

多模光纤的中心玻璃芯较粗，一般为 50μm 或 62.5μm，可传输多种模式的光。但其模间色散较大，这就限制了传输数字信号的频率，而且随距离的增加会更加严重。因此，多模光纤传输的距离比较近，一般只有几千米。

多模光纤可分为梯度型多模光纤和阶跃型多模光纤。其中，前者选用材料的纯度好，芯径也比阶跃型小，因此实际传输效果更好些。

2. 单模光纤

单模光纤的中心玻璃芯很细，一般为 9μm 或 10μm，只能传输一种模式的光。这是与多模光纤最大的区别。正因为如此，单模光纤的模间色散很小，对光源的谱宽和稳定性的要求较高，适用于远程通信。

单模光纤和多模光纤的区别在于光线在光纤内的传播方式不同，如图 4-44 所示。单模光纤的传输性能优于多模光纤，但价格也较昂贵，多用于长距离、大容量的主干光缆传输系统，一般的局域网中多使用多模光纤。

光纤是按纤芯和外层的尺寸以及模式进行分类的，纤芯的尺寸和纯度决定了可传输的光信号数量。常见的光纤类型如表 4-3 所示。

图 4-44　单模光纤和多模光纤

表 4-3　常见光纤类型

光 纤 类 型	纤心尺寸（μm）	外层尺寸（μm）	模 式
1	8.3	125	单模
2	50	125	多模
3	62.5	125	多模
4	100	140	多模

4.4.3　光纤的传输性能

目前光纤主要用作网络中的主干线，随着网络技术的发展，光纤逐渐代替 UTP 成为将数据传输到台式机的主要方式。

光纤提供的优点是几乎无限的吞吐量、非常高的抗噪性以及极好的安全性。光纤无需像铜线一样传输电信号，因而它不会产生电流。因此，光纤传输的信号可以保持在光纤中而不会被轻易截取，除非在目标结点处。光纤传输信号的距离也比同轴电缆或双绞线的传输距离远。其整个网络长度在无中继器或放大器的情况下远长于其他传输介质。除此之外，光纤还广泛用于高速网络行业。使用光纤最大的障碍是高成本，另一个缺点是光纤一次只能传输一个方向的数据。为了克服单向性的障碍，每根光纤内必须包括两股线——一股用于发送数据，一股线用于接收数据。与铜线不同的还有连接光纤非常困难，需要相当精密的仪器。

光纤的特性如下：

- **吞吐量**：光纤可以 10GB 每秒的速度可靠地传输数据，其吞吐量与光在玻璃纤维上传输的物理特性有关。与电脉冲通过铜线不同，光不会遇到阻抗，因此能以比电脉冲更快的速度可靠传输，实际上，纯的玻璃纤维束每秒可接收高达 1 亿个激光脉冲。但由于成本太高，光纤目前还只用于主干线。
- **成本**：光纤可算是目前最昂贵的电缆。由于光纤的成本太高昂，将光纤连接到每个台式机上的成本在目前几乎是负担不起的，因此光纤一般仅用于长距离传输或必须负担非常大量的通信业务的网络主干中。不仅光纤本身比金属电缆昂贵，其网络接口卡和集线器的价格也比用于 UTP 网络的网卡和集线器贵得多。
- **连接器**：光纤可以使用许多不同类型的连接器进行连接。
- **抗噪性**：光纤不受 EMI 和 RFI 的影响，因此可以远距离地传输信号，如果通过中继器再生一个信号，光纤的传输距离将变得更远。
- **尺寸和可扩展性**：由光纤组成的网络段能跨越 1km，整个网络的长度根据所使用的光纤类型的不同而不同。TIA/EIA 建议对于多模光纤，网段长度应限制为 2km；对单模光纤，网段长度为 3km。

4.4.4　光纤的连接方式

目前，光纤主要应用在大型的局域网中用作主干线路，主要有 3 种连接方式，下面分别进行介绍。

- 将光纤接入连接头并插入光纤插座。连接头要损耗 10%～20%的光，但是它使重新配置系统变得容易。

🢒 用机械方法将其接合。方法是小心地将两根切割好的光纤的一端放在一个套管中，然后钳起来。可以让光纤通过结合处来调整，以使信号达到最大。这种连接方式，会损失大约 10%的光。

🢒 两根光纤可以被融合在一起。融合方法形成的光纤和单根光纤差不多是相同的，但也有一点衰减。

🔊提示：

对于这 3 种连接方法，结合处都有反射，并且反射的能量会和信号交互作用。另外，由于光纤的安装和连接技术要求高，需要专门的设备和技术人员进行安装，普通用户无法完成安装。

4.5 无线传输介质

无线传输介质是一种利用空气作为传播介质的网络，这种网络信号传输不需要通过有线传输介质，而利用可以在空气中传播的微波、红外线等无线介质进行，由无线传输介质组成的局域网称为无线局域网（简称 WLAN）。

4.5.1 认识无线网络

无线传输具有安装便捷、使用灵活、经济实惠、易于扩展等优点，因此发展迅速，特别是在一些难于布线的场合或远程通信方面得到了广泛应用。

无线网络按传输速率可分为窄带无线接入网（数据速率低于 64Kbps）、中宽带无线接入网（数据速率大于 64Kbps 而小于 2Mbps）和宽带无线接入网（数据速率大于 2Mbps）3 种。

无线网络的介质主要有无线电、微波以及红外线 3 种，下面分别介绍。

🢒 无线电：无线电的频率范围在 10kHz~1GHz 之间，10kHz~1GHz 之间的范围属于电磁频谱的射频（RF）。无线电包括短波、甚高频（VHF）电视信号、调频（FM）广播信号、超高频（UHF）广播和电视信号等几种类型。

🢒 微波：微波通信利用电磁频谱的较低级频率。因为这些频率比无线电频率高，所以能得到更理想的数据输入/输出速度及性能。目前常见的微波数据通信系统主要有地面微波通信系统和卫星微波通信系统。

🢒 红外线：红外线的穿透能力弱、传输距离短，因此适合在近距离使用。

在一个无线网络环境中，存在进行数据发送和接收的设备，称为接入点（AP）。通常一个 AP 能够在几十至上百米的范围内连接多个无线用户。在同时具有有线和无线网络的情况下，AP 可以通过标准的 Ethernet 电缆与传统的有线网络相连，而作为无线网络和有线网络的连接点。WLAN 的终端用户可通过无线网卡等网络设备访问网络。

4.5.2 微波

传统意义上的微波通信，可以分为地面微波通信与卫星通信两个方面，下面分别进行介绍。

1．地面微波通信

地面微波通信是以直线方式传播，各个相邻站点之间必须形成无障碍的直线连接，这就是经常看到采用高架天线塔进行微波发送的主要原因。地面微波通信需要在通信结点间建立多个微波中继站，以降低信号的衰减，使信号进行接力传输。由于地面微波使用高频波段，频带范围很宽，具有较大的通信容量；微波通信受到的干扰相对较小，通信质量较高；建设微波站的成本相对较低，建设周期短，适合快速发展。

2．卫星通信

利用卫星进行通信是微波的另外一种常用的形式。由于卫星通信使用的频段相当宽，因此其信道容量很大，具有很强的数据传输能力。

卫星通信适合广播数据发送，通过卫星中继站，可以将信号向多个接收结点进行发送。信息传输的时延和安全性差是卫星通信的两个最大的弊端。

4.5.3 红外线传输

红外线传输数据的速度可以与光纤的吞吐量相匹敌，其传输吞吐量可达到100Mbps及以上。它所能跨越的距离可以达到1km，接近于多模光纤。

在采用红外线传播的无线网络中采用小于1μm波长的红外线作为传输介质。红外线具有较强的方向性，它采用低于可见光的部分频谱作为传输介质，使用不受无线电管理部门的限制。红外线信号要求视距传输，并且窃听困难，对邻近区域的类似系统也不会产生干扰。

使用红外线作为传输介质的无线网络可以使用直接和间接红外线传输。下面分别进行介绍。

1．直接红外线传输

直接红外线传输要求发射方和接收方彼此处在"视线"内，不过这种限制不利于红外线传输在现代网络环境中的广泛使用。但"视线"要求也使红外线传输比其他许多传输方法都要安全，当信号被限制在一条特定的路径上时，信号是难以被中途拦截的。

2．间接红外线传输

信号通过路径中的墙壁、天花板或任何其他物体的反射传输数据。由于间接红外线传输信号不被限定在一条特定的路径上，其安全性较低。

直接红外线传输主要用于在同一房间中设备间的通信。例如，无线打印机连接使用直接红外线传输，与掌上型PC保持某些同步特性。在所有台式计算机上的红外线端口几乎都是标准的。

4.6 其他网络传输方式

除了上面介绍的常见网络传输介质外，还存在一些其他的网络传输方式，如两台计算机通过并行电缆、串行电缆、USB接口和电话线连接等方式。

4.6.1　并行电缆直接连接

在台式计算机背后都有一个大的并行口，通过并行电缆将两台计算机的并行口连接起来即可实现通信。并行电缆具有两个 25 芯的接头，如图 4-45 所示。

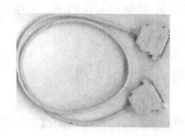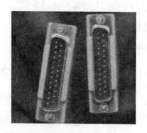

图 4-45　25 芯并口线的外观和接头

4.6.2　串行电缆直接连接

通过主机后的串行口也可实现串行方式通信。串行通信是指将数据一个接一个地发送出去。串行电缆具有两个 9 芯的接头，如图 4-46 所示。

图 4-46　9 芯串口线的外观和接头

4.6.3　USB 接口连接

目前的计算机上都有 USB 接口，因此可利用 USB 接口的"即插即用"特性进行通信。USB 1.1 规范的数据传输率可达 12Mbps，而 USB 2.0 的数据传输率可达 480Mbps。使用 USB 接口连接，需要使用 USB 接口传输线，如图 4-47 所示，并且需要为其安装专门的驱动程序。使用 USB 接口连接计算机传输线与一般的 USB 连接线不同，在这种 USB 连接线的中间有一个突出的小包，用来控制数据传输。

图 4-47　USB 接口传输线

4.6.4　电话线连接

电话线连接是通信双方都安装好 Modem，再利用电话线进行信号传输，这样双方通信就存在拨号和数/模信号的转换过程。使用电话线通信具有很多优点，如不用考虑连接位置和距离，但这种方式的传输速率较低，只适合于小容量的通信需求。一般在厂矿企业的内部电话网络中使用。

4.7　网络传输介质的选择

了解了常见的网络传输介质后，在组建网络时就需要根据实际情况考虑需要选择的介质类型。在选择网络传输介质之前，需要先了解介质的一些特性，再来做出正确的选择。

4.7.1　介质特性

通常，选择数据传输介质时必须考虑吞吐量和带宽、成本、尺寸和可扩展性、连接器以及抗噪性 5 个重要特性。

1．吞吐量和带宽

在选择传输介质时考虑的最重要的因素是吞吐量。吞吐量是在一给定时间段内介质能传输的最大数据量，通常用每秒兆位（1 000 000 位）或 Mbps 进行度量。吞吐量也被称为容量，每种传输介质的物理性质决定了其潜在吞吐量。如试图将超过介质处理能力的数据量沿着一根铜线传输，结果将会造成数据丢失或出错。与传输介质相关的噪声和设备能进一步限制吞吐量，充满噪声的电路将花费更多的时间补偿噪声，因而只有更少的资源可用于传输数据。

带宽常常与吞吐量交换使用。严格地说，带宽是对介质能传输的最高频率和最低频率之间的差异进行度量，其范围直接与吞吐量相关。带宽越高，吞吐量就越高，如图 4-48 所示，它表示在一给定的时间段内，较高的频率能比较低频率传输更多的数据。

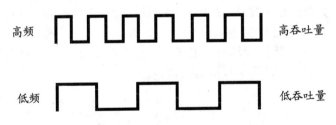

图 4-48　两个数字频率的比较

2．成本

不同种类的传输介质的成本是难以准确描述的。它们不仅与环境中现存的硬件有关，而且还与所处的场所有关。其成本不仅有前期的购买费用，还有后期的维护和扩容费用，需要用长远的眼光来考虑。

3．尺寸和可扩展性

3 种规格决定了网络介质的尺寸和可扩展性：每段的最大结点数、最大段长度以及最大网络长度。在进行布线时，这些规格中的每一个都是基于介质的物理特性的。每段最大结点数与衰减有关，即与通过一给定距离信号损失的量有关。在一个网络段中每增加一个设备都将略微衰减信号。为了保证信号清晰，必须限制一个网络段中的结点数。

网络段的长度也因衰减受到限制。在传输一定的距离后，信号可能因损失太多以至于无法被正确解释。在这种损失发生之前，网络上的中继器必须重发和放大信号。信号能够传输并仍能被正确解释的最大距离即为最大段长度。若超过该长度，易发生数据损失。类似于每段最大结点数，最大段长度也因不同介质类型而不同。

网络中的信号从发送到接收之间存在一个延迟。每个网络都受这个延迟的支配，这种延迟被称为时延。网络中连通设备将影响时延，所使用的电缆的长度也将影响时延。当连接多个网络段时，也将增加网络上的时延。为了限制时延并避免相关的错误，每种类型的介质都有一个最大连接段数。

4．连接器

连接器是连接电缆与网络设备的硬件。网络设备可以是文件服务器、工作站、交换机或打印机。每种网络介质都对应一种特定类型的连接器。所使用的连接器的种类将影响网络安装和维护的成本、网络增加段和结点的容易度，以及维护网络所需的专业技术知识，用于 UTP 电缆的连接器在接入和替换时比用同轴电缆连接器的插入和替换要简单得多，同时，UTP 电缆连接器也更廉价，并可用于许多不同的介质设计。

5．抗噪性

噪声能使数据信号变形，噪声影响信号的程度与传输介质有一定关系。某些类型的介质比其他介质更易于受噪声影响。

无论是何种介质，都有两种类型的噪声会影响它们的数据传输：电磁干扰（EMI）和射频干扰（RFI）。EMI 和 RFI 都是从电子设备或传输电缆发出的波。发动机、电源、电视机、复印机、荧光灯以及其他的电源都能产生 EMI 和 RFI。RFI 也可为来自广播电台或电视塔的强广播信号。

对任何一种噪声都能够采取措施限制它对网络的干扰。例如，可以远离强大的电磁源进行布线。如果环境仍然使网络易受影响，应选择一种抗噪性能高的传输介质。电缆可以通过屏蔽、加厚或抗噪声算法获得抗噪性。如果屏蔽的介质仍然不能避免干扰，则可以使用金属管道或管线以抑制噪声并进一步保护电缆。

4.7.2　选择网络传输介质

了解了各种类型网络的传输特性及优缺点，还需要考虑在实际网络环境中如何评估各类网络传输介质。下面总结了必须考虑的主要环境因素，并对不同的条件推荐了适当的传输介质。

> ❧ **高 EMI 或 RFI 区域**：如果环境内拥有许多电能源，应尽可能使用抗噪性最好的介质。Thick Ethernet 和光缆是目前抗噪性最好的介质。

➧ **拐角和狭窄空间**：如果环境要求电缆在拐角处弯曲或穿过狭窄空间，那么应尽可能使用最灵活的传输介质，STP 和 UTP 都是非常灵活的。

➧ **距离**：如果环境要求远距离传输，那么应考虑光纤或无线介质，也可使用双绞线或同轴电缆，但它们更易受衰减和干扰的影响，同时需要中继器。

➧ **安全性**：如果比较侧重于信号安全，应选择具有较高安全性的传输介质。光纤和直接红外介质都具有很好的防窃听性能。

➧ **既存体系结构**：如果对一个已有的电缆设备增加电缆，那么应考虑它将如何与既存的电缆设备相互作用以及两者间所需的连接性硬件。选择的介质应与以前安装的设备相适应。

➧ **稳定性**：选择网络传输介质时要考虑所选用的传输介质的稳定性，如抗外界的干扰和电磁屏蔽能力等。

➧ **发展**：了解网络需要如何扩展以及在设计布线时考虑将来的应用、通信业务和地理扩展这些问题。在这种情况下，所选择的介质应该能适应发展需求。

4.8　练习与提高

（1）常见的网络组建工具有哪些？它们各自用于什么场合？

（2）双绞线的结构特点是什么？

（3）双绞线有哪两种类型？每种类型有什么特点？

（4）非屏蔽双绞线的传输性能怎样？

（5）双绞线有哪两种连接方法？怎样制作双绞线？

（6）同轴电缆的结构特点是什么？

（7）同轴电缆有哪两种类型？每种类型有什么特点？

（8）怎样制作同轴电缆？

（9）光纤是什么？它的传输性与其他介质相比，有何优缺点？

（10）选择网络传输介质时，应该考虑哪些方面问题？

经 验 技 巧

　　通过本章的学习可以了解组网工具与传输介质的基本知识，下面介绍几点本章中需注意的内容。

➧ 对于小型网络，包括家庭、宿舍和小企业来说，组网时只需使用几种必要工具即可，包括剥线钳、压线钳和测线仪，有时测线仪都可以不必购买，以降低组网的成本。

➧ 选择屏蔽与非屏蔽线缆取决于外部电磁干扰的情况，屏蔽线缆的价格是非屏蔽线缆的 1.2～1.6 倍，屏蔽线缆适用于电磁干扰严重和对保密性要求高的场所。

➧ 普通用户主要是以能实现信息传输为基本需求，综合布线的特点是采用家居综合布线箱完成配线功能，但并没有对信息进行处理（如交换、存储、处理、传输），一般采用纯铜缆布线，讲究物美价廉。

第 5 章　组建对等网

学习目标

- ☑ 了解对等网的基础知识
- ☑ 学习对等网的组建
- ☑ 熟悉共享对等网的资源

5.1　对等网概述

对等网是一种简单、高效、维护简便的网络。在对等网中，联网的计算机不多，网络配置简单，维护也方便，因此对等网在中小型企业、学校等得到了广泛的应用。

5.1.1　对等网简介

在局域网中，所有的计算机没有主从之分，它们之间的关系是平等的，并且可以互相利用对方计算机中的资源，这就是对等网。

从对等网的定义来看，它没有主从之分，关系是平等的，只有满足这样条件的局域网，才能称为对等网。如果网络中有专门的服务器提供服务，则称为服务器/客户机网，而不是对等网。对等网可由多台计算机组成，联网中的计算机数目一般不受限制（由组建的网络规模决定）。其中两台计算机直接连接是对等网中最简单的形式，此时需要的设备最少，配置也最简单。

5.1.2　对等网的作用

对等网是一种小规模的网络，具有投资少、见效快、简单高效的特点，完全能胜任一般的网络需求。在对等网中能共享多种硬件设备，如磁盘驱动器、打印机、扫描仪等。另外，对等网也可共享网络中的 Internet 连接，这样在花费很小的情况下也能使整个网络连接到 Internet 中。

建立对等网后，可实现如下功能：

- ↳ 共享文件和其他数据资源。
- ↳ 共享打印机和扫描仪等硬件资源。
- ↳ 共享 Internet 连接。

◁ 提示：

在对等网中，通过将工作站之间的数据进行备份，可大大提高数据的安全性。

5.1.3　对等网的优点和局限性

从对等网的定义来看，它也有其相应的优点和局限性。

1．对等网的优点

对等网是比较简单的网络类型，其主要优点有：

- 对等网络相对较容易实现和操作。它是一组具有网络操作系统允许对等的资源共享的客户计算机。因此，建立一个对等网络只需获得和安装局域网的一个或多个集线器、计算机、连接导线及提供资源访问的操作系统即可。
- 对等网操作的花费较少。它们不需要复杂、昂贵、精密的服务器及其需要的特殊管理和环境条件。每一台计算机只需要用户维护即可。
- 对等网可使用熟悉的操作系统来建立，如 Windows XP、Windows 7 等。
- 由于没有层次依赖，对等网比基于服务器的网络有更大的容错性。对等网络中的任何计算机发生故障只会使网络连接资源的一个集变为不可用，而不会影响整个网络。

2．对等网的局限性

由于对等网的网络结构相对简单，它也存在着一些局限性，分别如下：

- 在对等网中，用户必须保留多个口令，以便进入需要访问的计算机。
- 由于对等网中缺少共享资源的中心存储器，增加了查找信息的负担。
- 在对等网中，与网络资源一样，其安装也是平均分配的。对等网中的每一台计算机的用户都可作为计算机的管理员。

5.2　对等网的组建

对等网的组建并不复杂，关键是选择好网络拓扑结构，对硬件进行正确连接，对网络操作系统进行正确配置等，下面将介绍对等网的具体组建过程。

5.2.1　网络拓扑结构的选择

由于对等网的规模不大，对数据通信量的需求也不高，因此在网络拓扑结构中可选择总线型或星型网络拓扑结构。

总线型网络拓扑结构是最为简单的一种，由于不需要集线设备，成本相对比较低廉，但考虑到网络的扩展性和稳定性，不推荐采用总线型网络拓扑结构。

星型网络拓扑结构具有布线简单、网络扩展性好、维护方便的特点，因此非常适合在小型对等网中使用。

5.2.2　网络操作系统的选择

一般 Windows 操作系统都能组建对等网。不过目前使用最多的依然是 Windows XP 操作系统。Windows XP 是目前主流的、功能最强大的操作系统，特别是增强了网络功能，因此 Windows XP 操作系统也适合作对等网中的操作系统。

5.2.3　网络的搭建

网络的搭建包括网卡的安装、网络布线和与集线器（交换机）的连接，下面将分别进行介绍。

1.　网卡的安装

网卡的安装包括网卡硬件安装和网卡驱动程序的安装两部分。只将网卡安装在计算机上网卡还不能正常工作，还需为其安装驱动程序。

1）网卡的硬件安装

网卡的硬件安装步骤比较简单，只需将网卡插到主板相应的插槽中即可。

【例 5-1】　安装网卡到主板上。

操作步骤如下：

（1）关闭计算机电源，拆开主机机箱挡板，如图 5-1 所示。

（2）根据网卡的类型选择相应的插槽（如 PCI 网卡插入 PCI 插槽中），然后用螺丝刀将与该插槽对应的机箱挡板去掉。

（3）将网卡均匀用力插入对应的插槽内（网卡金属接口挡板面向机箱后部），直到网卡的金手指全部压入插槽中为止，如图 5-2 所示。

图 5-1　拆开主机挡板

图 5-2　插入网卡

（4）检查网卡与插槽之间无错位后用螺丝刀旋紧挡板螺丝，将网卡固定好。

（5）盖好机箱，旋紧机箱螺丝。

2）网卡驱动程序的安装

目前使用的大多数网卡均是即插即用网卡，即在安装好网卡之后，操作系统能自动识别该网卡。如果操作系统中提供有该网卡的硬件驱动程序，系统将自动进行安装，否则需用户手动安装该网卡的驱动程序。

【例 5-2】　在 Windows XP 操作系统中手动安装网卡驱动程序。

操作步骤如下：

（1）找到与已有网卡硬件匹配的驱动程序，运行后启动其安装向导，单击 下一步(N) > 按钮，如图 5-3 所示。

（2）开始安装网卡驱动程序，并显示进度，如图5-4所示。

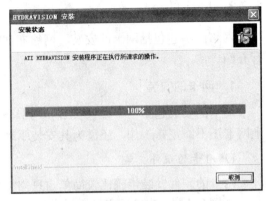

图5-3　启动网卡安装向导　　　　　　　　　　　图5-4　查看安装进度

（3）网卡驱动程序安装成功后将打开如图5-5所示的对话框，单击 完成 按钮。

（4）在打开的如图5-6所示的对话框中选中 是，立即重新启动计算机。 单选按钮，单击 确定 按钮，重新启动计算机，网卡驱动程序安装成功。

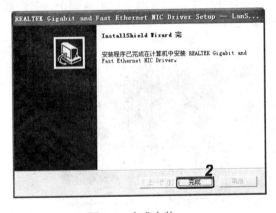
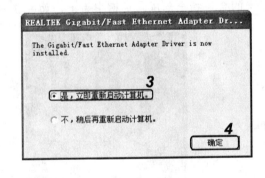

图5-5　完成安装　　　　　　　　　　　　　　　图5-6　提示重新启动计算机

2．网络布线

在网络架设中，正确规范地进行网络布线是保证网络稳定、正常运行的必要条件。在布线时，需要考虑与传输介质相关的几个参数以确保网络性能达到最佳状态。

1）衰减（Attenuation）

衰减是指沿着线路传输的信号损失量。信号在传输过程中必然要发生衰减，如双绞线的衰减越大，信号的有效传输距离就越短。标准双绞线的有效传输距离是100m（集线器与计算机之间）。

2）近端串扰（Near End Cross Talk-NEXT）

串扰是指沿一对导线传输的一部分信号"泄漏"到相邻一对导线上，从而对相邻导线上的信号产生干扰。

3）噪声（Noise）

噪声是指其他设备产生的电磁信号干扰到通信线缆中的信号，使之产生非传输过程中的信号（多余数据、错误数据）。白炽灯、电动机、音箱等电力设备都是噪声源，都容易引起传输过程中数据的错误。因此在网络布线时应尽量避开这些噪声源。

布置网线时需要综合考虑以上几个因素，然后再进行布线。使用网络插头布置的网线如图5-7所示。

3．与集线器的连接

布线后，星型网络中所有网线的另一端都会集中在一起，此时这些线头需要用集线设备连接起来，如图5-8所示。

图 5-7　布置好的网线

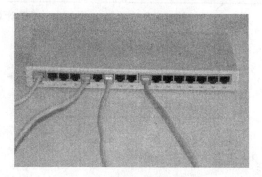

图 5-8　插好的集线器

5.2.4　操作系统的配置

连接对等网硬件设备后，还需为网络中的计算机配置正确的操作系统。由于目前使用Windows XP 操作系统的用户比较多，下面就以 Windows XP 操作系统为例进行讲解。

1．设置计算机名和工作组名称

在 Windows 环境中，处于同一个对等网中的计算机主机又被称为一个工作组。在Windows XP 操作系统中，设置计算机名和工作组名称是在"系统属性"对话框中进行的。

【例5-3】　在 Windows XP 操作系统中设置计算机名与工作组名称。

操作步骤如下：

（1）在"我的电脑"图标 上右击，在弹出的快捷菜单中选择"属性"命令，打开"系统属性"对话框，选择"计算机名"选项卡，如图5-9所示。

（2）单击 更改© 按钮，打开如图5-10所示的对话框，在"计算机名"文本框中输入计算机名称，选中 工作组W 单选按钮，在下面的文本框中输入新的工作组名称，再单击 确定 按钮，系统将弹出欢迎加入工作组提示对话框，如图5-11所示。

（3）单击 确定 按钮，打开如图5-12所示的"计算机名更改"对话框，提示需重新启动计算机才能使设置生效。

（4）单击 确定 按钮，在打开的如图5-13所示的对话框中单击 是Y 按钮，重新启动计算机。

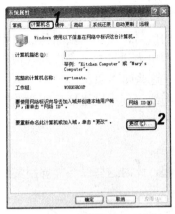
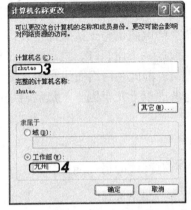

图 5-9 "计算机名"选项卡　　图 5-10　更改计算机名和工作组名称　　图 5-11　提示对话框

图 5-12 "计算机名更改"对话框　　　图 5-13　要求重新启动计算机

2．设置本地连接属性

在 Windows XP 操作系统中，只需要通过"本地连接 属性"对话框即可完成计算机的 IP 地址、网关和 DNS 服务器的设置。

【例 5-4】　设置计算机本地连接属性。

操作步骤如下：

（1）在"网上邻居"图标上右击，在弹出的快捷菜单中选择"属性"命令，打开"网络连接"窗口。

（2）在"本地连接"图标上右击，在弹出的快捷菜单中选择"属性"命令，如图 5-14 所示。

（3）打开"本地连接 属性"对话框，在"此连接使用下列项目"列表框中选择"Internet 协议（TCP/IP）"选项，单击 属性(R) 按钮，如图 5-15 所示。

（4）打开"Internet 协议（TCP/IP）属性"对话框，选中 使用下面的 IP 地址(S): 单选按钮。

（5）在"IP 地址"文本框中输入网络管理员为其分配的 IP 地址，在"子网掩码"文本框

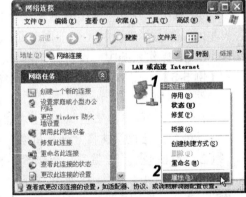

图 5-14 "网络连接"窗口

中输入网络管理员为其分配的子网掩码，在"默认网关"文本框中输入网关的 IP 地址。

（6）选中 使用下面的 DNS 服务器地址(E): 单选按钮，在"首选 DNS 服务器"文本框中输入 DNS 服务器的 IP 地址，单击 确定 按钮，如图 5-16 所示。

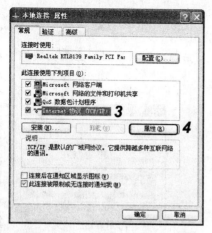

图 5-15　"本地连接 属性"对话框

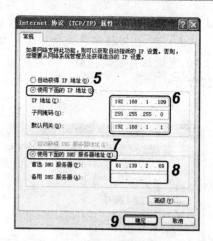

图 5-16　已填好的 IP 地址

📢提示：

> 如果有备用的 DNS 服务器，可将"备用 DNS 服务器"一栏填写完整；如果该计算机不是通过其他计算机连接到 Internet，网关和 DNS 服务器地址都可不填。

3. 安装网络协议

安装网络协议是对等网中实现通信的前提，在 Windows XP 操作系统中，默认安装了 TCP/IP 协议，通过该协议能够实现基本的网络功能。如果需要与其他类型的主机进行通信，还需要安装其他的网络通信协议。

【例 5-5】　安装"Microsoft TCP/IP 版本 6"协议。

操作步骤如下：

（1）打开"本地连接 属性"对话框，在"常规"选项卡中单击 [安装(N)...] 按钮，如图 5-17 所示。

（2）打开"选择网络组件类型"对话框，在"单击要安装的网络组件类型"列表框中选择"协议"选项，单击 [添加(A)...] 按钮，如图 5-18 所示。

图 5-17　单击按钮

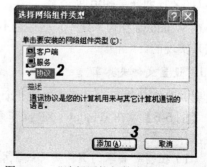

图 5-18　"选择网络组件类型"对话框

（3）打开"选择网络协议"对话框，选择需要添加的"Microsoft TCP/IP 版本 6"协议后，单击 确定 按钮即可进行安装，如图 5-19 所示。

（4）完成后自动返回到"本地连接 属性"对话框，在其中可以查看安装的协议，如图 5-20 所示。

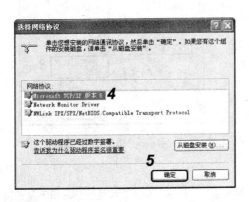

图 5-19　"选择网络协议"对话框

图 5-20　查看安装好的协议

5.3　共享对等网的资源

　　共享对等网中的网络资源是组建网络的最大目的。所谓共享就是多台主机共同分享某台主机上的资源，以节约成本和提高效率。能够共享的网络资源包括硬件资源和软件资源两部分，其中硬件资源包括打印机、扫描仪和磁盘驱动器等，共享硬件资源可节约购买这些设备的费用；软件资源包括文件和数据资料等，共享软件资源可方便地在网络中传递文件和数据资料。

5.3.1　文件与打印机的共享

　　文件与打印机的共享是网络中使用最频繁的服务。下面将详细讲解文件与打印机共享的设置方法。

1．文件的共享和访问

　　在 Windows 操作系统中，文件是不能直接被共享的，文件的共享是通过共享文件夹的形式来实现的。

1）设置文件夹共享

　　要共享文件资源，可将其放到一个文件夹中，再通过共享该文件夹来实现。

　　【例 5-6】　在 Windows XP 操作系统中设置共享文件夹。

　　操作步骤如下：

　　（1）在需要共享的文件夹（或驱动器）上右击，在弹出的快捷菜单中选择"共享和安全"命令。

（2）在打开的对话框中选中 ☑ 在网络上共享这个文件夹(S) 复选框，如果允许其他用户更改该文件夹中的文件内容，还应该选中 ☑ 允许网络用户更改我的文件(W) 复选框，在"共享名"文本框中填写需要在网络中共享该文件夹的名称，单击 确定 按钮，如图 5-21 所示。

（3）此时该文件夹的图标会变成 ，表示该文件夹已经共享，如图 5-22 所示。

图 5-21　设置共享

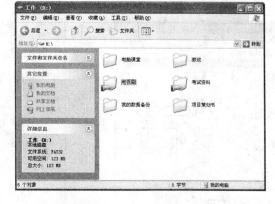
图 5-22　已共享的文件夹

2）设置增强文件共享

默认情况下，Windows XP 操作系统启用的是简单文件共享功能，此时设置共享文件夹非常简便，但是不能为不同的用户设置访问权限，安全性不高。如果想增强共享文件夹的安全性，就需要取消简单文件共享功能。

【例 5-7】　取消简单文件共享功能并设置增强文件共享。

操作步骤如下：

（1）打开任意一个文件夹窗口，选择"工具/文件夹选项"命令，打开"文件夹选项"对话框，选择"查看"选项卡，在"高级设置"列表框中取消选中 ☐ 使用简单文件共享 (推荐) 复选框，单击 确定 按钮，如图 5-23 所示。

（2）返回文件夹窗口，在任意文件夹上右击，在弹出的快捷菜单中选择"共享和安全"命令，此时可看到打开的对话框中设置共享的参数已经发生了变化，如图 5-24 所示。

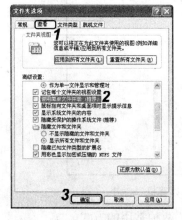
图 5-23　"文件夹选项"对话框

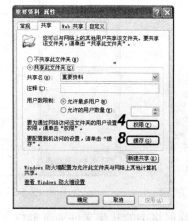
图 5-24　设置文件夹的共享

（3）单击 权限(P) 按钮可在打开的对话框中设置该文件夹的共享权限。可通过单击 添加(D)... 按钮来添加新的用户。通过选中相应用户的权限复选框可以为用户分配不同的访问权限，设置完成后单击 确定 按钮，如图 5-25 所示。

（4）在"重要资料 属性"对话框的"共享"选项卡中单击 缓存(G) 按钮，在打开的如图 5-26 所示的对话框中可设置该文件夹的缓存情况，以方便用户浏览。

图 5-25　设置用户访问权限

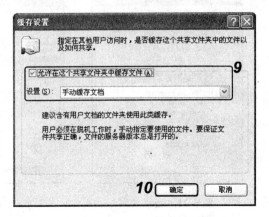

图 5-26　设置文件夹的缓存

技巧：

设置共享文件夹后，在网络中的任何一台计算机上都能看到，如果不想让网络中的其他计算机知道该计算机上共享了什么文件夹，可在该文件夹的共享名后输入"$"符号，这样网络中的计算机就不能获得该主机的共享文件夹名称了。只有确切知道该共享文件夹名称的用户才能进行访问。

设置好共享文件夹后，网络中的另一台计算机即可对其进行访问。如图 5-27 所示为访问网络中名为 Firman 主机的示意图。此时可看到该计算机上共享了两个文件夹。

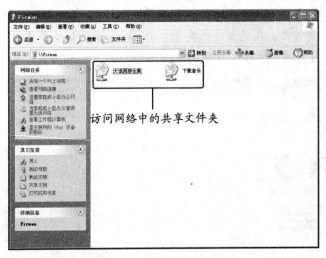

图 5-27　访问网络中的计算机

访问网络中的共享文件夹有多种方式，下面介绍两种常用的方式。

➡ **通过网上邻居进行访问**：在网上邻居中找到需要访问的计算机并双击即可。

➡ **通过 IP 地址直接访问**：在"运行"对话框或文件夹的地址栏中输入对方计算机的 IP 地址后直接进行访问。

2．打印机的共享

打印机共享是一种经常使用的硬件共享服务，共享打印机可节约成本。

共享网络打印机有两种方法：一种是将打印机安装在网络中的某台主机上，利用该主机共享该打印机；二是有些打印机本身就支持网络共享功能，可将其直接作为网络共享打印机使用。

1）共享本地打印机

要将本地打印机进行共享，首先应安装本地打印机，并将其设为共享。安装本地打印机的具体操作可参考其他有关书籍，下面以 Windows XP 操作系统为例介绍本地打印机的共享方法。

【例 5-8】　共享本地打印机。

操作步骤如下：

（1）选择"开始/设置/打印机和传真"命令，打开"打印机和传真"窗口，如图 5-28 所示。

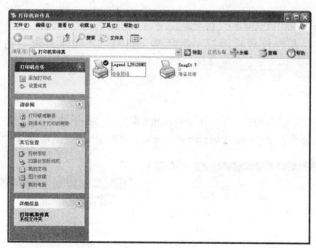

图 5-28　"打印机和传真"窗口

（2）在需要共享的打印机上右击，这里选择 Legend LJ8128NS，在弹出的快捷菜单中选择"属性"命令，打开"Legend LJ8128NS 属性"对话框，如图 5-29 所示。

（3）选择"共享"选项卡，选中 ⊙共享这台打印机(S) 单选按钮，在"共享名"文本框中输入共享的打印机名称，也可采取默认值，单击 确定 按钮，如图 5-30 所示。

（4）返回"打印机和传真"窗口，此时可看到 Legend LJ8128NS 打印机图标上出现了一个手形的共享图标，表示该打印机已经共享。

图 5-29　"Legend LJ8128NS 属性"对话框

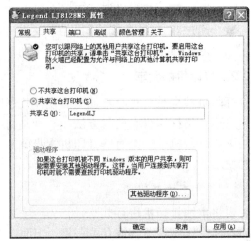

图 5-30　设置共享打印机

虽然本地打印机已设置为共享，但是网络中的用户还不能直接使用，还需要添加网络打印机后才能使用。

【例 5-9】　添加网络中共享的打印机。

操作步骤如下：

（1）通过网络找到已经共享打印机的主机，如图 5-31 所示。

（2）直接双击共享的打印机图标，此时 Windows XP 操作系统会询问是否安装该网络打印机的驱动程序，单击 确定 按钮安装打印机驱动程序后即可正常使用该网络打印机。

提示：

也可通过"打印机和传真"窗口中的"添加打印机"命令来添加网络打印机，在如图 5-32 所示的"添加打印机向导"对话框中选中 网络打印机或连接到其他计算机的打印机(E) 单选按钮，根据对话框中的提示进行安装即可。

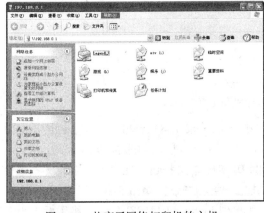

图 5-31　共享了网络打印机的主机

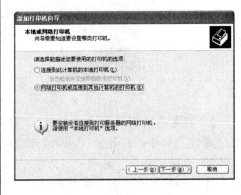

图 5-32　"添加打印机向导"对话框

2）共享网络打印机

网络打印机可看作是网络中的一台主机，它具有芯片、独立的 IP 地址和数据处理能力。

网络中的计算机可直接将打印任务发送到网络打印机上，而不需要使用一台计算机作为信号中转。网络打印机的具体设置方法视具体打印机而各不相同。

【例 5-10】　下面在网络中的一台计算机上安装 FX DocuPrint 181 XPL2 网络打印机。

操作步骤如下：

（1）将打印机的驱动程序光盘放入光驱后，光盘会自动运行，打开该打印机的安装程序对话框，在该对话框中单击 安装打印机驱动程序[P] 按钮，如图 5-33 所示。

（2）打开"设置驱动程序"对话框，在"机型选择"列表框中选择 FX DocuPrint 181 XPL2 选项，单击 安装打印机驱动程序[I]... 按钮，如图 5-34 所示。

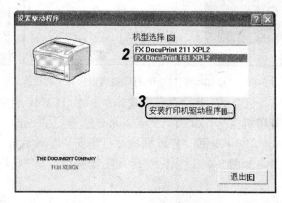

图 5-33　光盘自动运行界面　　　　　　　　　图 5-34　选择需安装的打印机

（3）打开"打印机驱动程序安装"对话框，由于是通过网络控制打印机的，因此需要为计算机添加访问打印机的端口（本例中是通过打印机的 IP 地址进行访问的），单击 添加端口[D]... 按钮，如图 5-35 所示。

（4）打开"添加端口"对话框，在"可用的端口"列表框中选择 Standard TCP/IP Port 选项，单击 确定 按钮，如图 5-36 所示。

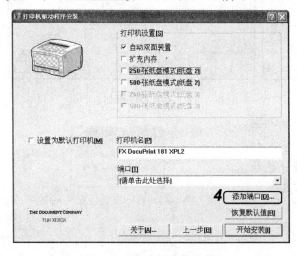

图 5-35　打印机安装界面　　　　　　　　　　图 5-36　添加端口

（5）在打开的对话框中单击 下一步(N) 按钮，如图 5-37 所示。

（6）打开"添加端口"界面，在"打印机名或 IP 地址"文本框中输入打印机的 IP 地址，在"端口名"文本框中输入打印机访问的端口，单击 下一步(N) 按钮，如图 5-38 所示。

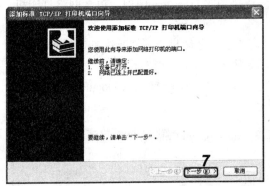

图 5-37 "添加标准 TCP/IP 打印机端口向导"对话框

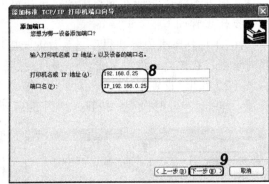

图 5-38 填写 IP 地址和端口

（7）打开"正在完成添加标准 TCP\IP 打印机端口向导"界面，系统会列出所设置的打印机信息，如确认无误，单击 完成 按钮，如图 5-39 所示。

（8）返回"打印机驱动程序安装"对话框，在"端口"下拉列表框中已经显示新的端口，如图 5-40 所示，这时如发现有错可单击 上一步(B) 按钮返回修改。

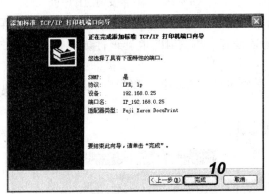

图 5-39 完成端口的添加

图 5-40 准备添加打印机

（9）检查无误后单击 开始安装(I) 按钮开始安装网络打印机，安装结束后将弹出如图 5-41 所示的提示对话框，提示打印机的驱动程序已经安装完成，单击 确定 按钮，此时即可正常使用网络打印机。

图 5-41 打印机已经安装完成

5.3.2 映射与使用网络驱动器

通过共享文件夹的方法来访问网络中的共享资源，虽然可达到查看其他计算机中文件的目的，但是还有另一种更简便地访问网络共享资源的方法，那就是将网络上的共享文件夹（或驱动器）映射为一个本地驱动器，以后访问该文件夹（或驱动器）时就可以像操作本机中的资源一样方便。

1. 映射网络驱动器

要想使用网络驱动器，首先需要将网络中共享的资源进行映射。

【例 5-11】 映射网络驱动器。

操作步骤如下：

（1）首先找到需要映射的共享文件夹（或驱动器），如图 5-42 所示。

（2）在该文件夹上右击，在弹出的快捷菜单中选择"映射网络驱动器"命令，如图 5-43 所示。

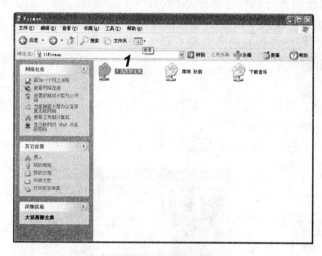

图 5-42 找到需要映射的文件夹　　　　　　图 5-43 快捷菜单

（3）打开"映射网络驱动器"对话框，在"驱动器"下拉列表框中选择需要映射的驱动器盘符，该文件夹将成为本地计算机中的盘。如果希望计算机能永久将该文件夹映射为本机中的 Z 盘，那么需选中☑登录时重新连接(R)复选框，单击 完成 按钮，如图 5-44 所示。

（4）完成后，在"我的电脑"中即可查看该文件夹映射成为本机中的 Z 盘，如图 5-45 所示。

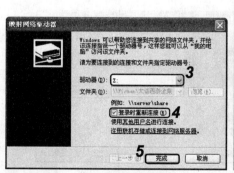

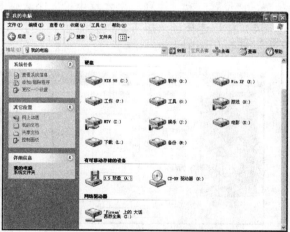

图 5-44 "映射网络驱动器"对话框　　　　图 5-45 已映射的网络驱动器

2．使用网络驱动器

将网络中的共享文件夹（或驱动器）映射为本地的一个驱动器后，就可以像使用本机上的磁盘资源一样使用它了，双击驱动器图标即可直接打开该共享文件夹。

如果不需要使用该映射驱动器了，可在映射驱动器图标上右击，在弹出的快捷菜单中选择"断开"命令，该映射驱动器将自动消失。

5.3.3 使用 NetMeeting

在网络中使用网络交流工具是很普遍的，常见的交流软件有 QQ、ICQ、MSN 等即时聊天软件，也有 NetMeeting 和信使服务等软件。其中 NetMeeting 是 Windows 操作系统自带的组件，通过它用户可以参加会议，在共享程序中与他人协同工作，通过 Internet 或企业内部网传递信息，还可以用音频、视频或聊天的方式与其他人交流。

【例 5-12】 设置 NetMeeting。

操作步骤如下：

（1）选择"开始/运行"命令，打开"运行"对话框，在"打开"下拉列表框中输入 conf，单击 确定 按钮，如图 5-46 所示。

（2）打开 NetMeeting 设置向导对话框，单击 下一步(N) 按钮，如图 5-47 所示。

图 5-46　"运行"对话框　　　　　图 5-47　打开 NetMeeting 向导对话框

（3）打开输入 NetMeeting 所需个人信息的对话框；在"姓"、"名"、"电子邮件地址"、"位置"和"注释"文本框中输入个人信息，单击 下一步(N) 按钮，如图 5-48 所示。

（4）打开选择目录服务器的对话框，设置服务器的内容，通常保持默认设置，单击 下一步(N) 按钮，如图 5-49 所示。

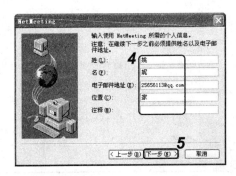

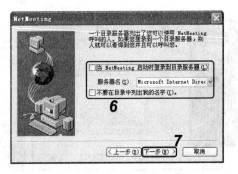

图 5-48　输入个人信息　　　　　　　图 5-49　选择目录服务器

（5）打开网络设置的对话框，在其中选择一种网络连接方式，这里选中◉局域网(L)单选按钮，单击 下一步(N) 按钮，如图 5-50 所示。

（6）打开设置快捷方式的对话框，保持默认设置，单击 下一步(N) 按钮，如图 5-51 所示。

图 5-50　选择网络连接方式

图 5-51　创建快捷方式

（7）打开"音频调节向导"对话框，单击 下一步(N) 按钮，如图 5-52 所示。

（8）打开设置音量的对话框，在"音量"栏中可以拖动滑块调节音量，或者单击 测试(T) 按钮对其进行测试，完成后单击 下一步(N) 按钮，如图 5-53 所示。

图 5-52　"音频调节向导"对话框

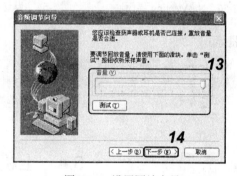

图 5-53　设置回放音量

（9）打开设置麦克风的对话框，在"录音音量"栏中可以拖动滑块调节音量，单击 下一步(N) 按钮，如图 5-54 所示。

（10）打开完成设置的对话框，单击 ·完成 按钮完成 NetMeeting 的设置，如图 5-55 所示。

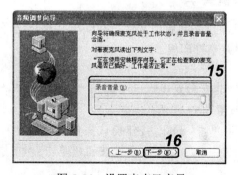

图 5-54　设置麦克风音量

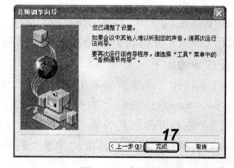

图 5-55　完成设置

当设置完成后会自动退出 NetMeeting，再次运行 NetMeeting 时将打开如图 5-56 所示的窗口。此时可在该窗口中单击 按钮，打开如图 5-57 所示的对话框，通过 IP 地址对网络中的其他用户发出呼叫，并使用文本方式进行聊天，如图 5-58 所示。

图 5-56　NetMeeting 界面

图 5-57　发送呼叫

图 5-58　正在进行文本聊天

📢提示：

NetMeeting 除了能够发送文字信息聊天之外，还可以配置麦克风、摄像头等仪器，进行语音、视频聊天。虽然现在主要的信息聊天工具是 QQ 和 MSN，但因为 NetMeeting 是通过计算机的 IP 账号来查找对象的，所以，只需知道计算机的 IP 地址就能够与其他计算机用户聊天，这种方式对于局域网用户非常实用，且不需要占用大量的系统资源。目前在很多公司局域网，特别是国外，是比较常用的。

5.4　上机与项目实训

本次实训将练习在 Windows 7 操作系统中共享存储在计算机中的文件、文件夹和打印机等资源，通过实训进一步了解对等网资源共享的相关设置。

5.4.1　在 Windows 7 中启用文件与打印机共享

在 Windows 7 中，若要共享文件或打印机，首先需启用文件与打印机共享，这样对等网中的其他用户才能访问到共享的文件或使用共享打印机。

操作步骤如下：

（1）打开"网络和共享中心"窗口，在"共享和发现"栏中展开"文件共享"列表，选中 启用文件共享(S)单选按钮，单击 应用 按钮，如图 5-59 所示。

（2）在打开的"用户账户控制"对话框中单击 继续(C) 按钮确认操作，返回"网络和共享中心"窗口，展开"打印机共享"列表，选中 启用打印机共享(R)单选按钮，单击 应用 按钮，如图 5-60 所示。

（3）在打开的对话框中单击 继续(C) 按钮确认操作，即可启用打印机共享。

图 5-59　启用文件共享

图 5-60　启用打印机共享

5.4.2　在 Windows 7 中共享文件夹

在 Windows 7 中可以对计算机中的任意文件夹进行共享，其他用户可通过"网络"窗口进行访问，下面将 E 盘中的 Program Files 文件夹共享。

操作步骤如下：

（1）打开"计算机"窗口并进入要共享的文件夹所在的磁盘分区，在要共享的 Program Files 文件夹上右击，在弹出的快捷菜单中选择"共享"命令，如图 5-61 所示。

（2）在打开的"文件共享"对话框中的列表框中选择允许共享使用该文件夹的用户，这里选择 Everyone 用户，在弹出的菜单中选择"共有者"选项，如图 5-62 所示，最后单击 共享(H) 按钮。

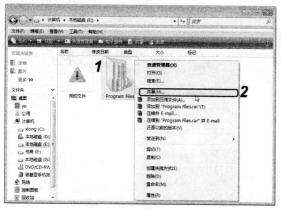

图 5-61　选择命令

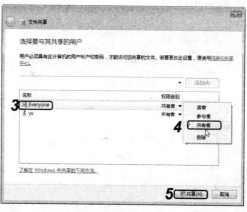

图 5-62　选择选项

（3）在打开的"用户账户控制"对话框中单击 继续(C) 按钮确认操作，打开"文件共享"对话框，提示用户该文件夹已共享，单击 完成(D) 按钮，如图 5-63 所示。

（4）进入 E 盘，可看到 Program Files 文件夹图标的左下角显示共享标记，表示该文件夹已经在网络中共享，如图 5-64 所示。

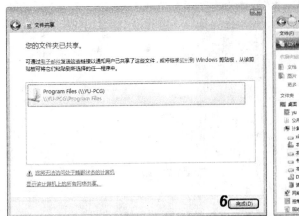

图 5-63　完成共享

图 5-64　查看文件夹

5.4.3　在 Windows 7 中共享打印机

如果对等网中的某一台计算机连接了打印机，则可以将该打印机共享，这样其他计算机用户便可以通过共享的打印机进行打印，从而节省资源。

操作步骤如下：

（1）打开"控制面板"窗口，在"硬件和声音"栏中单击"打印机"超链接，打开"打印机"窗口，在要共享的打印机图标上右击，在弹出的快捷菜中选择"共享"命令，如图 5-65 所示。

（2）在打开的打印机属性对话框的"共享"选项卡中单击 **更改共享选项(O)** 按钮，如图 5-66 所示。

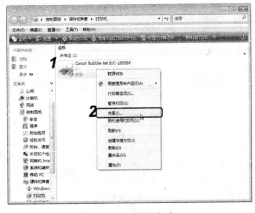

图 5-65　选择命令

图 5-66　"共享"选项卡

（3）在打开的"用户账户控制"对话框中单击 **继续(C)** 按钮确认操作。返回打印机属性对话框，此时其中的复选框与文本框呈可用状态，选中 **共享这台打印机(S)** 复选框，在"共享名"文本框中输入打印机的共享名称，这里输入 Canon BJC-1000SP，单击 **确定** 按钮，如图 5-67 所示。

（4）返回"打印机"窗口，可看到打印机图标的左下角显示共享标记 **22**，表示打印机已经共享，如图 5-68 所示。

图 5-67　设置共享选项　　　　　　　　　　　图 5-68　查看效果

5.4.4　在 Windows 7 中为共享文件夹创建映射网络驱动器

本例为网络中的共享文件夹映射为网络驱动器，以熟悉其创建方法。

操作步骤如下：

（1）双击桌面上的"计算机"图标 ，打开"计算机"窗口，在工具栏中单击 **映射网络驱动器** 按钮，如图 5-69 所示。

（2）打开"映射网络驱动器"窗口。在"驱动器"下拉列表框中选择驱动器号，这里保持默认设置。单击 浏览(B)... 按钮，在打开的"浏览文件夹"对话框中选择要创建映射网络驱动器的共享文件夹，单击 确定 按钮，如图 5-70 所示。

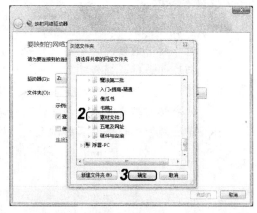

图 5-69　"计算机"窗口　　　　　　　　　　图 5-70　选择共享文件夹

（3）返回"映射网络驱动器"窗口，选中 ☑登录时重新连接(R) 复选框，单击 完成(F) 按钮，如图 5-71 所示。

（4）返回"计算机"窗口，在其中可看到创建的映射网络驱动器，如图 5-72 所示。

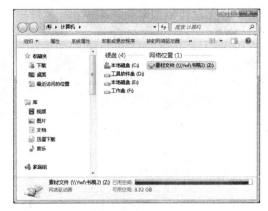

| 图 5-71　"映射网络驱动器"窗口 | 图 5-72　查看映射网络驱动器 |

5.5　练习与提高

（1）什么是对等网，对等网有哪些作用？

（2）组建对等网时应该怎样选择网络拓扑结构？

（3）怎样安装网卡？

（4）在 Windows XP 操作系统中对网络进行配置。

（5）在网络中共享文件和打印机。

（6）使用映射的网络驱动器有什么作用？怎样映射网络驱动器？

（7）怎样配置 NetMeeting 使其在局域网中工作？

（8）尝试在 Windows 7 操作系统中配置对等网。

经验技巧

通过本章的学习可以了解组建对等网的基本知识，下面介绍几点本章中需注意的内容。

➤ 对等网中的数据传输速度较快，但与外部网络的传输则比较慢，对于需要经常与外部进行数据传输的用户最好不要使用对等网。

➤ 建议选择对等网的用户，使用一些网络设置或网络控制软件，这样会比较科学地分配网络资源，达到最优的网络使用，如 WorkWin 管理专家、LaneCat 网猫局域网管理软件和百络网警局域网管理软件等都是不错的软件。

第 6 章　组建服务器/客户机网

学习目标

- ☑ 了解服务器/客户机网
- ☑ 熟悉服务器/客户机网的组建
- ☑ 学会服务器/客户机操作系统的配置

6.1　服务器/客户机网概述

服务器/客户机网是一种先进的组网模式，这种模式最大的特点是使用服务器和客户机两方面的资源和运算能力来执行一个特定的任务。

6.1.1　服务器/客户机网的介绍

服务器/客户机网是网络软件运行的一种形式。通常采用服务器/客户机结构的系统，由一台或多台服务器与客户机进行交互。服务器配备大容量硬盘并安装数据库系统，主要用于存放和检索数据。客户端安装专用的软件，负责数据的输入、运算和输出。

服务器和客户机都是独立的计算机。当一台连入网络的计算机向其他计算机提供各种网络服务（如数据、文件的共享等）时，它就被叫做服务器。而那些用于访问服务器资料的计算机则被叫做客户机。严格说来，服务器/客户机模型并不是从物理分布的角度来定义，它所体现的是一种网络数据访问的实现方式。采用这种结构的系统目前应用非常广泛，如宾馆、酒店的客房登记和结算系统，超市的 POS 系统，银行、邮电的网络系统等。

6.1.2　服务器/客户机网的特点

服务器/客户机网的优点有以下几点：

- ➜ 每个服务器在服务器/客户机网络中能够同时支持多个用户。
- ➜ 服务器/客户机网络的响应时间通常较短，能够方便用户进行及时操作，大大地提高了通信效率。
- ➜ 服务器/客户机网络系统可以把应用程序同服务器和客户机处理的数据隔离，让其中的数据具有独立性，增强了安全性。
- ➜ 服务器/客户机网络充分利用服务器和客户机两个方面的处理能力，组成一个分布式应用环境，为用户的使用提供了方便。
- ➜ 服务器/客户机网络系统的使用，减少了网络中数据的流量，降低了计算机之间通信的频率，更好地保证了系统的正常运行。

6.1.3 服务器/客户机网的工作原理

服务器/客户机网在运行时需要服务器与客户机不断地交互，这样服务器才能对客户机提供特定的服务。服务器对客户机提供的服务一般分为两种类型：重复型和并发型。下面分别讲解这两种类型的特点。

1．重复型服务

在服务器/客户机网络中，服务器端如果为客户机提供重复型服务，通常可以按照如下步骤进行：

（1）服务器等待一个客户机发送请求。

（2）当客户机向服务器发送请求后，服务器及时处理客户机的请求。

（3）服务器处理完客户机的请求后，将响应的结果发送给请求的客户机。

（4）返回到步骤（1），重复操作，直到任务全部完成。

📢提示：

服务器在进行重复型服务时，最容易在步骤（2）发生错误，因为如果同时有多个客户机请求发送到服务器，而服务器只响应一个请求，其他的请求将暂时不被响应，直到服务器处理完前一个请求。

2．并发型服务

在服务器/客户机网络中，服务器端如果为客户机提供并发型服务，服务器与客户机交互时通常按照以下步骤进行：

（1）服务器等待网络中的一个客户机发送请求。

（2）当服务器接收到客户的请求后，会启动一个新进程、线程或者任务来处理该客户的请求。该步骤的运行将取决于操作系统的类型，并依赖于操作系统的支持。在服务器端生成的新进程、线程或者任务对客户机的全部请求进行处理，当处理请求结束后，新进程、线程或者任务将被终止运行。

（3）返回到步骤（1），重复操作。

6.2　服务器/客户机网的组建

下面以一台计算机作为服务器、4 台计算机作为客户机为例来讲解服务器/客户机网的组建。其中使用 Windows 2000 Server 作为域服务器的操作系统，使用 Windows XP 作为客户机的操作系统。

6.2.1　网络拓扑结构的选择

服务器/客户机网需要有一台计算机作为服务器，那么可以选择的网络拓扑结构有星型网络拓扑结构和目录式网络拓扑结构。这里由于是一台服务器、4 台客户机，因此选择使用星型网络拓扑结构。

6.2.2 网络操作系统的选择

组建服务器/客户机网的操作系统可以从 Windows NT 4.0、Windows 2000、Windows Server 2003、Windows Server 2008、UNIX、Linux 和 NetWare 中进行选择。目前在一般中小型企业中，较为流行的网络操作系统是 Windows 2000 Server 和 Windows Server 2003。

Windows Server 2003 的 4 个版本中，Windows Server 2003 Datacenter（数据中心版）和 Windows Server 2003 Web（Web 服务器版）的功能最为强大，Windows Server 2003 Enterprise（企业版）次之，Windows Server 2003 Standard（标准版）功能最少，一般中小型企业用户通常选用 Windows Server 2003（企业版）和 Windows Server 2003 Web（Web 服务器版）两个版本，因此本章介绍服务器/客户机网的组建将选择 Windows Server 2003 Enterprise（企业版）作为服务器操作系统。

6.2.3 硬件的连接

服务器和客户机硬件的连接采用双绞线作为网络传输介质，服务器和客户机之间用交换机连接。服务器和客户机的连接示意图如图 6-1 所示。

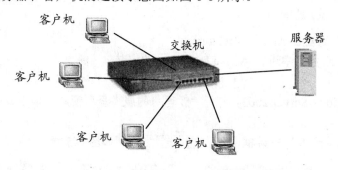

图 6-1 服务器/客户机网组建示意图

6.3 服务器和客户机的配置

当硬件连接好之后，还需要对操作系统进行相关配置。在服务器/客户机网中，客户机的配置较为容易，而服务器的配置是比较复杂的。这里以 Windows Server 2003 为例具体讲解服务器和客户机的设置。

6.3.1 服务器的配置

在服务器/客户机网络中，最重要、最复杂的设置是配置服务器操作。服务器的配置首先应该安装 Active Directory（活动目录），Active Directory 是一种目录服务，是安装域服务器的前提条件，并存储有关网络对象的信息，这些网络对象包括计算机、用户和打印机等，它还可以使管理员和用户方便地查找和使用网络信息。其最大的特点是任何用户只要是域中的成员就可以访问网络。Active Directory 的另一特点是与 Internet 紧密结合，把 DNS 服务作为定位服务，并克服了 DNS 管理困难的缺点。Windows Server 2003 将 DNS 与 DHCP

以及 WINS 紧密配合起来，从而使 DNS 管理变得易于操作。

选择"开始/管理您的服务器"命令，打开如图 6-2 所示的窗口，单击 [管理 Active Directory 中的用户和计算机] 按钮，打开"Active Directory 用户和计算机"窗口，单击窗口左侧 win2003 选项前的 田 图标，显示 win2003 下的文件夹，如图 6-3 所示。

图 6-2　"管理您的服务器"窗口　　　　图 6-3　"Active Directory 用户和计算机"窗口

1. Active Directory 的安装

配置服务器前需先安装 Active Directory。

【例 6-1】　在服务器中进行 Active Directory 的安装。

操作步骤如下：

（1）启动 Windows Server 2003，打开"管理您的服务器"窗口，单击 [添加或删除角色] 按钮，如图 6-4 所示。

（2）打开"预备步骤"对话框，单击 [下一步(N)] 按钮，如图 6-5 所示。

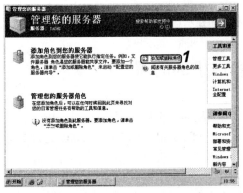
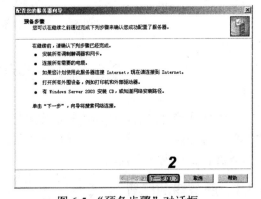

图 6-4　"管理您的服务器"窗口　　　　图 6-5　"预备步骤"对话框

（3）打开"服务器角色"对话框，在其中的列表框中选择"域控制器（Active Directory）"选项，单击 [下一步(N)] 按钮，如图 6-6 所示。

（4）打开"选择总结"对话框，单击 [下一步(N)] 按钮，如图 6-7 所示。

提示：

安装 Active Directory 前需要将硬盘中至少一个磁盘分区格式化为 NTFS 格式。

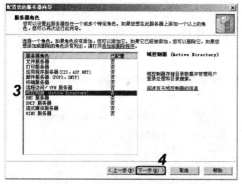

图 6-6　"服务器角色"对话框

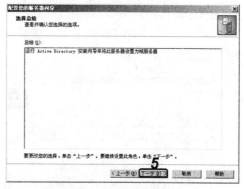

图 6-7　"选择总结"对话框

（5）打开"欢迎使用 Active Directory 安装向导"对话框，单击 下一步(N) 按钮，如图 6-8 所示。

（6）打开"操作系统兼容性"对话框，单击 下一步(N) 按钮，如图 6-9 所示。

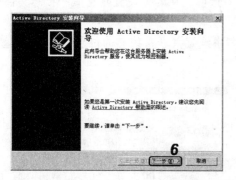

图 6-8　"欢迎使用 Active Directory 安装向导"对话框

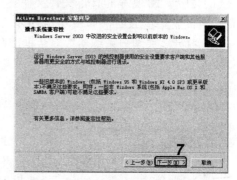

图 6-9　"操作系统兼容性"对话框

（7）打开"域控制器类型"对话框，选中 新域的域控制器(D) 单选按钮，单击 下一步(N) 按钮，如图 6-10 所示。

（8）打开"创建一个新域"对话框，选中 在新林中的域(D) 单选按钮，单击 下一步(N) 按钮，如图 6-11 所示。

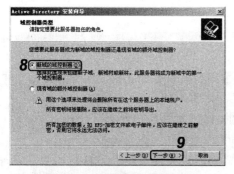

图 6-10　设置域控制器类型

图 6-11　创建一个新域

（9）打开"新的域名"对话框，在"新域的 DNS 全名"文本框中输入新域的全名，

单击 ![下一步(N)] 按钮，如图 6-12 所示。

（10）打开"NetBIOS 域名"对话框，在"域 NetBIOS 名"文本框中输入新域的全名，单击 ![下一步(N)] 按钮，如图 6-13 所示。

图 6-12　输入新域的全名　　　　图 6-13　输入 NetBIOS 域名

（11）打开"数据库和日志文件文件夹"对话框，在其中设置数据库和日志文件的保存位置，单击 ![下一步(N)] 按钮，如图 6-14 所示。

（12）打开"共享的系统卷"对话框，在其中设置共享系统卷的位置，单击 ![下一步(N)] 按钮，如图 6-15 所示。

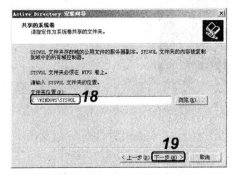

图 6-14　设置数据库和日志文件的保存位置　　　图 6-15　设置共享卷的保存位置

（13）打开"DNS 注册诊断"对话框，选中 ![在这台计算机上安装并配置 DNS 服务器，并将这台 DNS 服务器设为这台计算机的首选 DNS 服务器(S)] 单选按钮，单击 ![下一步(N)] 按钮，如图 6-16 所示。

（14）打开"权限"对话框，选中 ![只与 Windows 2000 或 Windows Server 2003 操作系统兼容的权限(E)] 单选按钮，单击 ![下一步(N)] 按钮，如图 6-17 所示。

（15）打开"目录服务还原模式的管理员密码"对话框，在"还原模式密码"和"确认密码"文本框中输入密码，单击 ![下一步(N)] 按钮，如图 6-18 所示。

（16）打开"摘要"对话框，单击 ![下一步(N)] 按钮，如图 6-19 所示。

（17）系统开始配置并安装 Active Directory 相关组件，如图 6-20 所示。

（18）几分钟后 Active Directory 安装完成，系统自动打开如图 6-21 所示的"正在完成 Active Directory 安装向导"对话框，单击 ![完成] 按钮关闭该对话框，此时需要重新启动计算机后才能完成安装。

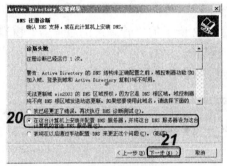

图 6-16　进行注册诊断

图 6-17　设置权限

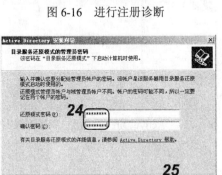

图 6-18　设置密码

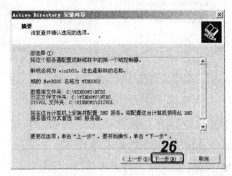

图 6-19　查看摘要

图 6-20　开始配置安装

图 6-21　完成安装

选择"开始/程序/管理工具"命令，在弹出的子菜单中会多出 DNS、"Active Directory 用户和计算机"、"Active Directory 域和信任关系"及"Active Directory 站点和服务"等命令，这表示服务器已经完成了 Active Directory 的安装并成为网络中的域控制器。

提示：

如果要将服务器从域控制器还原为普通服务器，操作方法是：在"运行"命令对话框中输入命令 dcpromo 后，按 Enter 键打开"Active Directory 安装向导"窗口，然后按照该向导的提示进行删除操作即可。删除操作结束后重新启动计算机，使设置生效。

2．使用和管理 Active Directory

通过"Active Directory 用户和计算机"窗口，可以进行用户账号和组的设置。这是服务器最基本的配置环节，也是以后管理域的一个重要环节。

启动 Windows Server 2003 后，将打开如图 6-22 所示的"管理您的服务器"窗口，单击"管理 Active Directory 中的用户和计算机"超链接，可打开"Active Directory 用户和计算机"窗口，单击窗口左侧 win2003 选项前的⊞按钮，显示其下的文件夹，如图 6-23 所示。

图 6-22 "管理您的服务器"窗口　　　　图 6-23 "Active Directory 用户和计算机"窗口

文件夹默认显示如下：

- Builtin（预定义本地组）。
- Computers（计算机）。
- Domain Controllers（域控制器）。
- ForeignSecurityPrincipal（外部安全负责人）。
- Users（预定义全局组）。

在该域中应该新增组织单位、用户、组、共享文件夹、计算机和联络人等内容。下面将一一进行介绍。

1）添加组织单位

组织单位是 Active Directory 的基本构成单元，它可以包含其他对象，也可以包含其他的组织单位。在添加其他对象之前应先添加组织单位。

【例 6-2】　添加组织单位。

操作步骤如下：

（1）在"Active Directory 用户和计算机"窗口左侧的域名上右击，在弹出的快捷菜单中选择"新建/组织单位"命令，如图 6-24 所示。

（2）在打开的"新建对象-组织单位"对话框的"名称"文本框中输入名称，这里输入company，单击　确定　按钮，如图 6-25 所示。

（3）返回"Active Directory 用户和计算机"窗口，单击左侧 win2003 选项前的⊞按钮，在展开的域中即可看到新建立的组织单位company，如图 6-26 所示。

图 6-24　新建组织单位

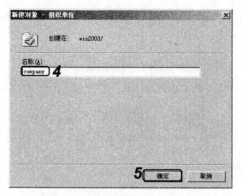

图 6-25　输入组织单位的名称

图 6-26　完成新建组织单位 company

2）建立用户账户

添加组织单位后，就可以在组织单位中创建用户账户、组、共享文件夹、打印机、计算机和联络人等对象了。另外，在组织单位中还可以创建下级组织单位。

【例 6-3】　在组织单位中建立用户账户。

操作步骤如下：

（1）在"Active Directory 用户和计算机"窗口左侧的域名上右击，在弹出的快捷菜单中选择"新建/用户"命令，如图 6-27 所示。

（2）在打开的"新建对象-用户"对话框中输入登录域的用户名和基本信息，包括姓、名和用户登录名等，单击 下一步(N) 按钮，如图 6-28 所示。

图 6-27　新建用户

图 6-28　输入用户信息

（3）打开创建密码的对话框，在"密码"和"确认密码"文本框中输入相同的密码，并选中 密码永不过期(W) 复选框，在弹出的提示框中提示设置该复选框的意义，单击 确定 按钮，然后单击 下一步(N) 按钮，如图 6-29 所示。

🔊提示：

输入密码时有 4 个有关密码设置的复选框，需要注意的是，不能同时选中 用户下次登录时须更改密码(M) 和 用户不能更改密码(S) 两个复选框，也不能同时选中 用户下次登录时须更改密码(M) 和 密码永不过期(W) 两个复选框。

（4）在打开的对话框中提示系统用户将被创建，单击 完成 按钮完成用户的添加，如图6-30所示。

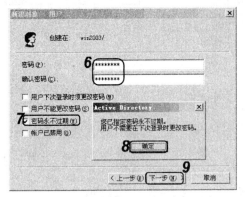

图6-29 输入登录密码

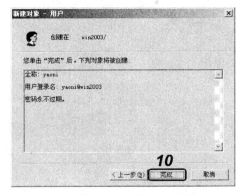

图6-30 完成用户的添加

3）修改用户属性

根据需要，还可以对已经建立的用户进行属性修改。

【例6-4】 修改新建用户的超级权限。

操作步骤如下：

（1）在"Active Directory用户和计算机"窗口下方的新建用户名上右击，在弹出的快捷菜单中选择"属性"命令，如图6-31所示。

（2）打开该用户的属性对话框，通过该对话框可以修改用户的许多属性，包括用户的详细资料和一些相关信息以及用户权限等，单击"隶属于"选项卡，单击 添加(D)... 按钮，如图6-32所示。

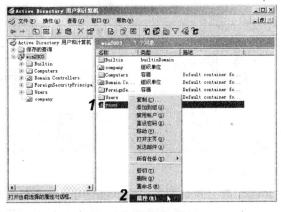

图6-31 选择"属性"命令

图6-32 用户属性对话框

（3）打开"选择组"对话框，在"输入对象名称来选择"文本框中输入administrators，然后单击 确定 按钮，将用户添加到Administrators组中，如图6-33所示。

（4）返回该用户的属性对话框，可以看到，该用户已属于Administrators组，如图6-34所示。这时该用户已经具有超级用户的权限，单击 确定 按钮，完成用户的属性的修改。

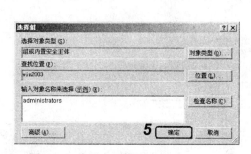

图 6-33　将用户添加到 Administrators 组　　　　图 6-34　完成用户权限修改

4）创建组

用户可根据需要创建组，以方便管理。

【例 6-5】　创建"管理"组。

操作步骤如下：

（1）在"Active Directory 用户和计算机"窗口左侧的域名上右击，在弹出的快捷菜单中选择"新建/组"命令，如图 6-35 所示。

（2）打开"新建对象-组"对话框，在"组名"文本框中输入组名"管理"，在"组作用域"与"组类型"栏中采用默认设置，单击 确定 按钮，如图 6-36 所示。

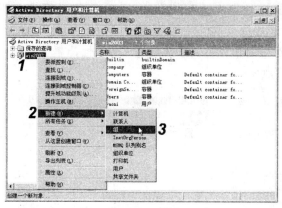

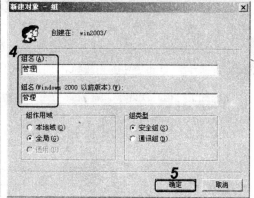

图 6-35　新建组　　　　　　　　　图 6-36　"新建对象-组"对话框

（3）返回"Active Directory 用户和计算机"窗口，在右侧的窗格中即可看到创建的"管理"组，如图 6-37 所示。

🔔注意：

组作用域有本地域、全局和通用 3 种。其中，本地域组用来指派其在所属域内的访问权限，以便可以访问该域内的资源；全局组用来组织用户，它可以将多个权限相似的用户账户加入到同一个全局组内；通用组用来指派在所有域内的访问权限，以便可以访问每一个域内的资源。

提示：

> 组的类型有两种：一种是安全式组，可以设置权限，简化网络的维护和管理；另一种是分布式组，只能用在与安全（权限的设置等）无关的任务上，如可以将电子邮件发送给某个分布式组。分布式组不能进行权限设置。

图 6-37　完成组的创建

5）修改组的属性

创建组后，可以通过组的属性对话框来修改组的属性，主要包括组的权限设置、组成员的添加与删除等。

【例 6-6】　修改"管理"组的属性。

操作步骤如下：

（1）在"Active Directory 用户和计算机"窗口右侧的"管理"组上右击，在弹出的快捷菜单中选择"属性"命令，如图 6-38 所示。

（2）打开"管理 属性"对话框，通过该对话框可以修改组的许多属性，单击"隶属于"选项卡，单击 添加(D)... 按钮，如图 6-39 所示。

图 6-38　选择"属性"命令

图 6-39　"隶属于"选项卡

（3）打开"选择组"对话框，在"输入对象名称来选择"文本框中输入 administrators，单击 确定 按钮，将"管理"组添加到 Administrators 组中，如图 6-40 所示。

（4）返回"管理 属性"对话框，这时可以看到该组的成员已属于内置全局组 Administrators，并且已具有超级用户的权限，单击 确定 按钮，完成组的权限属性修改，如图 6-41 所示。

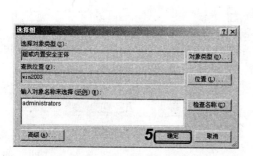

图 6-40 将"管理"组添加到 Administrators 组

图 6-41 完成组的属性修改

6）添加用户到组

组是用户账户的一个集合。在一个组中，可以有多个用户，也可以没有用户。一个用户可以属于一个组或多个组，也可以不属于任何一个组。一个用户在不同的组中有不同的权限。在同一个组中的用户一般具有相同的权限和工作环境，把用户添加到组中，可以简化用户的管理，因为对组授予的权限会使组内成员自动继承。

【例 6-7】 将创建的用户添加到"管理"组中。

操作步骤如下：

（1）在"Active Directory 用户和计算机"窗口右侧的"管理"组上右击，在弹出的快捷菜单中选择"属性"命令，如图 6-42 所示。

（2）打开"管理 属性"对话框，单击"成员"选项卡，单击 添加(D)... 按钮，如图 6-43 所示。

图 6-42 查看管理属性

图 6-43 "成员"选项卡

（3）打开"选择用户、联系人或计算机"对话框，在"输入对象名称来选择"文本框中输入已经新建好的用户名称，单击 确定 按钮，如图 6-44 所示。

（4）返回"管理 属性"对话框，这时可以看到该用户已经被添加到"管理"组中，单击 确定 按钮关闭该对话框，如图 6-45 所示。

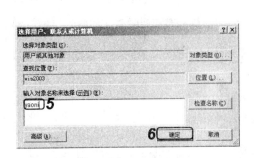

图 6-44　添加用户　　　　　　　　　　图 6-45　完成组用户的添加

3. DHCP 服务器 IP 地址的分配

DHCP（Dynamic Host Configuration Protocol，动态主机配置协议）服务器的主要作用是向网络中的客户机分配 IP 地址，这些 IP 地址都是服务器预先保留的连续的地址集，它还可以为网络客户机传递 DNS 默认网关等参数。当网络客户机请求与服务器进行连接时，服务器便为每个客户机分配一个 IP 地址，保证每台客户机都拥有一个唯一的 IP 地址，以免出现重复 IP 地址而引起网络冲突。

1）安装 DHCP

开启 DHCP 服务需要先安装 Windows 组件中的 DHCP 组件，下面进行讲解。

【例 6-8】　安装 DHCP 组件。

操作步骤如下：

（1）启动 Windows Server 2003，打开"管理您的服务器"窗口，单击 [添加或删除角色] 按钮，如图 6-46 所示。

（2）打开"预备步骤"对话框，单击 [下一步(N)] 按钮，如图 6-47 所示。

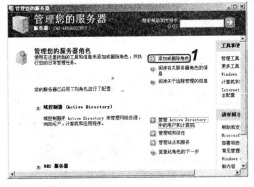

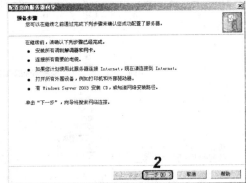

图 6-46　"管理您的服务器"窗口　　　　图 6-47　"预备步骤"对话框

（3）打开"服务器角色"对话框，在其中的列表框中选择"DHCP 服务器"选项，单击 [下一步(N)] 按钮，如图 6-48 所示。

（4）打开"选择总结"对话框，单击 [下一步(N)] 按钮，如图 6-49 所示。

（5）系统开始配置 DHCP 服务器，并启动新建作用域向导，如图 6-50 所示，单击 [下一步(N)>] 按钮。

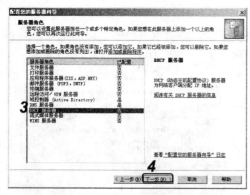

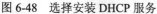

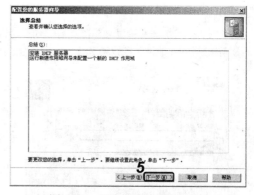

图 6-48　选择安装 DHCP 服务　　　　　　　图 6-49　"选择总结"对话框

（6）打开"作用域名"对话框，在"名称"和"描述"文本框中输入该 DHCP 服务器的名称和描述，单击 [下一步(N)>] 按钮，如图 6-51 所示。

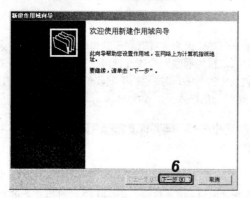

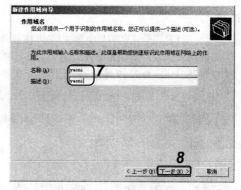

图 6-50　启动新建作用域向导　　　　　　图 6-51　输入作用域名和描述

（7）打开"IP 地址范围"对话框，在"起始 IP 地址"和"结束 IP 地址"文本框中输入该作用域分配的地址范围，然后在"长度"数值框中输入子网掩码的长度，在"子网掩码"文本框中输入该作用域的子网掩码，单击 [下一步(N)>] 按钮，如图 6-52 所示。

提示：

创建作用域一定要准确设定子网掩码，因为作用域创建完成后，将不能进行子网掩码的更改。

图 6-52　设置 IP 地址范围

（8）打开"添加排除"对话框，在"起始 IP 地址"和"结束 IP 地址"文本框中输入该作用域中设置保留的、不再动态分配的 IP 地址的起始范围，单击 [添加(D)] 按钮将地址内容添加到下面的"排除的地址范围"列表框中，单击 [下一步(N)>] 按钮，如图 6-53 所示。

（9）打开"租约期限"对话框，设置租约时间，通常保持默认的 8 天，单击 下一步(N) 按钮，如图 6-54 所示。

提示：

由于所有的服务器都需要采用静态 IP 地址，另外某些特殊用户（如管理员以及其他超级用户）也需要采用静态 IP 地址，所以需要设置一定范围的排除地址，不再由 DHCP 进行动态分配。

图 6-53　添加排除　　　　　　　　　　　图 6-54　设置租约时间

提示：

对于台式计算机较多的网络，租约期限应该设置长一些，因为这样有利于减少网络广播流量，从而提高网络传输效率。但对于笔记本电脑较多的网络，租约期限则应该设置短一些，这样有利于在新的位置及时获取新的 IP 地址。对于划分了较多 VLAN 的网络，如果租约期限较长，一旦原有的 VLAN 的 IP 地址不能释放，就无法获取新的 IP 地址，也就无法接入新的 VLAN。

（10）打开"配置 DHCP 选项"对话框，选中 是，我想现在配置这些选项(Y) 单选按钮，单击 下一步(N) 按钮，如图 6-55 所示。

提示：

选中 是，我想现在配置这些选项(Y) 单选按钮的目的是准备配置默认网关和 DNS 服务器 IP 地址等重要的 IP 地址信息，使 DHCP 客户端只需设置为"自动获取 IP 地址信息"即可，无需指定 IP 地址信息。

（11）打开"路由器（默认网关）"对话框，在"IP 地址"文本框中输入路由器的 IP 地址，单击"添加"按钮，然后单击 下一步(N) 按钮，如图 6-56 所示。

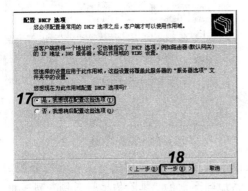

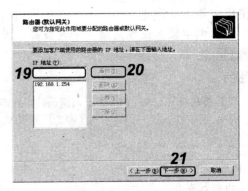

图 6-55　配置 DHCP 选项　　　　　　　　图 6-56　设置默认网关

🔊提示：

> 所有使用 VLAN 的默认网关都不同，如局域网划分 VLAN，那么 VLAN 指定的 IP 地址就是默认网关；使用代理 Internet 接入，那么代理服务器的内部 IP 地址就是默认网关；如果通过路由器接入 Internet，那么路由器内部以太网口的 IP 地址就是默认网关。

（12）打开"域名称和 DNS 服务器"对话框，在其中输入父域、服务器名和 IP 地址等信息，单击 下一步(N) 按钮，如图 6-57 所示。

（13）打开"WINS 服务器"对话框，在其中输入服务器名和 IP 地址，单击 下一步(N) 按钮，如图 6-58 所示。

图 6-57　设置 DNS 服务器

图 6-58　设置 WINS 服务器

（14）打开"激活作用域"对话框，选中 ⊙ 是，我想现在激活此作用域(Y) 单选按钮，单击 下一步(N) 按钮，如图 6-59 所示。

（15）打开"正在完成新建作用域向导"对话框，单击 完成 按钮，如图 6-60 所示。

图 6-59　激活作用域

图 6-60　完成操作

🔊提示：

> DHCP 服务器必须在激活作用域后才能提供服务。

（16）返回"配置您的服务器向导"对话框，单击右上角的 ✕ 按钮，即可完成安装 DHCP 服务器的相关操作。

2）配置 DHCP

安装 DHCP 服务器后，需要添加一个授权，并在服务器中添加作用域设置相应的 IP 地址范围和选项类型。

【例6-9】 配置授权 DHCP 服务器。

操作步骤如下：

（1）打开"管理您的服务器"窗口，在"DHCP 服务器"栏中单击 ➡ 管理此 DHCP 服务器 按钮，如图 6-61 所示。

（2）打开 DHCP 窗口，在左侧任务窗格中的 DHCP 选项上右击，在弹出的快捷菜单中选择"管理授权的服务器"命令，如图 6-62 所示。

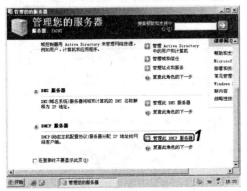

图 6-61　管理 DHCP 服务器

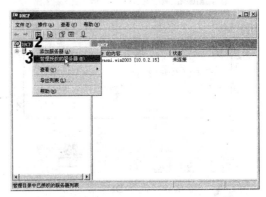

图 6-62　选择命令

（3）打开"管理授权的服务器"对话框，单击 授权(A) 按钮，如图 6-63 所示。

（4）打开"授权 DHCP 服务器"对话框，在"名称或 IP 地址"文本框中输入想要授权的 DHCP 服务器的名称或 IP 地址，单击 确定 按钮，如图 6-64 所示。

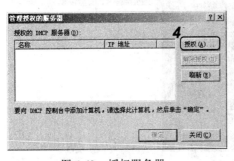

图 6-63　授权服务器

图 6-64　指定授权服务器

（5）打开"确认授权"对话框，保持默认设置，单击 确定 按钮，如图 6-65 所示。

（6）在返回的对话框中选择添加的服务器，单击 确定 按钮，如图 6-66 所示。

（7）弹出提示框，提示已将该服务器添加到 DHCP 服务器列表中，单击 确定 按

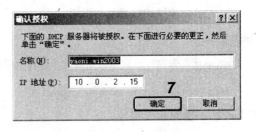

图 6-65　确认授权

钮，如图 6-67 所示，完成授权操作。

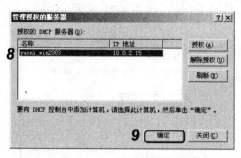
图 6-66　选择添加的服务器

图 6-67　完成授权

📢提示：

域中的 DHCP 服务器必须经过授权才能正确地提供 IP 地址，而工作组中的 DHCP 服务器不需要授权就可以向客户端提供 IP 地址。

6.3.2　客户机的配置

配置好服务器后，接下来就应对作为客户机的计算机进行简单的网络配置，使其加入到 Windows Server 2003 为服务器的网络中。

【例 6-10】　对安装 Windows XP 操作系统的客户机进行设置。

操作步骤如下：

（1）单击 开始 按钮，在弹出菜单的"网上邻居"选项上右击，在弹出的快捷菜单中选择"属性"命令，如图 6-68 所示。

（2）打开"网络连接"窗口，在"本地连接"图标上右击，在弹出的快捷菜单中选择"属性"命令，如图 6-69 所示。

图 6-68　选择命令

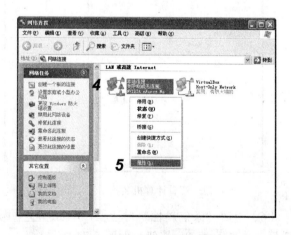
图 6-69　"网络连接"窗口

（3）打开"本地连接 属性"对话框，在"此连接使用下列项目"列表框中双击"Internet 协议（TCP/IP）"选项，如图 6-70 所示。

（4）打开"Internet 协议（TCP/IP）属性"对话框，在其中选中⊙**自动获得 IP 地址(O)**和⊙**自动获得 DNS 服务器地址(B)**两个单选按钮，单击 **确定** 按钮，如图 6-71 所示。

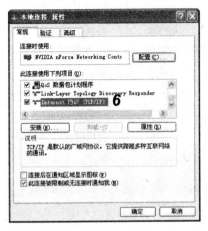

图 6-70 "本地连接 属性"对话框

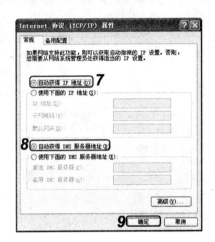

图 6-71 自动获取 IP 地址

（5）在"我的电脑"图标上右击，在弹出的快捷菜单中选择"属性"命令，打开"系统属性"对话框，单击"计算机名"选项卡，确认计算机名称和登录域的名称一致，如图 6-72 所示。

◀)) 提示：

> 如果计算机名称与登录域的名称不一致，则需要单击 **更改(C)…** 按钮打开"计算机名称更改"对话框，如图 6-73 所示。将"计算机名"文本框中的名称更改为和登录域的名称相同，单击 **确定** 按钮返回"系统属性"对话框。

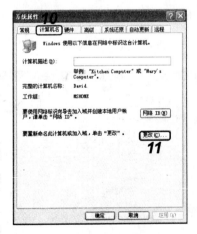

图 6-72 查看计算机名

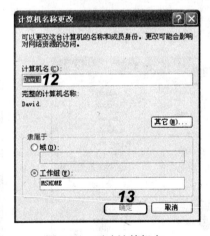

图 6-73 更改计算机名

（6）返回"系统属性"对话框，单击 **网络 ID(N)** 按钮，打开"欢迎使用网络标识向导"对话框，单击 **下一步(N) >** 按钮，如图 6-74 所示。

（7）打开"正在连接网络"对话框，在其中保持默认设置，单击 **下一步(N) >** 按钮，如图 6-75 所示。

（8）打开选择网络类型的对话框，在其中保持默认设置，单击 **下一步(N) >** 按钮，如

图 6-76 所示。

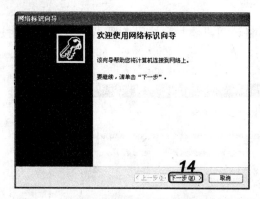

图 6-74　"欢迎使用网络标识向导"对话框

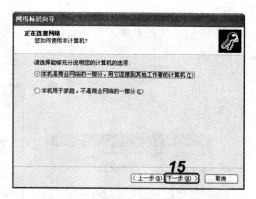

图 6-75　"正在连接网络"对话框

（9）打开"网络信息"对话框，在其中提示还需要提供计算机名和计算机的域，单击 下一步(N) 按钮，如图 6-77 所示。

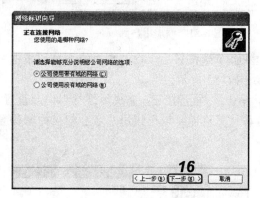

图 6-76　选择公司网络类型

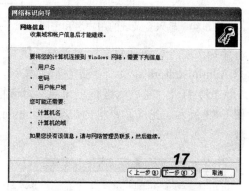

图 6-77　"网络信息"对话框

（10）打开"用户账户和域信息"对话框，输入用户账户名称和密码等相关信息，单击 下一步(N) 按钮，如图 6-78 所示。

（11）打开"计算机域"对话框，输入计算机名和计算机域的名称后，单击 下一步(N) 按钮，如图 6-79 所示。

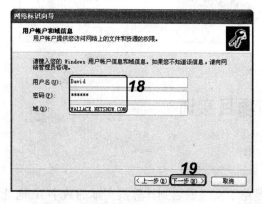

图 6-78　输入用户账户名和域信息

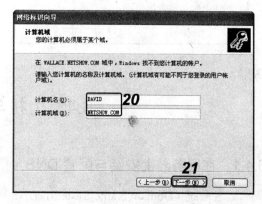

图 6-79　"计算机域"对话框

（12）打开"域用户名和密码"对话框，输入登录域的用户名和密码，单击 确定 按钮，如图 6-80 所示。

（13）打开"用户账户"对话框，提示可以将该用户添加到域服务器，单击 下一步(N) 按钮，如图 6-81 所示。

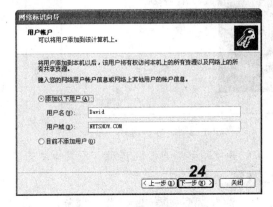

图 6-80 输入登录域的用户名和密码　　　　图 6-81 添加用户到域

（14）打开"访问级别"对话框，选中 其他(O) 单选按钮后，在其右边的下拉列表框中选择 Administrators 选项，单击 下一步(N) 按钮，如图 6-82 所示。

（15）打开"完成网络标识向导"对话框，单击 完成 按钮，完成网络标识向导设置，如图 6-83 所示。完成客户机的配置后，重新启动计算机即可以用该用户名和相应的密码登录域。

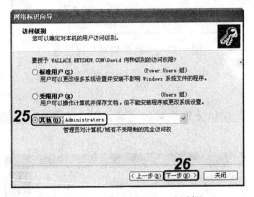

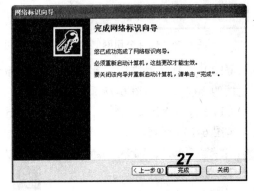

图 6-82 "访问级别"对话框　　　　　　图 6-83 完成设置

6.4 上机与项目实训

6.4.1 在服务器上安装与配置 DNS

域名系统（Domain Name System，DNS）是用于实现域名到计算机实际的数字 IP 地址之间的映射，它是一种以层次结构分布的命名系统。本次上机就是通过 Windows Server 2003 服务器安装 DNS，并进行设置，帮助大家了解和认识服务器。

1. 安装 DNS

安装 DNS 的操作步骤如下：

（1）选择"开始/控制面板/添加或删除程序"命令，如图 6-84 所示。

（2）打开"添加或删除程序"窗口，在左侧的任务窗格中单击"添加/删除 Windows 组件"按钮 ，如图 6-85 所示。

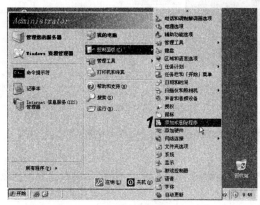

图 6-84　选择命令

图 6-85　选择操作

提示：

> 通过"管理您的服务器"窗口打开"服务器角色"对话框，在其中的列表框中选择"DNS 服务器"选项，也能进行安装。

（3）打开"Windows 组件向导"对话框，在"组件"列表框中选中"网络服务"复选框，单击 详细信息(D) 按钮，如图 6-86 所示。

（4）打开"网络服务"对话框，在"网络服务的子组件"列表框中选中"域名系统（DNS）"复选框，单击 确定 按钮，如图 6-87 所示。

图 6-86　选择组件

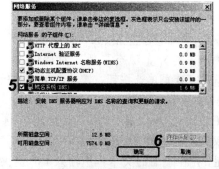

图 6-87　选择子组件

（5）返回"Windows 组件向导"对话框，单击 下一步(N) 按钮，如图 6-88 所示。

（6）打开"配置 DNS 服务器向导"对话框，单击 下一步(N) 按钮，如图 6-89 所示。

📢提示：

单击 DNS 清单(I) 按钮，打开"Microsoft 管理控制台"窗口，可以获取对 DNS 服务器进行规划和配置方面的帮助信息。

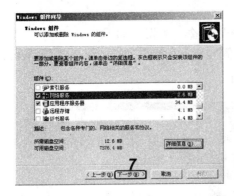

图 6-88　返回"Windows 组件向导"对话框

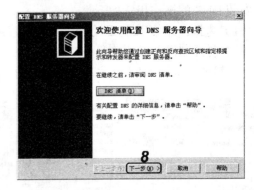

图 6-89　单击按钮

（7）打开"选择配置操作"对话框，选中 创建正向查找区域（适合小型网络使用）(C) 单选按钮，单击 下一步(N) 按钮，如图 6-90 所示。

（8）打开"主服务器位置"对话框，选中 这台服务器维护该区域(T) 单选按钮，单击 下一步(N) 按钮，如图 6-91 所示。

图 6-90　"选择配置操作"对话框

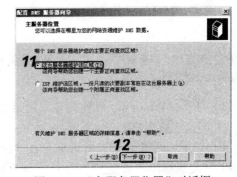

图 8-91　"主服务器位置"对话框

（9）打开"区域名称"对话框，在"区域名称"文本框中输入在域名服务机构申请的正式域名，单击 下一步(N) 按钮，如图 6-92 所示。

（10）打开"动态更新"对话框，选中 不允许动态更新(D) 单选按钮，单击 下一步(N) 按钮，如图 6-93 所示。

（11）打开"转发器"对话框，选中 是，应当将查询转发到有下列 IP 地址的 DNS 服务器上(Y) 单选按钮，并在下面的文本框中输入 ISP 提供的 DNS 服务器的 IP 地址，单击 下一步(N) 按钮，如图 6-94 所示。

图 6-92　设置区域名称

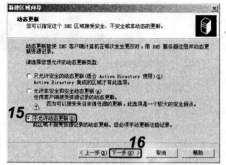

图 6-93　设置动态更新

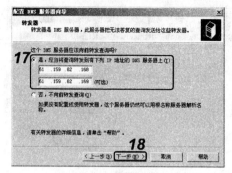

图 6-94　设置转发器

（12）打开"正在完成配置 DNS 服务器向导"对话框，在其中显示了安装中的各种配置信息，单击 完成 按钮，如图 6-95 所示。

（13）返回配置服务器的对话框，显示此服务器现在已经是 DNS 服务器了，单击 完成 按钮完成整个操作，如图 6-96 所示。

图 6-95　完成配置

图 6-96　完成操作

2．设置 DNS

这里以创建标准主区域（正向搜索区域）为例来配置 DNS 服务器，操作步骤如下：

（1）在"管理您的服务器"窗口中单击 管理此 DNS 服务器 按钮，如图 6-97 所示。

（2）打开 DNS 服务器窗口，在主机名上右击，在弹出的快捷菜单中选择"新建区域"命令，如图 6-98 所示。

（3）打开"新建区域向导"对话框，单击 下一步(N)> 按钮，如图 6-99 所示。

（4）在打开的对话框中选中 主要区域(P) 单选按钮，单击 下一步(N)> 按钮，如图 6-100 所示。

（5）打开"Active Directory 区域复制作用域"对话框，选择复制区域数据的方法，在此选中 至 Active Directory 域 win2003 中的所有域控制器(D) 单选按钮，单击 下一步(N)> 按钮，如图 6-101 所示。

（6）打开"正向或反向查找区域"对话框，选中 正向查找区域(F) 单选按钮，单击 下一步(N)> 按钮，如图 6-102 所示。

🔊提示：

> DNS 是一个在 TCP/IP 网络上提供域名与 IP 地址之间转换的服务系统，在 DNS 搜索中，用户通常要将域名解析为 IP 地址，进行正向搜索，也可能会进行反向搜索，因此，在 DNS 中需要为用户的需求分别创建正向搜索区域和反向搜索区域。

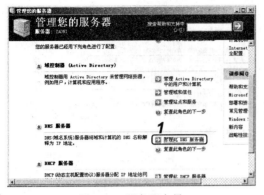

图 6-97　服务器向导

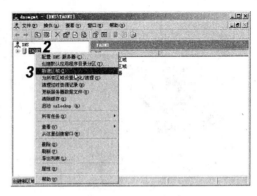

图 6-98　选择命令

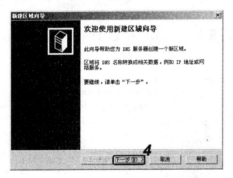

图 6-99　新建区域

图 6-100　选择区域类型

图 6-101　设置复制作用域

图 6-102　选择查找区域

（7）打开"区域名称"对话框，在"区域名称"文本框中输入新建区域的名称，单击 `下一步(N)>` 按钮，如图 6-103 所示。

（8）打开"动态更新"对话框，选中 `不允许动态更新(D)` 单选按钮，单击 `下一步(N)>` 按钮，如图 6-104 所示。

（9）打开"正在完成新建区域向导"对话框，在其中显示了新建区域的相关信息，单击 `完成` 按钮，如图 6-105 所示。

（10）返回 DNS 窗口，在其中显示了新建的正向区域的相关信息，如图 6-106 所示。

图 6-103 设置区域名称　　　　　　图 6-104 设置动态更新

图 6-105 完成新建向导　　　　　　图 6-106 查看结果

6.4.2 在服务器上安装与配置 IIS

IIS 主要为网络用户提供各种 Internet 信息服务。本次上机通过 Windows Server 2003 服务器安装 IIS，并进行设置。

1. 安装 IIS

安装 IIS 的操作步骤如下：

（1）在"管理您的服务器"向导中打开"服务器角色"对话框，在其中的列表框中选择"应用程序服务器（IIS，ASP.NET）"选项，单击 下一步(N) 按钮，如图 6-107 所示。

（2）打开"应用程序服务器选项"对话框，选中 ☑FrontPage Server Extension(F) 和 ☑启用 ASP.NET(E) 复选框，单击 下一步(N) 按钮，如图 6-108 所示。

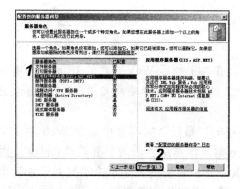
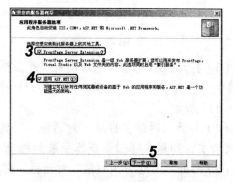

图 6-107 选择角色　　　　　　图 6-108 设置选项

（3）打开"选择总结"对话框，单击 下一步(N) 按钮，如图 6-109 所示。

（4）随后开始配置服务器，并显示进度，完成后打开如图 6-110 所示的对话框，单击 完成 按钮完成 IIS 服务的安装。

图 6-109　选择总结

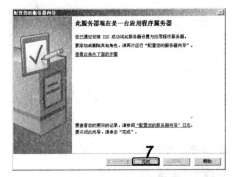

图 6-110　完成安装

2．WWW 服务的配置

WWW 服务管理中一个基本的任务就是添加站点。IIS 为站点的添加提供了非常便捷的途径，在创建过程中，Web 站点向导会提供与新建站点相关的不同对话框，提示用户输入信息。

操作步骤如下：

（1）选择"开始/所有程序/管理工具/Internet 信息服务（IIS）管理器"命令，打开"Internet 信息服务（IIS）管理器"窗口，右击"默认网站"选项，在弹出的快捷菜单中选择"新建/网站"命令，如图 6-111 所示。

（2）打开"网站创建向导"对话框，单击 下一步(N) 按钮，打开"网站描述"对话框，在其中的"描述"文本框中输入站点说明，单击 下一步(N) 按钮，如图 6-112 所示。

图 6-111　选择命令

图 6-112　输入站点描述

（3）打开"IP 地址和端口设置"对话框，在其中指定 Web 站点的 IP 地址和端口等信息，其中主机头信息用于当多个站点对应一个主机地址时区分站点之用，单击 下一步(N) 按钮，如图 6-113 所示。

（4）打开"网站主目录"对话框，在其中的"路径"文本框中添加 Web 站点信息所在的文件夹，即用户通过浏览器所看到的 Web 站点信息所存放的位置，单击 下一步(N) 按钮。

（5）打开"网站访问权限"对话框，在其中选中相应的复选框来设置对于主目录的访问权限（对于绝大多数客户来说，只需设置浏览、读取的权限即可），单击 下一步(N) 按钮，如图 6-114 所示。

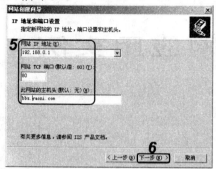

图 6-113 配置站点的 IP 地址和端口

图 6-114 设置访问权限

（6）打开"已成功完成网站创建向导"对话框，单击 [完成] 按钮，至此，Web 站点已经初步建立起来，在控制台根结点下可以看到已经创建的站点 yaoni。通过 IE 浏览器访问已经建立的 Web 站点，检验各种显示效果。

🔔注意：

如果以名称"www.yaoni.com"的形式来访问 Web 站点，则需要在 DNS 服务器中建立相应的解析记录，否则只能通过 IP 地址来访问。

6.5 练习与提高

（1）什么是服务器/客户机网？
（2）如何设置服务器？
（3）怎样设置客户机？

通过本章的学习可以了解组建服务器/客户机网的基本知识，下面介绍几点本章中需注意的内容。

➤ 对于组建服务器/客户机网，最重要的操作就是设置服务器，而且对于服务器的配置应该仔细，因为一旦出错，网络中的很多功能将无法使用。

➤ 对于客户机数量较多的服务器/客户机网络，可以考虑组建多台服务器的服务器网络，这样既能分担数据处理的压力，也能提高网络的效率。

➤ 在服务器中进行配置时，除了本章中提示过的需要按照顺序进行安装的项目外，其他配置任意安装即可。

第 7 章　组网应用实例

学习目标

- ☑ 学习组建宿舍局域网
- ☑ 学习组建校园局域网
- ☑ 学习组建网吧局域网
- ☑ 学习组建公司局域网
- ☑ 学习组建无线局域网

7.1　组建宿舍局域网

现在许多在校大学生都拥有自己的计算机，并且有很多同学喜欢与其他同学互相交换各自计算机上的资料，这时可将宿舍里的计算机通过网线和集线器连在一起形成一个宿舍局域网，通过组建宿舍局域网不但能使同学之间的娱乐更丰富，还可以提高同学们的动手实践能力。

7.1.1　宿舍局域网概述

在一间宿舍里一般有三四台计算机，如果把这些计算机组建成一个小型局域网，就可以方便地实现打印机、光驱等设备以及文件的共享。还可以进一步将所有宿舍的局域网连接起来，组成稍具规模的局域网，如图 7-1 所示。在宿舍局域网中，可以通过共享 Internet 将局域网中的所有计算机连入 Internet 中。

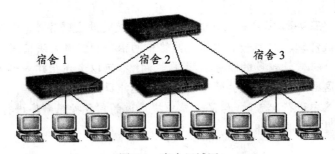

图 7-1　宿舍局域网

宿舍局域网一般具有以下特点：

- ➊ 规模较小，只有几台或几十台计算机。
- ➊ 覆盖范围小，一般都在一栋楼内。
- ➊ 构建成本较低，采用价格较低的集线器和 5 类双绞线。

➡ 采用对等网结构，容易排除故障，并具有较好的扩展性。

7.1.2 宿舍局域网的功能

宿舍局域网可以实现的功能主要有以下几个方面。

➡ **传送文件**：传送文件是计算机网络最基本的功能之一。

➡ **共享文件**：共享文件也是计算机网络的基本功能，通过共享文件可以使别人很轻松地访问自己计算机中的资源。

➡ **共享上网**：如果一台计算机装有 Modem 或其他 Internet 接入设备，局域网上的所有用户都可以一起在网上冲浪。

➡ **联网游戏**：联网游戏是宿舍联网的主要娱乐方式，几个情趣相投的同学一起玩玩最新的网络游戏，可以使课余生活变得更加丰富多彩。

➡ **节约购机成本**：通过宿舍局域网可以共享硬件设备，如光驱、打印机、硬盘等，这样就减少了一些购机投资。

➡ **网上会议**：NetMeeting 是随 Windows 操作系统附送的软件，该软件可以实现传输声音和视频图像，联上宿舍局域网后还可以随时呼叫网上的用户。NetMeeting 还有白板、文件传输、聊天等多项功能，如果两方都有摄像头，还可以进行网上视频会议。

➡ **传送邮件**：通过局域网可以组建一个小型的邮件系统，从而实现邮件传送功能。

7.1.3 宿舍网络方案

针对学生宿舍的特点，宿舍网络宜采用对等结构模式，在组网时可以选择双机直连、总线型网络和星型网络 3 种组网方式。

1．双机直连

把两台计算机直接连接在一起，组成规模最小的局域网，可以完成网络几乎所有的功能，并且可以通过共享 Modem 上网，如图 7-2 所示。双机互联方法很多，可以使用两块网卡，通过交叉双绞线连接；也可以通过串口或并口直接连接；或使用 USB 接口连接；还可以利用计算机的红外线接口无线连接以及通过两台 Modem 拨号实现远程共享等。在这些方法中，用两块网卡通过交叉双绞线连接是最简单、最方便，也是最常用的一种连接方式，建议宿舍网中只有两台计算机时采用这种方式实现双机直连。

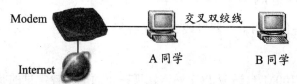

图 7-2 交叉双绞线互连

2．总线型网络

总线型网络结构的特点是成本低廉、布线简单，只需要几根同轴细缆、T 型连接器和终端电阻器即可完成网络的组建。总线型网络结构的缺点是日常维护很不方便，当一台计算机在网络连接中出现问题时，将影响其他计算机之间的相互通信，因此维护较麻烦。如图 7-3 所示为总线型网络拓扑结构示意图。

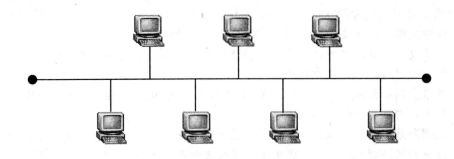

图 7-3　总线型网络拓扑结构

3．星型网络

星型网络以集线器或交换机作为中心结点向外成放射状，通过集线器或交换机连接各计算机。如果组网的计算机数量比较多，建议采用星型网络拓扑结构组建。采取这种形式的投入成本会高一些，并且一旦中心结点出现故障，则整个网络将瘫痪。如图 7-4 所示为星型网络拓扑结构。

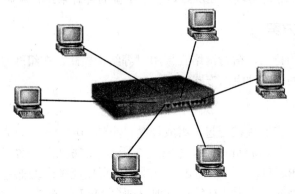

图 7-4　星型网络拓扑结构

7.1.4　宿舍网的硬件选购

宿舍网的硬件设备包括网卡、双绞线、集线器和交换机等。

1．网卡和双绞线

网卡一般采用 10/100M 自适应 PCI 网卡，现在市面上比较常见的是 REALTEK 8139 芯片的网卡，这种网卡价格便宜，功能实用；双绞线选用 5 类双绞线即可。

2．集线器

集线器采用 10/100M，同时必须具有级联接口（UP-Link 接口），当它用于扩展网络时，可以与中心交换机相连。另外，集线器的端口数一般应该在 16 口以上。

3．交换机

在对网络性能要求比较高时应选用交换机作为中心结点。一般选择 16 口以上的 10/100M 交换机。

7.1.5　网络硬件的安装

当计算机和网络硬件都准备好后就可以进行网络硬件的安装了。

1．固定集线器和交换机

首先，需要确定的是集线器和交换机的位置，由于在星型网络中，交换机和集线器处于中心位置，计算机到交换机和集线器的距离应该尽量短，保证其具有较高的传输效率，同时也比较节约成本。

2．制作网线

这里使用双绞线制作网线，首先需要准备夹线钳和水晶头，然后根据计算机到集线器或交换机的距离确定网线的长度，并预留一定长度。注意网线的线序要正确，制作完成后最好先测试一下网线是否通畅。

3．安装网卡

网线做好后，将网卡插入主板上的 PCI 插槽即可。开机后系统会自动检测到硬件，根据系统的提示，放入网卡驱动光盘，找到相应目录，系统就会自动安装网卡的驱动程序，安装后在"设备管理器"里就可以看到网卡已经正常工作了。

4．联网

网卡安装好之后，就可以用网线把计算机和集线器连接起来。一般一间宿舍的计算机连在一个集线器上，然后每个宿舍从集线器里接一根网线到交换机，通过交换机将每个宿舍的计算机连接起来。

经过以上操作，就完成了宿舍网硬件部分的组建。

7.1.6　宿舍局域网的相关设置

当硬件部分的组建完成后，就应该进行网络方面的设置，包括添加网络协议、设定 IP 地址和工作组等。添加网络协议的操作在前面已经讲过，这里主要介绍 IP 地址的分配和工作组的设定。

1．IP 地址的分配

IP 地址的分配应该在网络开通之前就进行规划，因为当连入局域网的用户增加后，如果没有统一的 IP 地址分配，就会造成 IP 地址混乱，很容易因为设置了相同的 IP 地址而出现冲突的提示。因此事先规划好 IP 地址是必要的。

IP 地址可以按照宿舍号来分配。如宿舍 A 分配 IP 地址 192.168.0.1～192.168.0.10；宿舍 B 分配 IP 地址 192.168.0.11～192.168.0.20。IP 地址数量应根据宿舍计算机的数量分配，还可以为以后网络扩容预留 IP 地址。

2．工作组名

工作组是一个可以互相共享资源的网络，加入工作组的用户可以很方便地将自己的资源共享。一般工作组名由宿舍名称来命名，如2-12或1-31等，即以楼层+宿舍号命名的方式来定义工作组名，这样在宿舍局域网中区分某个用户就比较容易了。

7.2　组建校园局域网

很多大学校园由学校统一组建了校园局域网。校园局域网与宿舍局域网相比，结构更为复杂，它连接了许多服务器、个人计算机和各种终端设备等，它不但连接了宿舍网这种单一模式的局域网，还连接了用于教学、科研、学校管理、信息资源共享和远程教学等多种模式共存的网络。如图7-5所示为校园局域网的结构示意图。

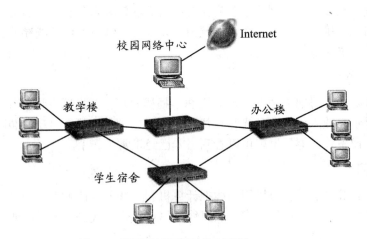

图 7-5　校园局域网的结构示意图

校园局域网一般具有以下特点：

- ➡ 是以教学应用软件集成为主的局域网网络。
- ➡ 是一个具有交互功能和专业性很强的局域网网络。
- ➡ 为学校教学、科研提供先进的信息化教学环境。
- ➡ 可有效地促进校园内部教育科研。

7.2.1　校园局域网的组成

将校园中的不同局域网连接在一起就成了校园局域网，一般来说，校园局域网由以下几个部门的局域网组成。

- ➡ **网络控制中心**：它是校园局域网的控制中心，在网络中心配有系统服务器、文件服务器、一级交换机、配线机柜等，承担着整个校园局域网的管理、数据交换和通信。
- ➡ **学生机房**：主要用于学生上机操作，能完成信息技术学科的教学，还能进行多媒体辅助教学。它主要采用对等模式的星型拓扑结构进行组网，采用堆叠式集线器连接所有的计算机，再连接到校园主干网中。

- **多媒体网络教室**：主要用于教学，需要采用 100MB 网络进行组建，通过服务器连接到校园网控制中心服务器上。
- **教学办公楼**：主要用于教学办公，使用对象主要是教师。他们可以通过校园网进行资料查询、教学交流、消息发布等。
- **教学科研中心**：主要用于科学研究，如各种网络的研究和试验等。
- **行政管理中心**：包括校长办公室、学生处、教务处、财务处、后勤处和就业处等部门，通过与网络中心的服务器相连，以实现学校信息管理的自动化。

7.2.2 校园局域网的配置

校园局域网的配置包括硬件方面的配置和软件方面的配置。

1. 硬件配置

硬件方面的配置包括校园主干网络与各个部门网络硬件的选择和组建。

- **主干网络**：由于主干网络负责整个校园局域网各个部门的连接和管理，网络运行后通信量非常大，因此对于主干网络应该尽量选择高性能的网络通信设备，最好采用 1000M 交换式快速以太网设备，才能满足校园局域网的数据交换需求。
- **各部门的硬件配置**：通过主干网络连接的各个部门对网络的硬件要求各不相同，针对不同要求的部门采用不同的组建方式。如学生机房，只需要采用对等模式，不需要服务器；而多媒体教室，则需要连接投影仪；在教学办公楼、教学科研中心和行政管理中心，则需要配置打印机、复印机和扫描仪等设备。

2. 软件配置

在校园局域网中，不同的部门采用不同的操作系统，另外同一部门中的计算机根据其作用的不同安装的软件也不同，一般采用如下配置：

- 服务器采用 Windows Server 2003 操作系统，如 FTP 服务器、Web 服务器和打印服务器选用 Windows Server 2003 中的 IIS 信息服务系统。
- 教师用计算机可以选用 Windows XP 或 Windows Server 2003 等操作系统，还需要安装多媒体课件制作软件、办公软件和一些工具软件等。
- 学校的管理部门，如校长办公室、学生处等，需要安装办公软件和管理软件。
- 网络机房学生用计算机建议选用 Windows XP 操作系统，并安装用于学习的软件。

7.2.3 校园局域网的规划和实施

校园局域网的规模比一般局域网大，并且校园局域网一般都有网络服务器。因此，在组建校园局域网时，需要先经过周密的规划再实施，这样后期维护时才能比较轻松。

1. 校园局域网的规划

在校园局域网的总体规划设计时需要注意以下几方面：

- 明确校园网组建目的是为学校师生及员工服务。
- 落实组建校园局域网的外部条件，包括学校各教学楼、办公楼等的环境和已经存在的计算机设备状况以及组网所需资金等。

- 根据组网目标和条件确定网络采用的拓扑结构、功能以及需要购买的硬件设备，如确定网络的组建方案，各部分网络的功能，网络连接所使用的网卡、集线器、交换机等，最后还需要确定客户机和服务器需要安装的操作系统。
- 确定各个部门 IP 地址资源的分配。
- 设计安排组建校园局域网的具体实施步骤。

2．校园局域网的组建实施

规划好校园局域网后，就要进行硬件和软件的安装。硬件安装包括网络布线、网络连接设备的安装等，硬件设备的选择要根据各个不同的网络进行，如主干网络需要 1000M 的交换机和超 5 类线等；软件安装包括服务器操作系统的安装和设置，客户机、终端操作系统的安装和设置等。

当软件安装完成后，就把网络中各个部门看成不同的模块完成各自的功能，如网络中心模块、学生宿舍模块、办公教学模块、多媒体教室模块等。然后分别将这些模块连接起来，还可以根据需要添加或删除模块。也可以采用层次结构，将整个网络通过主干网络进行连接，各个子网分别实现不同的功能，然后再与主干网络连接，这样可以简化校园局域网的整体设计，也可使校园局域网维护起来比较容易。

7.2.4 管理校园局域网的 IP 地址

许多网络功能都需要使用固定的 IP 地址，如实施安全措施、寻找网络资源和路由选择等。一旦网络中的 IP 地址变得混乱，网络功能就不能完整实现了，就会为网络维护、资源共享等带来不便，因此对校园局域网的 IP 地址应该严格管理。

1．IP 地址的管理

网络中正常运行的每台计算机应该有一个唯一的网络 ID，该 ID 就是网络管理中心分配的 IP 地址，但是一旦这台计算机的位置发生了变化，相应的 IP 地址也会发生变化，怎样合理地管理网络中的 IP 地址是校园局域网组建、维护过程中的首要问题。

一般来说，有两种方法可以解决 IP 地址管理的问题。一种方法是对基于工作站的计算机进行集中管理；另一种方法是使用 IP 网关，IP 网关可以完成自动分配 IP 地址、动态地址公用和地址共享等功能。

1）对基于工作站的计算机进行集中管理

对于基于工作站的计算机的 IP 地址分配和管理是集中的、静态的和手工的。当在工作站上安装网络软件时，管理员会指定一个 IP 地址，这一地址可以根据工作站的需要做相应的改变。一旦地址分配以后，就不能再改变。

采用这种集中管理机制，网络中心管理员可以通过管理控制台分配和改变 IP 地址，同时还可以完成许多其他任务，如为每一个工作站指定一个 DNS 服务器和一个默认网关等。

2）使用网关

如果使用网关，IP 地址的分配就灵活得多。网关可以提供自动分配 IP 地址、动态地址公用和地址共享等功能。给一个网关指定一个地址，这个地址就可以被校园网上的多个工作站所共享。

使用网关的优越性在于：公用地址或共享地址可以大大简化校园局域网上的 IP 地址管理任务。这些技术不但可以减少所需地址的数量，而且可以自动适应网络的变动。这种方法还适应流动用户的需要。如果一台计算机从一个部门的网络中移动到另一个部门的网络中，就没有必要改变这台机器的 IP 地址和默认路由器，因为它本来就不具有自己的 IP 地址。

有些网关还具有容错能力，如果用户的计算机发生了故障，则可以使用另外一台计算机，因为它们具有相同的 IP 地址。

2. 防止盗用 IP 地址

制定相应的 IP 地址管理措施和对策可以监测和防止 IP 地址的随意改动，提高网络管理的科学性和安全性。

防止 IP 地址被盗用一般有以下 3 种方法：

- 利用 Windows 操作系统提供的 ARP 功能，形成实时的 IP 地址与网卡硬件地址的对应表。ARP 可以定时收集信息，定向输出到数据库或文档文件，并结合编写查询程序实现与历史记录自动排查，确定问题的发生点及原因。ARP 功能的实现无需借助额外的网络设备，但是检测结果需人工判读，对非冲突、非分配 IP 地址的故障处理具有一定的滞后性。
- 具有网络管理功能的网络交换设备具有完善的检测手段，可提高网络故障的清查能力。目前，许多网络交换机内置网络管理功能，这种交换机具备寻找 IP 地址设置冲突对应交换机端口的功能，可以迅速、准确地定位和查找故障主机点。采用这种方式，监测效果快速、准确，可以自动跟踪 IP 冲突地址。
- 根据接入 Internet 的 IP 地址管理原理，即通过 IP 地址分配和路由器的配置来实现。可以通过设置静态路由器，由路由器来完成 IP 地址的分配和硬件地址的严格对应，保证已分配 IP 地址的完全唯一性。采用这种方式对接入 Internet 的 IP 地址管理效果明显。它能自动锁定任何非法 IP 地址的路由器出口，使之仅能访问内部 IP 地址，运行于局域网内，并对非冲突、非分配 IP 地址的故障处理具有实时性。它还有效制止了非法 IP 地址用户的访问，保证了注册用户的合法权益，也给系统维护提供了更多便利。

7.3　组建网吧局域网

随着 Internet 的迅速发展和普及，上网已逐渐成为人们生活和工作的一部分。但是部分人没有条件能够随时随地上网，如在校大学生、收入较低者和一些流动人口，这些人一样有上网的需求，于是网吧就应运而生了，下面讲解组建网吧局域网的方法。

7.3.1　网吧局域网概述

网吧一般提供 Internet 相关服务，其具体功能如下：

- 浏览 Internet 上的信息，这是其最主要的功能，包括查询资料、浏览网页、收发电子邮件和下载文件等。

- 可以进行基本的网络应用，如制作个人主页，并上传到主页服务器上；有的网吧还装有办公软件，如 Microsoft Office 等，这时可制作所需的文档。
- 有的网吧还提供一些扩展服务，如打印、扫描、复印、传真、IP 电话和网络会议等。
- 可以进行网络对战游戏和网上休闲游戏等娱乐活动。

网吧面向的主要人群是周围学校的学生、家里不能上网的上班族和网络游戏爱好者等。

7.3.2　网吧局域网组建准备

网吧局域网组建的准备工作包括网络拓扑结构的确定、申办相关手续、购买计算机和相关硬件等。

1．网络拓扑结构

网吧中的计算机一般采用对等网模式，用星型拓扑结构进行连接，再用集线器或交换机连接到网吧管理员用的代理服务器上（代理服务器也是以对等方式连接的），代理服务器再通过 ADSL、ISDN 专线等方式连接到 Internet，如图 7-6 所示。

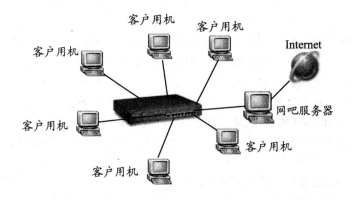

图 7-6　网吧星型局域网

2．申办手续和招聘网管

由于网吧属于特殊的文化行业，因此手续办理也相对复杂。办理步骤如下：

（1）申办网吧的第一步是选择 ISP（互联网接入商），向其申请《网吧特许经营证》，填表、签合同、接受检查、交纳管理费。发放《网吧特许经营证》的 ISP 是网吧的上级部门，负责对下属网吧的领导和监督，并提供互联网接口。一般是向中国电信、铁通、网通等部门进行 ISP 申请。

（2）准备场地。网吧的场地应以不拥挤为标准，即至少在所有的计算机摆放之后，顾客在房间里能走动自如。另外，选择网吧的位置也很重要。

（3）办理相关许可证。首先需要在网吧所在地的公安局申办《网吧安全许可证》，公安机关会要求安装计算机安全科提供的反黄软件、防病毒软件和监控软件。然后到消防部门进行安全检验，并到文化局通过相关审查，还需要到工商局办理《网吧营业执照》，到物价局办理《网吧收费许可证》，到税务局办理《网吧税务登记证》。

（4）人员准备。一般网吧需要的人员大致如下：

- ➡ **收银员**：1～2 名，主要负责记费以及收费。
- ➡ **网管**：根据网络规模决定网管的数量，负责管理、维护网吧中的计算机并随时处理计算机、网络及 Internet 接入方面的故障。

提示：

一般来说，在办理网吧相关手续时，可以一边进行办理一边开始网吧组建前的准备，如地点的选择以及网吧硬件安装等工作。

3．计算机配置选购

现在的网吧必须有一定的规模，为了达到节约成本的目的，最好对网吧进行分区，建议配置不能完全相同。下面分别以客户机、服务器和网络产品 3 个方面进行说明。

1）客户机

如表 7-1 所示为包间区的计算机配置。

表 7-1　包间区计算机配置

计算机硬件	配 置 方 案	价 格	说 明
CPU	AMD 速龙 II X2 240e（盒）	480	功率只有 45W，省电
内存	2G DDR3	140	品牌较多，选择质保 3 年以上的
主板	890GX 芯片组	650	必须是全固态电容带热管散热和 CPU 供电部位散热
显卡	主板集成		
硬盘	无		无盘网吧配置，成本更低
声卡	主板集成		
网卡	主板集成 10/100M		
机箱	网吧专用	70~100	普通机箱 70 元，稍好材料防盗的 80~100 元
电源	长城 ATX-350P4	150	由于显卡是主板集成，配置额定 250W 品牌电源即可
显示器	优派 VX2450wm-LED 24 寸	1300	一定要注意显示器功率
键盘和鼠标	罗技 MK100 键鼠套装	90	官方承诺质保 3 年
摄像头	蓝色妖姬	35	固定在显示器后
耳机	普通耳机	15	一定要购买质保 1 年以上的

提示：

所有硬件价格均为参考价格，网吧规模为 200 台计算机。

如表 7-2 和表 7-3 所示为游戏区的计算机配置。

表 7-2 游戏区 AMD 四核省电型计算机配置

计算机硬件	配置方案	价格	说明
CPU	AMD 速龙 II X4 600E	770	专业热设计功率，省电
内存	2G DDR3	140	品牌较多，选择质保 3 年以上的
主板	微星 870-C43	560	属于 870 芯片一线主板中性价比最高的，且代理商才能以该价格购买
显卡	索泰 GT440-1GD5	620	
硬盘	无		无盘网吧配置，成本更低
声卡	主板集成		
网卡	主板集成 10/100M		
机箱	网吧专用	70~100	普通 70 元，稍好材料防盗的 80~100 元
电源	长城静音大师 ATX-350SD	160	
显示器	优派 VX2450wm-LED 24 寸	1300	一定要注意显示器功率
键盘和鼠标	罗技 MK100 键鼠套装	90	官方承诺质保 3 年
摄像头	蓝色妖姬	35	固定在显示器后
耳机	普通耳机	15	一定要购买质保 1 年以上的

表 7-3 游戏区 Intel 32NM 省电型计算机配置

计算机硬件	配置方案	价格	说明
CPU	Intel 酷睿 i3 2100	830	专业热设计功率，省电
内存	2G DDR3	140	品牌较多，选择质保 3 年以上的
主板	微星 H61M-E33（B3）	540	性价比高，且代理商才能以该价格购买
显卡	索泰 GT440-1GD5	620	
硬盘	无		无盘网吧配置，成本更低
声卡	主板集成		
网卡	主板集成 10/100M		
机箱	网吧专用	70~100	普通 70 元，稍好材料防盗的 80~100 元
电源	长城静音大师 ATX-350SD	160	
显示器	优派 VX2450wm-LED 24 寸	1300	一定要注意显示器功率
键盘和鼠标	罗技 MK100 键鼠套装	90	官方承诺质保 3 年
摄像头	蓝色妖姬	35	固定在显示器后
耳机	普通耳机	15	一定要购买质保 1 年以上的

2）服务器

由于是 200 台计算机的网吧，所以使用无盘服务器 2 台和游戏服务器 1 台（其中副无盘服务器带游戏下载），如表 7-4 所示为 3 台服务器的配置。

表 7-4　主服务器配置

计算机硬件	无盘主服务器	无盘副服务器	游戏服务器
CPU	志强 3430 1500 元		
内存	REG ECC 4G DDR3×2 500 元×2		REG ECC 8G×3 950 元×3
主板	ASUS P7F/SAS 2500 元		ASUS P7F/E 1700 元
系统盘+读盘	ST 500G 企业盘 1 550 元		
回写盘	ST SAS 146G 15K×4 950 元×4	ST SAS 146G 15K×3 950 元×3	
游戏盘 1		WD /ST 2TB 企业盘 2 1100 元	INTEL SSD 80G 固态硬盘 1 1200 元
游戏盘 2			WD/ST 2TB 企业盘 2 1100 元
机箱	道和 4U 350 元		
电源	长城巨龙 600W 或磐石 600 500 元		

3）网络产品

如表 7-5 所示为网吧网络产品配置。

表 7-5　网络产品配置

网络产品	配 置 方 案	说　　明
路由器	飞鱼 5000 系列	选带智能流控的
主交换机	时速优肯网管管理型千兆交换机 uk2400gc×1	24 电口，支持汇聚等管理功能 48G 背板
分交换机	时速优肯非管理型二层千兆交换机 uk2400g×10	每个交换机 24 口保留一主线口，预算带 22 台，预留一口备用
网线	大唐电信 6 类千兆非屏蔽线 650 元/箱	200 台大约需要 7~8 箱（没有按机房集中管理交换机布线）
主干光纤网络主交换机	时速优肯管理型千兆光纤交换机 UKG1610GC ×1	16 光纤线口+10 网线电口千兆管理型交换机
主干光纤网络分交换机	时速优肯 ukg2602g×10	提供 24 电口/可推荐带 22~23 台客户机+2 光口，光口连主交
网卡	时速优肯 UK-A1GFS 多模单口 PCI-E X4 服务器网卡×3	采用 3 张，无盘服务器各 1 张，游戏 1 张

4．网吧软件

在网吧中，无论是顾客用的计算机，还是网吧服务器，都可以采用 Windows 98、Windows 2000 Professional 和 Windows XP 等操作系统，不过建议安装 Windows XP 操作系统。

网络中的计算机连入 Internet，一般采用网络服务器的 Internet 共享连接，各种系统中的设置与对等网模式下网络的设置一样。

【例 7-1】 启用网络服务器的 Internet 共享。

操作步骤如下：

（1）在连接 Internet 的宽带连接图标上右击，在弹出的快捷菜单中选择"属性"命令，打开"宽带 属性"对话框，如图 7-7 所示。

图 7-7　打开"宽带 属性"对话框

（2）单击"高级"选项卡，在"Internet 连接共享"栏中选中□允许其他网络用户通过此计算机的 Internet 连接来连接(N)复选框，在"家庭网络连接"下拉列表框中选择连接网吧客户机的网络连接，这里选择"网吧客户机"选项，然后选中□每当网络上的计算机试图访问 Internet 时建立一个拨号连接(S)复选框，如图 7-8 所示。

（3）单击 确定 按钮，关闭"宽带 属性"对话框，这时在连接 Internet 的宽带连接图标上出现手形图标，如图 7-9 所示。

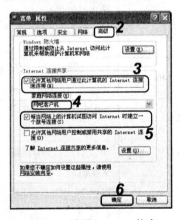 

图 7-8　设置 Internet 共享　　　　　图 7-9　Internet 共享已经设置

（4）进行网络服务器 IP 地址的设置。IP 地址一般采用 C 类地址中的保留段 192.168.0.1～192.168.0.254。打开"Internet 协议（TCP/IP）属性"对话框，将网络服务器上的 IP 地址设置为 192.168.0.1，子网掩码为 255.255.255.0，如图 7-10 所示。

（5）其他客户机计算机上的 IP 地址范围为 192.168.0.2～192.168.0.254，默认网关应为 192.168.0.1，否则该计算机将不能连接到 Internet 中，如图 7-11 所示。

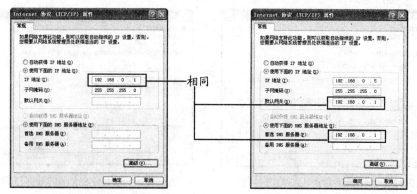

相同

图 7-10　服务器上 IP 地址的设置　　　图 7-11　客户机上 IP 地址的设置

提示：

> 在设置 IP 地址时要注意，任意两台计算机的 IP 地址不能相同，否则会产生 IP 地址冲突，IP 地址冲突的两台计算机不能正常连接到 Internet 中。

7.3.3　网吧的管理软件

设置好网吧的网络后，需要安装相应的网吧管理软件进行网吧计费等管理。通过网吧管理软件来管理网吧，计费准确，也便于监控网吧里计算机的运行情况，从而帮助网管更好地管理网吧。

在网吧中，由于人员流动性较大，特别是比较大型的网吧，计算机数量比较多，管理人员的管理工作非常繁重。为了方便网吧管理员对网吧中各台计算机的运行情况进行监控，防止恶意破坏，市面上出现了各种各样的网吧管理软件，如美萍网管大师、网吧管理专家等。这些软件具有安全防护功能，可完全监控网吧计算机的运行情况，用户只能在管理员规定的权限范围内进行操作，此外，这些软件还有计时、计费、限时、历史记录等管理功能。

网吧管理软件一般分为服务器端和客户机端两部分，需要在服务器端和客户端安装不同的软件。现在使用比较多的是美萍网吧管理软件，安装在服务器端的软件叫做美萍网管大师，安装在客户机上的软件叫做美萍计算机安全卫士。只有同时使用这两个软件，美萍网吧管理软件才能发挥作用。

1．美萍网管大师

美萍网管大师集计时、计费为一体，利用一台计算机就可以远程控制整个网吧中的所有计算机，可对任何一台计算机进行开通、停止、限时、关机、热启动等操作，它具有管理会员、管理网吧商品、统计每日费用以及计(限)时、历史记录和断电保护等功能，是管理网吧、学生机房和娱乐中心等复杂场合的有力工具。

【例 7-2】　在服务器上安装美萍网管大师。

操作步骤如下：

（1）运行美萍网管大师的安装程序，打开如图 7-12 所示的"美萍网管大师 9.8 安装：授权协议"对话框，单击 我同意(I) 按钮，打开"美萍网管大师 9.8 安装：安装选项"对话框，采用默认设置，单击 下一步(N) 按钮，如图 7-13 所示。

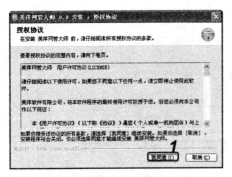

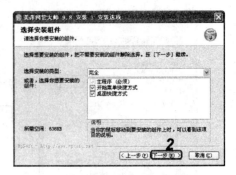

图 7-12　运行美萍网管大师的安装程序　　　　图 7-13　美萍网管大师的安装选项

（2）在打开的"美萍网管大师 9.8 安装：安装目录"对话框中，选择美萍网管大师的安装路径。单击 浏览(B)... 按钮可以更改安装路径，这里选择 g:\scon，如图 7-14 所示。单击 安装(I) 按钮开始安装。如图 7-15 所示为安装进度。

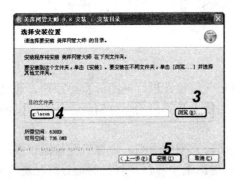

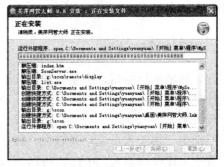

图 7-14　选择安装目录　　　　　　　　　图 7-15　安装进度

（3）安装完成后，单击 关闭(L) 按钮关闭对话框，此时会弹出一个对话框询问是否查看 readme 文件，单击 否(N) 按钮，打开一个对话框，提示安装已经完成，并提示是否运行美萍网管大师，单击 是(Y) 按钮将运行美萍网管大师，如图 7-16 所示。

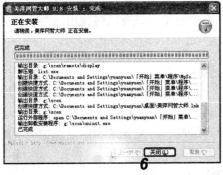

图 7-16　安装完成

运行后，将打开其工作界面，如图 7-17 所示。

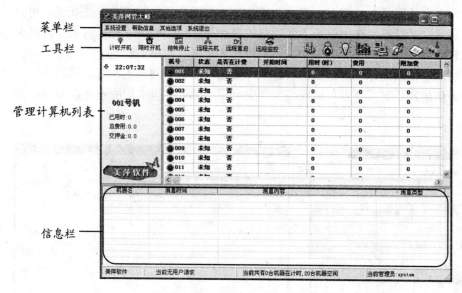

图 7-17 美萍网管大师的主界面

🔊提示：

目前网管大师支持所有 Windows 操作系统，但在 Windows 2000 和 Windows XP 下，需要超级用户才能正常安装和使用。

美萍网管大师的主界面包括菜单栏、工具栏、管理计算机列表和信息栏 4 个部分。下面将分别介绍每部分的功能。

选择"系统设置/系统设置"命令，可打开"美萍软件设置"对话框。在打开对话框之前会打开一个要求输入密码的对话框，如图 7-18 所示。必须输入正确的设置密码才能进行美萍软件设置。默认密码为空，直接单击 [确定] 按钮打开"美萍软件设置"对话框。该对话框有"记录"、"设置"、"计费"、"管理"和"商品"5 个选项卡，如图 7-19 所示。

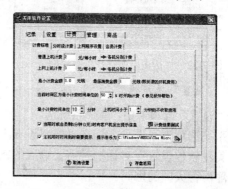

图 7-18 要求输入正确密码　　　　图 7-19 "美萍软件设置"对话框

1）"记录"选项卡

"记录"选项卡如图 7-20 所示。在该选项卡中，单击"收费历史记录"栏中的 [收费详细统计] 按钮，可打开"计费统计记录"对话框，在该对话框的表单中详细记录了每台客户机开通的时间和收费等内容，如图 7-21 所示；单击"操作历史记录"栏中的 操作历史记录 按钮，可打开"历史操作记录"对话框，这里记录了管理员的各种操作以及时间、操作内容、涉及金额和管理员的名字等，如图 7-22 所示；单击"网站历史记录"栏中的 网站历史记录 按钮，可打开"客户机网站历史记录统计"对话框，在这里详细记录了访问网站的站名、网站地址、日期及时间段等信息，不过需要客户机安装美萍安全卫士 V7.3 以上的版本才能实现，如图 7-23 所示。

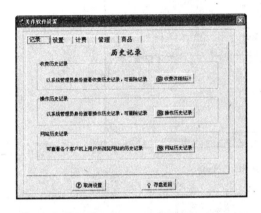

图 7-20   "记录"选项卡

图 7-21   "计费统计记录"对话框

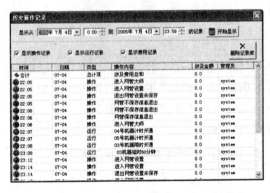

图 7-22   "历史操作记录"对话框

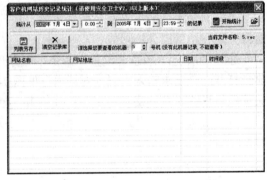

图 7-23   "客户机网站历史记录统计"对话框

2）"设置"选项卡

在"设置"选项卡中，有"系统选项"和"其他选项"两个子选项卡，如图 7-24 所示。打开"系统选项"子选项卡，在"密码设置"栏下的"修改设置密码"文本框中可以设置进入"美萍软件设置"对话框时需要输入的密码，在"修改退出密码"文本框中可以设置退出美萍网管大师的密码。

在"系统设置"栏中，如果选中 ☑ Windows启动后自动运行网管 复选框，则美萍网管大师可以在系统启动后自动运行。单击 系统高级选项 按钮，可打开"高级设置选项"对话框，在该对话框中可以设置网络采用的网络协议，即选择 IPX 协议或者 TCP/IP 协议，默认采用 IPX 协议，建议不要轻易修改，如图 7-25 所示。

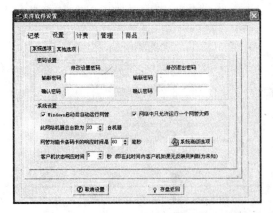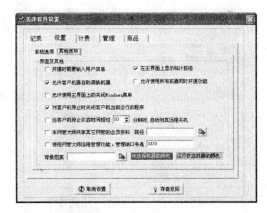

图 7-24 "设置"选项卡下的子选项卡

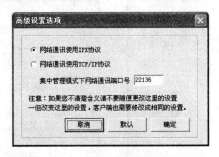

图 7-25 "高级设置选项"对话框

在"其他选项"子选项卡中，有许多美萍大师的高级管理功能，如可以设置客户机处于停止状态时超过多长时间，自动对其远程关机；是否允许客户自动调换机器、是否允许所有的客户机同时开通等。

3）"计费"选项卡

在"计费"选项卡中有"计费标准"、"分时段计费"、"上网程序设置"和"会员计费" 4 个子选项卡，其作用分别如下。

- ➥ 在"计费标准"子选项卡中，可以分别设置普通上机时每小时的费用和上网时每小时的费用，还可以对每台客户机单独设置费率。此外，还可以设置最小计费金额、最低消费金额、最小计费单位以及限时时间到后的提示音乐等，如图 7-26 所示。
- ➥ 在"分时段计费"子选项卡中，可以设置不同时间段采用不同的收费标准，如可以设置上午 8:00～12:00，按照原价的 50%收费，这样可以在上午上网人数比较少的情况下吸引更多的顾客来上网，如图 7-27 所示。
- ➥ "上网程序设置"子选项卡主要用于设置当客户机运行某些程序时从普通用机收费转为上网用机收费，如图 7-28 所示。可以自定义增加或减少用于该设置的程序。
- ➥ 在"会员计费"子选项卡中，可以对级别不同的会员采用不同的收费标准，如初级会员费率采用原价的 95%，金卡会员费率采用原价的 75%等，另外还有一些和会员用机相关的设置，如图 7-29 所示。

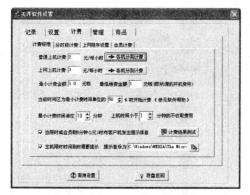

图 7-26　"计费标准"子选项卡

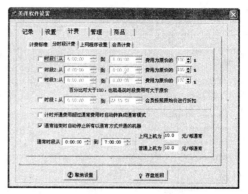

图 7-27　"分时段计费"子选项卡

图 7-28　"上网程序设置"子选项卡

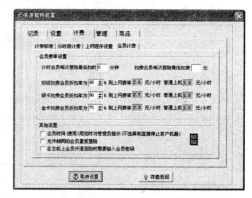

图 7-29　"会员计费"子选项卡

4）"管理"选项卡

"管理"选项卡如图 7-30 所示。在"系统管理"栏中可以设置系统管理员密码，单击 系统会员管理 按钮，可打开"会员制管理"对话框，如图 7-31 所示。

图 7-30　"管理"选项卡

图 7-31　"会员制管理"对话框

在"会员制管理"对话框中可以进行会员管理的各种操作，包括会员充值、新增会员、资料修改、资料备份和删除会员等。如果要添加会员，单击 新增会员 按钮打开"用户添加"对话框，可以在此添加新用户，并设置收费标准，如图 7-32 所示。

单击 上机牌及管理 按钮，可以打开"上机牌打印管理"对话框，在该对话框中可以打印所有客户机的上机牌，如图 7-33 所示。

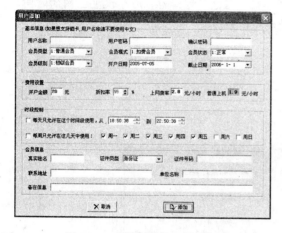

图 7-32 "用户添加"对话框

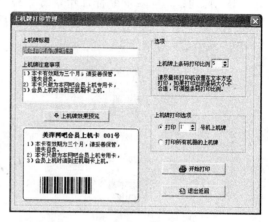

图 7-33 "上机牌打印管理"对话框

5）"商品"选项卡

在"商品"选项卡中，可以添加或修改商品的名称、单价以及数量，还可以删除商品，如图 7-34 所示。

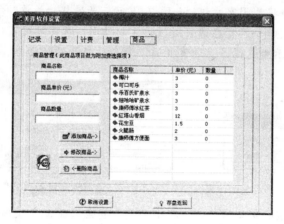

图 7-34 "商品"选项卡

另外，在工具栏中有很多命令的快捷按钮，这样可以简化网管的操作，如图 7-35 所示。

图 7-35 工具栏

上面介绍了美萍网管大师的系统设置，下面将介绍美萍网管大师对客户使用计算机过程中管理。

选中管理计算机列表中的某台计算机后右击，将弹出如图 7-36 所示的快捷菜单，在该快捷菜单中选择相应的命令即可快速进行客户计算机管理，其中各命令的作用如下。

- **计时**：执行该命令可开通还没有开通网络的计算机，如果该命令呈灰色显示，则表示该计算机已经开通网络。
- **限时**：选择该命令将打开如图 7-37 所示的"信息"对话框，用于设置上网的时间，当到达规定的时间时，会弹出一个提示对话框。

 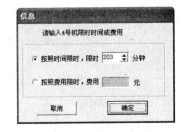

图 7-36 客户管理快捷菜单   图 7-37 "信息"对话框

- **停止和关机**：选择"停止"命令将使客户机上的客户不能再使用该计算机；选择"关机"命令将关闭客户机。如图 7-38 所示为选择"关机"命令后打开的对话框。
- **通宵开通**：该命令只有在通宵时段时才起作用，通宵时段可以在系统设置中设置。如图 7-39 所示为选择了"通宵开通"命令后打开的对话框。

图 7-38 提示是否关闭计算机   图 7-39 "选择通宵计费方式"对话框

- **会员开通**：该命令必须与客户机上的美萍安全卫士配合使用，可帮助会员直接在服务器上开通客户机。
- **附加收费**：可把用户购买饮料、香烟等的费用算在附加费中。执行该命令将打开如图 7-40 所示的"附加收费"对话框，单击 增加 按钮，将打开如图 7-41 所示的"新增商品"对话框。在该对话框中可以添加购买的商品，然后将价格添加到上网费用中。可以在系统设置中定义这些商品的名称、价格等。
- **延长时间**：在限时启动时才可用，以延长计算机的使用时间。
- **调换机器**：可任意对调两台计算机的所有信息，用于用户换机后继续先前的计费。
- **消息通知**：给客户机发送消息。
- **换成普通**：将打折会员优惠取消，采用和普通用户一样的计费标准。

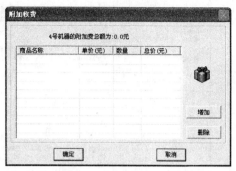

图 7-40 "附加收费"对话框

图 7-41 "新增商品"对话框

- **重新开通**：在计费状态下，如果客户端因死机而停止，可以重新开通客户端。
- **远程监控**：执行该命令将打开远程计算机的窗口，可以查看客户机上正在运行的程序窗口，监控客户运行的程序等。
- **打印入场单**：打印可以进入网吧的许可单。

2. 美萍计算机安全卫士

美萍计算机安全卫士能够全真虚拟 Windows 桌面，并且能保护硬盘文件、进行远程控制、限时或定时限制应用软件的运行等，解决了网吧、机房等场合中计算机的安全问题。

【例 7-3】 安装美萍计算机安全卫士。

操作步骤如下：

（1）运行美萍安全卫士的安装程序，打开如图 7-42 所示的"美萍计算机安全卫士 11.9 安装：授权协议"对话框，单击 我同意(I) 按钮，打开"美萍计算机安全卫士 11.9 安装：安装选项"对话框，这里采用默认设置，直接单击 下一步(N) > 按钮继续安装，如图 7-43 所示。

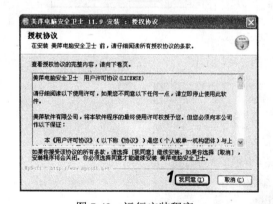

图 7-42 运行安装程序

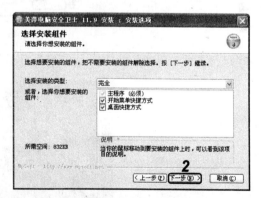

图 7-43 选择安装组件

（2）在打开的"美萍计算机安全卫士 11.9 安装：安装目录"对话框中选择安装美萍安全卫士的目录，单击 浏览(B)... 按钮可以更改美萍安全卫士的安装目录，这里选择 g:\smenu，如图 7-44 所示。然后单击 安装(I) 按钮，安装程序开始进行安装，如图 7-45 所示为安装进度。

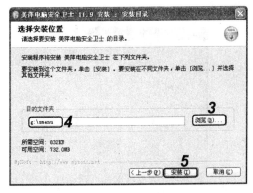

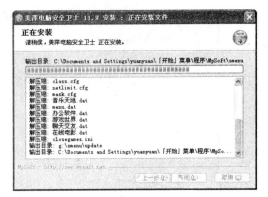

图7-44　选择安装位置　　　　　　　　图7-45　安装进度

（3）安装完成，单击 关闭(L) 按钮后弹出一个对话框询问是否查看 readme 文件，单击 否(N) 按钮，打开一个对话框提示安装已经完成，并提示是否运行美萍计算机安全卫士，单击 是(Y) 按钮将运行美萍计算机安全卫士，如图7-46所示。

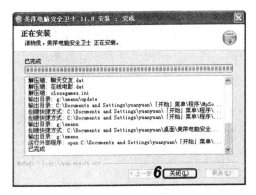

图7-46　安装完成

运行美萍计算机安全卫士后，桌面背景如图7-47所示。

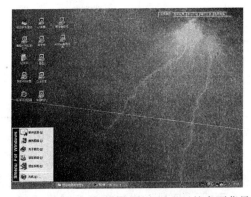

图7-47　运行美萍计算机安全卫士后的桌面背景

安装完美萍计算机安全卫士后，要让它起作用，还需要对其进行设置。选择"开始/设定系统"命令，打开"美萍计算机安全卫士设置"对话框，如图7-48所示。

图 7-48 "美萍计算机安全卫士设置"对话框

📢提示：

在这里首先需要修改密码，否则，若客户可以轻易进入，极有可能使美萍计算机安全卫士失效。

在该对话框中有"新建"、"帮助"、"管理"、"模式"、"记录"和"网站"6个选项卡，下面分别进行介绍。

1）"新建"选项卡

"新建"选项卡中有、、和几个按钮，通过单击这几个按钮可以在打开的对话框中选择要添加的程序或程序所在的文件夹，然后单击按钮即可在客户机的虚拟桌面上添加应用程序的快捷图标，对已在列表中的程序可以通过单击按钮或者双击列表中的选项来修改其属性；选中某个选项后单击按钮可进行删除操作；单击按钮可打开"菜单分类管理"对话框，在该对话框中可以添加或删除桌面上的菜单以及为菜单设置密码等。

2）"帮助"选项卡

在"帮助"选项卡的列表框中显示的是美萍计算机安全卫士的相关帮助信息，如果有不清楚的地方，在"帮助"里面一般会找到答案。

3）"管理"选项卡

在"管理"选项卡中有"密码"、"安全"、"启动"、"外壳"、"选项"、"限制"和"禁止"7个子选项卡，下面分别进行介绍。

➥ **"密码"子选项卡**：在该选项卡中可以设置打开"美萍计算机安全卫士设置"对话框的密码、退出美萍计算机安全卫士的密码以及关闭客户机的密码等，如图 7-49所示。

➥ **"安全"子选项卡**：可以设置要隐藏的、禁止文件删除和改名操作的驱动器等，如图 7-50 所示。

➥ **"启动"子选项卡**：设置美萍安全卫士的启动项目，如当系统启动时自动运行、屏蔽一些功能键和自动调用程序等，如图 7-51 所示。

图 7-49　"密码"子选项卡

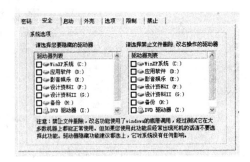

图 7-50　"安全"子选项卡

提示：

"启动"子选项卡是设置的重点，需要设置系统密码，并将其设置成 Windows 启动时自动运行安全卫士，这样在开机进入系统后会连接进入其虚拟桌面。

➡ **"外壳"子选项卡**：用于对虚拟桌面进行设置，如设置桌面背景、操作界面及文字样式等，如图 7-52 所示。

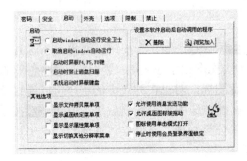

图 7-51　"启动"子选项卡　　　　　　　　　　图 7-52　"外壳"子选项卡

➡ **"选项"子选项卡**：主要设置安全选项，如禁止改变任务栏属性、隐藏网上邻居、禁用注册表编辑器和禁止 IE 从地址栏访问硬盘资源等，如图 7-53 所示。

➡ **"限制"子选项卡**：主要设置禁止 IE 访问的目录、文件夹等，限制 IE 下载某些文件以及打开 IE 窗口的数目，如图 7-54 所示。

图 7-53　"选项"子选项卡

图 7-54　"限制"子选项卡

➡ **"禁止"子选项卡**：可进一步对运行的程序进行限制，通过单击 加入 按钮可以添加更多不允许用户运行的程序，如图 7-55 所示。

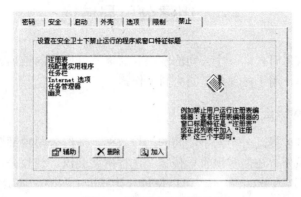

图 7-55 "禁止"子选项卡

4）"模式"选项卡

在"模式"选项卡中，可以设置程序的运行模式，主要有普通模式、计时模式、限时模式和网络集中管理模式 4 种。如果安装了服务器，需要通过服务器对所有客户机进行管理，则需要选择网络集中管理模式。另外，还可以设置客户机的号码、是否允许会员登录等。

5）"记录"选项卡

在"记录"选项卡中的列表框中记录了曾经运行过的程序的历史记录。

6）"网站"选项卡

在"网站"选项卡的"网站历史记录"栏中，通过单击 查看网站历史记录 按钮可以打开"网站历史记录统计"窗口，在其中可以查看客户机访问网站的历史记录。在"站点限制"栏中，通过填写网站的地址或特征字符串等可以添加要限制访问的网站。

3. 对客户机计费

在美萍网管大师的主界面上，在任意一台客户机上右击，在弹出的快捷菜单中选择"计时"命令，如图 7-56 所示，可打开如图 7-57 所示的对话框，输入预交押金后，单击 确定 按钮即可对客户机进行计费。

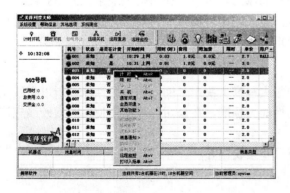

图 7-56 选择"计时"命令

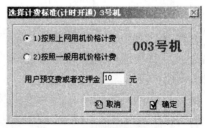

图 7-57 开通 3 号机

7.4 组建公司局域网

在瞬息万变的信息时代，一个公司的发展壮大离不开网络的推动。因此许多公司组建了自己的内部局域网，用于内部员工的协同工作。

7.4.1 公司局域网概述

公司的局域网可以提高公司同事之间的工作效率，节约公司内部资源，除了可以共享文件、打印机等资源外，还能实现收发传真、进行网络会议、建设公司企业网站等更高级的功能。公司局域网连入 Internet 不仅可以使每台计算机上网的平均费用降低，还可以将公司形象在网上宣传，同时可以获取更多的有利信息，促进公司的发展。

公司局域网的优点主要体现在以下方面：

- **节约公司资源**：组建公司局域网可以充分利用公司的软、硬件资源，特别是打印机或扫描仪等自动化办公设备，并且每台计算机的硬盘和光驱也能共享，使这些硬件资源能够被最大限度地利用，避免了重复投资。
- **有利于工作和管理**：在公司局域网中，可以将一项任务由多个同事协同完成，能够有效地利用人力资源和提高工作效率，并且可以在局域网中进行任务的分配和协调等工作。通过公司局域网还可以方便地传递信息。

7.4.2 公司局域网组建方案

在组建公司局域网时首先应制订网络的组建方案，该组建方案应该包括网络拓扑结构的选择、网络设备的选择、操作系统的选择以及网络规划等，下面分别进行介绍。

1．网络拓扑结构的选择

一般组建公司局域网有总线型和星型两种拓扑结构，总线型拓扑结构一般是用同轴电缆作为传输介质；星型拓扑结构一般采用 RJ-45 接口的网卡和双绞线的组合。在组建公司局域网时，首先应该考虑组建成本、网络扩容是否方便、是否有利于安装维护等。综合这些因素，建议选择星型拓扑结构组建公司局域网。星型拓扑结构是最常见的拓扑结构，它利用双绞线作为传输介质。双绞线的价格不高，在市场上非常容易买到，并且使星型拓扑结构组建的网络性能比较好，易于维护和扩充。

2．网络设备的选择

在网络建设中，布线系统的性能在很大程度上决定了网络的使用性能，所以布线系统的规划应以目前所能达到的尽可能高的性能为标准，在公司局域网中使用的双绞线应该是 5 类线或超 5 类线。

需要选购的网络设备有网卡、交换机和集线器等。

1）网卡

普通 10/100MPCI 的网卡即可满足中小型办公网的要求，没必要购买更高速率的网卡。比较著名的网卡品牌有 D-Link、TP-Link 和 KingNet 等。

2）交换机

不用集线器而用交换机的原因是集线器的功能没有交换机强大，而目前这两种设备的价格差距不大。用户可根据具体情况选择购买。一般购买 10/100M 自适应交换机。

3）集线器

如果费用预算有限或网络规模不大，可以购买集线器作为中心结点。一般选用 10/100M 自适应集线器。

🔊 提示：

> 在组网时，还要注意网络设备之间带宽的匹配，如采用 100M 的交换机和网卡，就只需要 100M 的网络传输介质，否则会浪费资源；如采用 100M 的交换机，却采用 10M 的网线，则网线就成了网络数据传输的瓶颈。

3．操作系统的选择

对于普通办公用户，建议使用 Windows XP 操作系统。另外，如果在局域网中需要专门的服务器，就需要在服务器中安装服务器操作系统，如 Windows 2000 Server。如果公司组建的是对等局域网，就不需要配置专门的服务器。

4．网络规划

网络组建实施以前应该将网络的 IP 地址规划好，因为 IP 地址是局域网中计算机的标识，就像身份证一样。如果不将 IP 地址规划好，局域网中的计算机连入网络后很容易出现 IP 地址冲突的现象，因此需要首先将 IP 地址进行分配。分配 IP 地址的方法一般有两种：手动分配和通过 DHCP 自动获取。

- 🔖 **手动分配 IP 地址**：采用这种方法分配 IP 地址一般需要将网络中的计算机按工作部门分成不同的工作组，每个工作组分配一定数量的 IP 地址。不过使用这种分配方式需要预留一部分 IP 地址，以免部门增加计算机时出现无 IP 地址可用的现象。
- 🔖 **通过 DHCP 自动获取 IP 地址**：通过 DHCP 自动获取是指连入局域网的计算机自动从 DHCP 服务器获取 IP 地址，采用这种方式分配 IP 地址非常简单，不用考虑 IP 地址冲突的问题，也不会造成 IP 地址的浪费，不过需要有一台专门的服务器配置 DHCP 服务。

7.4.3　硬件的安装

组建网络应首先安装网卡、交换机等硬件。

【例 7-4】　安装网络硬件并进行设置。

操作步骤如下：

（1）将网卡插入主板的 PCI 插槽中。

（2）将交换机固定在某一个位置，该位置既要不被轻易碰到，又要在插拔网线时方便操作。

（3）进行网络布线。布线时尽量使网卡与交换机之间的网线长度最短，这样不但能节约成本，更重要的是网络发生故障的几率也会降低，另外还要注意水晶头的正确做法。

（4）为每台计算机安装操作系统。一般作为服务器的计算机安装 Windows 2000 Server，采用 NTFS 分区格式。普通客户机安装 Windows XP 操作系统，采用 FAT32 分区格式。

（5）进行相关网络设置。Windows 2000 Serverr 和 Windows XP 在安装过程中会自动将网卡驱动程序安装好，并提示进行网络设置，包括设置网络标识、用户和登录密码，并安装 Microsoft 网络客户、网络文件和打印机共享及 TCP/IP 协议等。

安装完成后还需进行网络调试。网络调试一般分为以下几个方面：

- 检查交换机（或集线器）和网卡工作是否正常，可以通过观察交换机或集线器和网卡的工作指示灯来判断。
- 使用 Ping 命令来寻找网络中其他计算机。
- 在"网上邻居"中寻找其他计算机。
- 通过网络搜索功能寻找其他计算机。
- 试着访问其他计算机上的资源。

如果连入局域网的计算机在网络上都能找到，则说明网络工作完全正常，网络组建工作完成。

7.5 组建无线局域网

与有线局域网通过铜线或光纤等导体传输不同的是，无线局域网（WLAN）使用电磁频谱来传递信息，它是计算机网络与无线通信技术相结合的产物。无线网络用于一些布线困难、上网设备经常移动的环境，或用于搭建临时性的网络。无线网络因其自身的优越特性，作为有线网络的补充技术被广泛应用。

7.5.1 无线局域网技术

在组建无线局域网之前，需先了解无线局域网技术的相关知识。

1. 无线局域网的技术标准

无线局域网（WLAN）技术标准主要有 IEEE802.11、HomeRF 和蓝牙 3 种。

- IEEE802.11 标准：802.11 是 IEEE 最初制定的一个无线局域网标准，主要用于解决办公室局域网和校园网中，用户与用户终端的无线接入，业务主要限于数据存取。Dell、3Com、Cisco、Intel、Sony、Apple 和朗讯等约 70 家公司的产品都支持 IEEE802.11b。该标准工作在 2.4GHz，直接序列扩频，最大数据传输速率为 11Mb/s，无需直线传播。支持的范围在室外为 300 米，在办公环境中最长为 100 米。使用与以太网类似的连接协议和数据包确认，来提供可靠的数据传送和网络带宽的有效使用。

- HomeRF 标准：HomeRF 是由家庭无线联网业界团体制定的标准，是专门为家庭用户设计的。支持 HomeRF 的有 Intel、HP、Proxim、摩托罗拉和西门子等 80 家公司。HomeRF 工作在 2.4GHz，利用跳频扩谱方式，通过家庭中的一台主机在移动设备之间实现通信，既可以通过时分复用支持语音通信，又能通过载波监听多重访问/冲突避免协议提供数据通信服务。同时，HomeRF 提供了与 TCP/IP 良好的集成,支持广播、多播和 48 位 IP 地址。HomeRF 现在的数据传输速率为 2 Mb/s。

- 🔊 **蓝牙标准**:蓝牙技术是一种无线个人联网技术,其发起者包括爱立信、IBM、Intel、诺基亚和东芝。作为一种开放性的标准,蓝牙可以提供在短距离内的数字语音和数据的传输,可以支持在移动设备和桌面设备之间的对点或者多点的应用。蓝牙收发机在 2.4GHz ISM 频带上以 1600 跳 / 秒跳频,即以 2.45GHz 为中心频率,可得到 79 个 1MHz 带宽的信道。在发射机频率为 1MHz 时,有效的蓝牙数据速率是 721kb/s。由于发射是时分复用,其主要优点是造价低。几乎无需任何变动,便可将蓝牙扩展成适于家庭使用的小型网络。如果蓝牙需要 100mW 功率输出和更远的通信距离,应外加单独的功率放大器。

2. 无线局域网的技术特点

无线局域网利用电磁波在空气中发送和接收数据,而无需线缆介质。无线局域网的数据传输速率现在已经能够达到 11Mbps,传输距离可远至 20km 以上。它是对有线联网方式的一种补充和扩展,使网上的计算机具有可移动性,能快速方便地解决使用有线方式不易实现的网络联通问题。

1)无线局域网的优点

与有线网络相比,无线局域网具有以下优点。

- 🔊 **高移动性**:由于摆脱了线缆的束缚,无线网络具有高移动性的特性。可以在 AP 覆盖范围内随意移动,还可以在不同 AP 之间移动实现无缝漫游,且保持网络连接不中断。
- 🔊 **兼容性强**:无线网络作为有线网络的延伸,能够通过 AP 与现有的有线网络资源无缝地结合在一起,且对于符合 IEEE802.11 协议的无线网络产品,即使不同厂商的产品也可以相互通信。
- 🔊 **经济节约**:由于有线网络缺少灵活性,这就要求网络规划者尽可能地考虑未来发展的需要,这就往往导致预设大量利用率较低的信息点,一旦网络的发展超出了设计规划,又要花费较多费用进行网络改造。而无线局域网则可避免或减少以上情况的发生。
- 🔊 **安装便捷**:一般在网络建设中,施工周期最长、对周边环境影响最大的就是网络布线施工工程。在施工过程中,往往需要破墙掘地、穿线架管。而无线局域网最大的优势就是免去或减少了网络布线的工作量,一般只要安装一个或多个接入点 AP(Access Point)设备,就可建立覆盖整个建筑或地区的局域网络。
- 🔊 **易于扩展**:无线局域网有多种配置方式,能够根据需要灵活选择。这样,无线局域网就能胜任从只有几个用户的小型局域网到上千用户的大型网络,并且能够提供像漫游等有线网络无法提供的特性。由于无线局域网具有多方面的优点,所以发展十分迅速。在最近几年里,无线局域网已经在医院、商店、工厂和学校等不适合网络布线的场合得到了广泛应用。

2)无线局域网的缺点

无线局域网由于工作在自由频段,所以容易受到干扰,且功率受限;而 IEEE802.11 协议属于第二层技术规范,上层业务体系不够完善。

7.5.2 无线局域网的硬件配置

无线网络与有线网络在硬件上并无太大差别，总的来说，一个最基本的无线网络同样需要中心接入点（无线路由器）、传输介质（红外线或无线电波）和接收器（无线网卡），下面分别介绍。

1．无线中心接入点

无线中心接入点是基本模式的中心设备，主要负责无线信号的分发及各无线终端的互连。无线中心接入点可以是无线 AP，也可以是无线路由器。

1）无线路由器

无线路由器是单纯型 AP 与宽带路由器的一种结合体，借助于无线路由器的功能，可实现家庭无线网络中的 Internet 连接共享，实现 ADSL 和小区宽带的无线共享接入。另外，无线路由器可以把通过它进行无线和有线连接的终端都分配到一个子网，换句话说，它除了具有 AP 的功能外，还能让所有的无线客户端共享上网。如图 7-58 所示为一台无线路由器。

2）无线 AP

无线 AP 主要提供无线工作站对有线局域网和从有线局域网对无线工作站的访问，在访问接入点覆盖范围内的无线工作站可以通过它进行相互通信。在无线网络中，AP 就相当于有线网络的集线器，它能够把各个无线客户端连接起来，无线客户端所使用的网卡是无线网卡，传输介质是空气，它只是把无线客户端连接起来，但是不能共享上网，如图 7-59 所示。

图 7-58　无线路由器　　　　　　　　图 7-59　无线 AP

2．终端信号接收点

终端信号接收点是无线信号的接收设备，安装于用户计算机，实现用户计算机之间的无线连接，并连接到无线接入点。根据应用的不同又分为无线局域网卡、无线上网卡以及蓝牙适配器等。

1）无线局域网卡

无线局域网卡的作用与有线网卡类似，主要分为 PCI 卡、USB 卡和笔记本专用的 PCMCIA 卡 3 类，如图 7-60 所示。

图 7-60　无线局域网卡

2）无线上网卡

无线上网卡主要应用在笔记本电脑中，从接口上分为 USB 接口和 PCMIA 接口两类；而从申请的移动上网服务方面分为 GPRS 卡和 CDMA 卡，如图 7-61 所示。

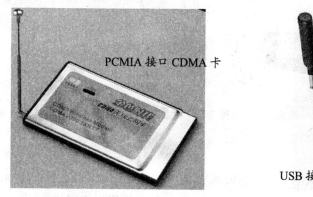

图 7-61　无线上网卡

3．无线天线

无线网络设备（如无线网卡、无线路由器等）都自带有无线天线，另外也有单独的无线天线。因为无线设备本身的天线都有一定距离的限制，当超出限制的距离，就要通过外接天线来增强无线信号，达到延伸传输距离的目的。

7.5.3　无线局域网的类型

无线局域网主要有两种组网方式：一种是对等无线局域网；另一种是无线 AP 局域网。

1．对等无线局域网

对于家庭或计算机数量较小的局域网，最简单、便捷的方式就是选择对等网，如图 7-62 所示，不通过无线 AP 或无线路由器，直接通过无线网卡来实现数据传输，这种类型的网络需要符合以下几点要求：

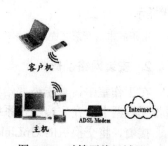

图 7-62　对等无线局域网

- 距离必须较近。
- 客户端计算机必须通过服务器端计算机的 ADSL 上网，服务器端计算机必须保持开机状态，客户端计算机才可以上网。
- 要根据房间结构来设置提供上网服务的计算机的位置，尽量选择信号穿墙少的房间。

2．无线 AP 局域网

无线 AP 局域网以无线 AP 或无线路由器为中心，其他计算机通过无线网卡、无线 AP 或无线路由器进行通信，该组网方式具有安装方便、扩充性强、故障易排除等特点。这是一种集中控制式模式网络，是一种整合有线与无线局域网架构的应用模式。在这种模式中，无线网卡与无线 AP 进行无线连接，再通过无线 AP 与有线网络建立连接。实际上该模式网络可以分为两种模式：一种是无线路由器+无线网卡建立连接的模式；一种是无线 AP 与无线网卡建立连接的模式，如图 7-63 和图 7-64 所示。

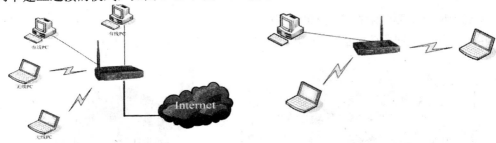

图 7-63　无线路由器+无线网卡模式　　　　图 7-64　无线 AP 与无线网卡建立连接的模式

7.5.4　组建办公无线局域网

下面，以拥有 8 台计算机的小型无线办公网络为例，其中包括 3 个办公室：经理办公室（2 台）、财务室（1 台）以及工作室（5 台），Internet 接入采用以太网接入。

1．组建前的准备

对于这种规模的小型办公网络，采用无线路由器的局域网连接是比较适合的。另外，考虑到经理办公室和财务室等重要部门网络的稳定性，准备采用交换机和无线路由器连接的方式。这样，除了配备无线路由器外，还需要准备一台交换机，至少 4 根网线，用于连接交换机和无线路由器、服务器、经理用笔记本电脑以及财务室计算机。还需要确认工作室的每台笔记本电脑都配备了无线网卡，否则还需安装无线网卡。

🔊提示：

> 出于成本以及兼容性考虑，在组建无线局域网时最好选择同一品牌的无线网络产品。

2．安装网络设备

在工作室中，首先需要给每台笔记本电脑安装无线网卡和驱动程序，如果笔记本电脑自带无线网卡，在安装操作系统时会自行安装驱动程序。

接着，将交换机的 UpLink 端口和进入办公网络的 Internet 接入口用网线连接，另外选择一个端口（UpLink 旁边的端口除外）与无线宽带路由器的 WAN 端口连接，其他 LAN

端口分别用网线和财务室、经理用计算机连接。

3．设置网络环境

在安装完网络设备后，还需要对无线 AP 或无线路由器、以及安装了无线网卡的计算机进行相应网络设置。

1）设置无线路由器

通过无线路由器组建的局域网中，除了进行常见的基本设置、DHCP 设置外，还需要进行 WAN 连接类型以及访问控制等内容的设置。

当连接到无线网络后，在局域网中的任何一台计算机中打开 IE 浏览器，在地址栏中输入 192.168.1.1，再输入登录用户名和密码（通常用户名默认为空，密码为 admin），然后打开路由器设置页面。通常需要设置 IP 地址、是否允许无线设置、 SSID 名称、频道、WEP 外，还可以为 WAN 口设置连接类型，包括自动获取 IP、静态 IP、PPPoE、RAS、PPTP等。例如，使用以太网方式接入 Internet 的网络，可以选择静态 IP，然后输入 WAN 口 IP地址、子网掩码、默认网关、DNS 服务器地址等内容。在上述设置中，为了省去为办公网络中的每台计算机设置 IP 地址的操作，也可以进行 DHCP 设置，通过设置动态 IP 地址来启用 DHCP 服务器。为了限制当前网络用户数目，还可以设定用户数。

完成上面介绍的基本设置后，还需要为网络环境设置访问控制。办公网络中，为了能有效地促进员工工作，提高工作效率，可以通过无线路由器提供的访问控制功能来限制员工对网络的访问，常见的操作包括 IP 访问控制、 URL 访问控制等。

在 IP 访问设置页面输入希望禁止的局域网 IP 地址和端口号，例如，要禁止 IP 地址为192.168.1.100～192.168.1.102 的计算机使用 QQ，那么可以在"协议"列表中选择 UDP 选项，在"局域网 IP 范围"文本框中输入 192.168.1.100～192.168.1.102，在"禁止端口范围"文本框中分别输入 4000 和 8000。

📢 **提示：**

> 上面的设置是因为 QQ 聊天软件使用的是 UDP 协议，4000（客户端）和 8000（服务器端）端口。如果不确定哪种协议的端口，可以在"协议"列表中选择"所有"选项，端口的范围在 0～65535 之间；要禁止某个端口，如 FTP 端口，可以在范围中输入 21～21；对于"冲击波"病毒使用的 RPC 服务端口，可以输入 135～135。

2）客户端设置

在办公无线局域网中，客户端设置的方法与家庭无线局域网中的客户端设置方法大致相同，要注意工作室中的所有计算机需要设定相同的访问方式。另外，还要将每台计算机的工作组设置为相同的名称。

7.6 上机与项目实训

7.6.1 建立家庭局域网

家庭局域网最好设置成对等网，下面讲解具体方法。

1．制作网线

由于是连接家中的两台计算机，因此可以直接通过双绞线连接两台计算机网卡的RJ-45接口即可实施通信。由于不使用集线器（Hub），又使用双绞线作为传输介质，这里讲解双绞线的制作方法。

使用双绞线连接两台计算机网卡的RJ-45接口，具体的连接方法如下：

双绞线的一端		双绞线的另一端	
橙	1 TD+	蓝	1 TD+
白橙	2 TD-	白蓝	2 TD-
蓝	3 RD+	橙	3 RD+
绿	4 不用	绿	4 不用
白绿	5 不用	白绿	5 不用
白蓝	6 RD-	白橙	6 RD-
棕	7 不用	棕	7 不用
白棕	8 不用	白棕	8 不用

从上面可以看出，这种双绞线的制作实际上是把双绞线的两端进行1、3和2、6交换。

2．设置服务器端

在家庭局域网中，如果使用两台计算机共享一条线路上网，那么，直接连接Internet的计算机称为服务器，在这台计算机中需要安装两块网卡，并且需对这两块网卡进行详细的设置。不过，对于与ADSL Modem连接的网卡无需其他的设置。下面进行服务器端的详细设置。

操作步骤如下：

（1）在服务器端计算机中打开"网络连接"窗口，右击该计算机用于与另外一台计算机连接的网卡图标，在弹出的快捷菜单中选择"属性"命令，如图7-65所示。

图7-65 选择"属性"命令

（2）打开"本地连接 属性"对话框，单击"常规"选项卡，在列表框中双击"Internet协议（TCP/IP）"选项，如图7-66所示。

（3）在打开的对话框中选中 使用下面的 IP 地址（S）单选按钮，将该网卡的IP地址设置为192.168.0.1，单击 确定 按钮，如图7-67所示。

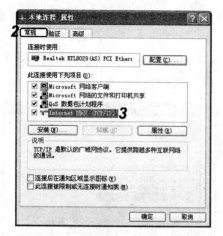

图 7-66　"本地连接 属性"对话框

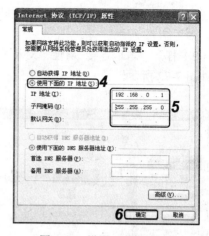

图 7-67　设置 TCP/IP 属性

（4）打开如图 7-68 所示的提示框，单击 确定 按钮，重新启动计算机。

图 7-68　网络连接提示

（5）打开"宽带连接 属性"对话框，单击"高级"选项卡，选中"允许其他网络用户通过此计算机的 Internet 连接来连接"复选框，选择刚才设置好的网卡，单击 确定 按钮，如图 7-69 所示。

（6）打开"网络连接"提示对话框，再次单击 确定 按钮即可，如图 7-70 所示。至此，在服务器端的设置基本完成。

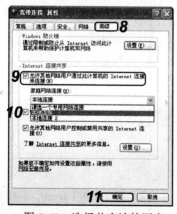

图 7-69　选择共享连接网卡

图 7-70　"网络连接"提示对话框

3．设置客户端

在家庭局域网中，将不直接与 Internet 连接的计算机称为客户端，需要对客户端计算机的网卡进行设置后，才能够通过服务器端的计算机访问 Internet。操作步骤如下：

（1）打开"网络连接"窗口，右击"本地连接"图标，在弹出的菜单中选择"属性"命令，如图7-71所示。

（2）打开"本地连接 属性"对话框，在列表框中双击"Internet 协议（TCP/IP）"选项，如图7-72所示。

 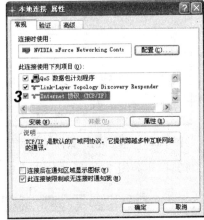

图7-71　选择"属性"命令　　　　图7-72　"本地连接 属性"对话框

（3）打开如图7-73所示的对话框，选中 使用下面的 IP 地址(S) 单选按钮，在"IP 地址"文本框中输入192.168.0.2，在"默认网关"文本框中输入192.168.0.1，单击 确定 按钮，完成客户端的设置。

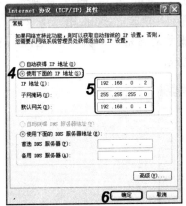

图7-73　设置网关和IP地址

技巧：

在此种家庭局域网连接状态下，使用客户端上网的前提是服务器端已经连接到 Internet，其顺序不能相互颠倒，否则不能同时上网。

7.6.2　设置无线家庭局域网客户端

本次上机的主要目的是讲解家庭无线局域网中的客户端设置方法，帮助大家学会无线局域网中客户端的设置。

操作步骤如下：

（1）在客户端计算机中安装了无线网卡后，把鼠标光标移到相应网络连接项就会在状态栏显示如图 7-74 所示提示，在其上右击，在弹出的快捷菜单中选择"查看可用的无线网络"命令。

（2）打开"选择无线网络"对话框，在左侧的"网络任务"任务窗格中单击"为家庭或小型办公设置无线网络"选项，搜索无线网络，如图 7-75 所示。

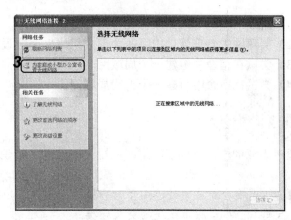

图 7-74　选择命令　　　　　　　　　图 7-75　设置无线网络

（3）打开"无线网络安装向导"对话框，双击"管理工具"选项，单击 下一步(N) 按钮。

（4）打开"为您的无线网络创建名称"对话框，在"网络名"文本框中输入名称，这里保持默认设置，选中 手动分配网络密钥(M) 单选按钮，单击 下一步(N) 按钮。

（5）打开"输入无线网络的 WEP 密钥"对话框，分别在"网络密钥"和"确认网络密钥"文本框中输入相同的密码，注意这里的密码只能是 5 个或 13 个 ASCⅡ字符，或者 10 个或 26 个十六进制的数字，单击 下一步(N) 按钮，如图 7-76 所示。

（6）打开"您想如何设置网络？"对话框，选中 手动设置网络(S) 单选按钮，单击 下一步(N) 按钮，如图 7-77 所示。

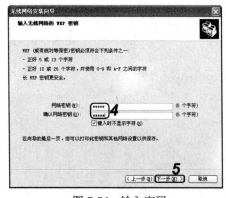
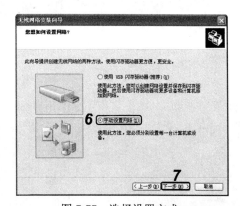

图 7-76　输入密码　　　　　　　　　图 7-77　选择设置方式

（7）打开"向导成功地完成"对话框，单击 完成 按钮，即可完成客户端计算机的家庭无线网络配置。

（8）连接无线网络时，只需打开如图 7-75 所示的对话框，在右侧的任务窗格中就会显示刚才所安装的无线网络 MSHOME，单击 连接(C) 按钮，打开"无线网络连接"对话框，在其中输入并确认设置的网络密钥，再次单击下面的 连接(C) 按钮即可连接到无线局域网中。

7.7　练习与提高

（1）组建宿舍局域网一般有几种拓扑结构？
（2）美萍网吧管理软件由哪两个部分组成？怎样设置美萍网管大师的管理密码？
（3）尝试在宿舍中组建一个局域网。
（4）尝试在宿舍中组建一个无线局域网。

通过本章的学习可以了解组网应用实例的基本知识，下面介绍几点本章中需注意的内容。

➥ 组建宿舍局域网时，由于宿舍空间不大，最应该考虑的就是布线的问题，应该简洁，尽量防止线缆的交叉连接。

➥ 组建校园局域网时，管理软件客户端应与 P2P 网络控制软件配合控制，不仅可以使客户端计算机不能运行指定程序，还可以对客户端的网络访问和网络下载进行限制。而这些控制既可以针对性地控制某台计算机，也可以批量控制多台计算机。利用管理软件客户端不仅可以对用户进行进程监视、屏幕监视、远程关机等操作，甚至可以实现远程开机。

➥ 组建网吧局域网时，通常一个 Modem 带 20 台以内的计算机共享上网时，浏览网页和聊天的速度与单机上网的速度相差无几。但是要注意，最好不要让几台计算机同时下载大量资源，因为多台计算机同时下载会严重降低整个网络的速度。

第 8 章　　局域网连接到 Internet

学习目标

- ☑　了解普通 Modem 拨号上网
- ☑　熟悉使用 ADSL 上网
- ☑　认识其他 Internet 接入方式
- ☑　学习共享 Internet 连接

8.1　普通 Modem 拨号上网

Modem 拨号上网是一种最简单、方便、快捷的上网方式。由于 Modem 价格便宜，安装、设置方便，因此是窄带中的主流上网方式。

📢提示：

> 宽带和窄带是相对的，一般来说，宽带的连接速度比窄带要快得多，如 ADSL、Cable Modem、DDN 专线和智能宽带等都属于宽带连接；而 Modem 拨号的速率较慢，属于窄带连接。

8.1.1　实现 Modem 拨号上网的条件

要利用 Modem 拨号上网，必须保证计算机配置有 Modem（Modem 内置或外置均可），其次还需要一条能连接到电信局的电话线。只要具备了这两个条件，无论在何时何地都可以拨号上网了。

📢提示：

> 有些家庭或公司中的电话属于分机形式，在这种情况下需确定分机是否能连接到外线，如果能，就可以上网；如果不能，就需要更换电话线后再连接。

8.1.2　Modem 的安装

Modem 需要与计算机进行正确的连接后才能正常工作。Modem 的安装包括硬件部分的安装和驱动程序的安装两部分。下面以内置式 Modem 的安装为例进行讲解。

1. 硬件的安装

内置式 Modem 的安装方法与安装其他板卡类似。

【例 8-1】　安装内置式 Modem。

操作步骤如下：

（1）关闭主机电源，然后卸下主机机箱盖，打开机箱，如图 8-1 所示。

（2）根据 Modem 的总线类型选择相应的插槽（PCI 或 ISA 插槽，目前大多数 Modem

均为 PCI 插槽），然后用螺丝刀将插槽对应的机箱挡板去掉。

（3）将 Modem 均匀用力插入机箱中对应的插槽内。使 Modem 金属接口挡板面向后侧，并与机箱上去掉挡板的位置对齐，然后平稳地将 Modem 向下压入插槽中，直到 Modem 的金手指全部压入插槽为止，如图 8-2 所示。

内置 Modem

图 8-1　拆卸机箱挡板　　　　　　　　　　图 8-2　安装 Modem

（4）用螺丝将 Modem 固定好，在固定的过程中观察 Modem 与插槽间是否发生错位。

（5）盖好机箱，旋紧机箱螺丝。

（6）将电话线连接到 Modem 的 Line 接口上，同时再利用传输线从 Modem 的 Phone 接口连接到电话机上，这样保证不使用 Modem 时电话机也能正常使用。

2．驱动程序的安装

将 Modem 连接到计算机上并开机后，Windows 操作系统能自动识别到新硬件，并提示安装新硬件的驱动程序。

【例 8-2】　安装 Modem 驱动程序。

操作步骤如下：

（1）进入 Windows XP 操作系统后，系统会自动识别新硬件，并打开"找到新的硬件向导"对话框，选中 ⊙否，暂时不(T) 单选按钮，表示不在 Internet 上搜索 Modem 的驱动程序，单击 下一步(N) > 按钮，如图 8-3 所示。

（2）在打开的对话框中选中 ⊙从列表或指定位置安装(高级)(S) 单选按钮，单击 下一步(N) > 按钮，如图 8-4 所示。

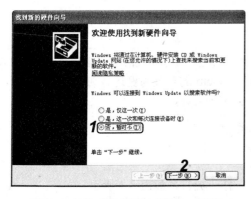 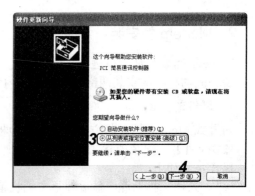

图 8-3　"找到新的硬件向导"对话框　　　　图 8-4　"硬件更新向导"对话框

（3）打开"请选择您的搜索和安装选项"对话框，选中 在这些位置上搜索最佳驱动程序(S)。 单选按钮，再选中 在搜索中包括这个位置(O): 复选框，在其下的下拉列表框中输入驱动程序所在的位置，或者单击 浏览(R) 按钮找到该驱动程序所在的文件夹，单击 下一步(N)> 按钮，如图 8-5 所示。

（4）系统将自动开始安装 Modem 的驱动程序，安装完毕后打开如图 8-6 所示的对话框，提示 Modem 的驱动程序已经安装完成。单击 完成 按钮完成 Modem 驱动程序的安装。

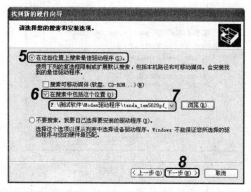

图 8-5　找到 Modem 驱动程序所在文件夹

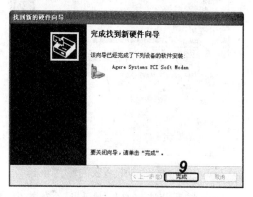

图 8-6　完成 Modem 驱动程序的安装

8.1.3　拨号连接的设置

安装好 Modem 之后，就可以正常使用了，但这时还不能利用 Modem 连接到 Internet，必须为其创建拨号连接。

1．创建拨号连接

要通过 Modem 和电话线连接到 Internet，还需要创建拨号连接。

【例 8-3】　创建拨号连接。

操作步骤如下：

（1）选择"开始/所有程序/附件/通讯/新建连接向导"命令，打开"新建连接向导"对话框，单击 下一步(N)> 按钮，如图 8-7 所示。

（2）打开"网络连接类型"对话框，在其中选择需要进行的网络连接类型，这里选中 连接到 Internet(C) 单选按钮，单击 下一步(N)> 按钮，如图 8-8 所示。

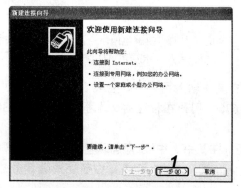

图 8-7　"新建连接向导"对话框

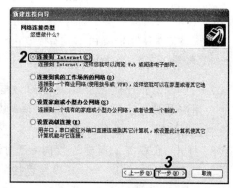

图 8-8　选择网络连接类型

（3）打开"准备好"对话框，如果用户有自己的上网账号和密码，可以手动进行设置，这里选中 **手动设置我的连接(M)** 单选按钮，单击 **下一步(N)>** 按钮，如图8-9所示。

（4）打开"Internet连接"对话框，在其中选择网络连接方式，这里是通过Modem进行拨号上网，因此选中 **用拨号调制解调器连接(D)** 单选按钮，单击 **下一步(N)>** 按钮，如图8-10所示。

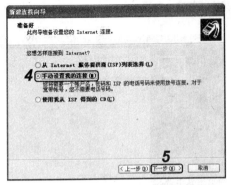
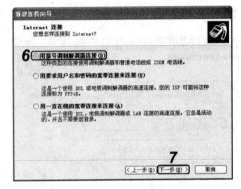

图8-9 手动设置我的连接   图8-10 选择网络连接方式

（5）打开"连接名"对话框，在其中输入ISP的名称，这里是通过中国电信的公用账号拨号上网，单击 **下一步(N)>** 按钮，如图8-11所示。

（6）打开"要拨的电话号码"对话框，在其中输入ISP的电话号码，电信的公用账号拨号上网的电话号码是"16300"，输入"16300"后，单击 **下一步(N)>** 按钮，如图8-12所示。

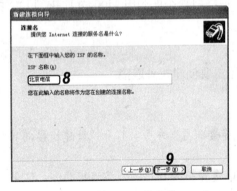

图8-11 输入ISP的名称   图8-12 输入ISP的电话号码

提示：

> ISP即网络服务提供商。目前我国有很多ISP，如规模比较大的有中国电信、中国网通、中国联通和长城宽带等。另外，在各个地方还有一些规模不大的ISP，用户可根据自己的需要进行选择。

（7）打开"Internet账户信息"对话框，在其中输入用户名、密码和确认密码，中国电信的公用账号拨号上网的用户名、密码均是16300，因此在相应的文本框中都输入16300，单击 **下一步(N)>** 按钮，如图8-13所示。

（8）打开"正在完成新建连接向导"对话框，在其中选中 ☑在我的桌面上添加一个到此连接的快捷方式(S) 复选框，可在桌面上创建一个该拨号连接的快捷方式，单击 **完成** 按钮完成该拨号连接的创建，如图8-14所示。

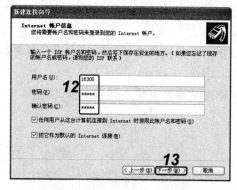

图 8-13 输入用户名和密码

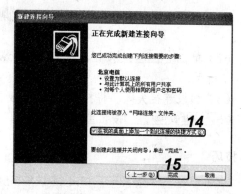

图 8-14 完成拨号连接的创建

2. 设置拨号连接

创建拨号连接后，有时需要对拨号连接进行修改或优化设置，以实现快速、稳定地连接上网。

【例 8-4】 重新设置拨号连接。

操作步骤如下：

（1）双击桌面上的拨号连接图标 ，打开"连接 北京电信"对话框，如图 8-15 所示，在该对话框中可修改拨号上网的用户名和密码。

（2）单击 属性(O) 按钮，打开"北京电信 属性"对话框，在该对话框中可重新设置拨号连接的电话号码，如图 8-16 所示。

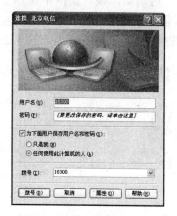

图 8-15 "连接 北京电信"对话框

图 8-16 "北京电信 属性"对话框

（3）如果用户还需要对其他选项设置进行修改，可分别选择"常规"、"选项"、"安全"、"网络"和"高级"选项卡进行修改。

8.1.4 使用 Modem 拨号上网

创建和设置拨号连接后，就可以利用该拨号连接将计算机连接到 Internet 了。

【例 8-5】 使用 Modem 拨号上网。

操作步骤如下：

（1）双击桌面上的拨号连接快捷图标，打开如图 8-15 所示的"连接 北京电信"对话框。

（2）单击 [拨号(D)] 按钮，这时 Windows XP 操作系统将自动打开端口进行拨号，如图 8-17 所示。

（3）如果连接失败，将打开如图 8-18 所示的对话框，并提示连接失败的原因。此时可单击 [重拨(R) = 57] 按钮重新进行拨号。

✍技巧：

> 如果不单击 [重拨(R) = 57] 按钮，系统将在预设的时间后自动重新拨号，系统默认重新拨号的时间为 60s，也可将拨号时间设置得更短一些，以提高拨号的成功率。

（4）如果网络没有问题，那么很快就可拨号成功，此时 ISP 服务器会验证拨号用户的用户名和密码，如图 8-19 所示。

图 8-17　正在进行拨号连接　　　　图 8-18　连接失败　　　　图 8-19　已连接成功

通过验证后表示 Modem 拨号成功，此时计算机就通过 Modem 成功连接到 Internet 上了。

如果需要查看该拨号连接的详细信息，可在任务栏右下角的 图标上右击，在弹出的快捷菜单中选择"属性"命令，打开"北京电信 状态"对话框，该对话框中显示了连接时间、发送和收到的字节数等信息，如图 8-20 所示。如果需要断开该连接，单击 [断开(D)] 按钮即可。也可选择"详细信息"选项卡查看有关 Modem 拨号状态的详细信息，如图 8-21 所示。

图 8-20　"北京电信 状态"对话框　　　　图 8-21　查看详细信息

8.2　使用 ADSL 上网

ADSL 是一种新型的网络连接方式，与普通 Modem 拨号上网相比，使用 ADSL 上网具有更快的速度和更好的稳定性。

8.2.1 ADSL 简介

ADSL（Asymmetric Digital Subscriber Line，非对称数字式用户线路）是一种在现有电话网基础上的高速上网方式，它采用高频数字压缩传输方式将家庭或小型企业接入Internet。它无需修改任何现有协议和网络结构，即可在电信公司与用户之间架起一座高速通道。ADSL 上网的原理如图 8-22 所示。

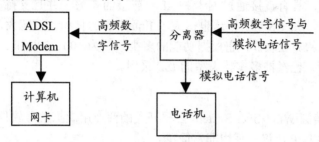

图 8-22 ADSL 上网的原理

ADSL 是一种非对称的接入方式，即从 ISP 端到用户端（下行）最高可达 8Mbps，而从用户端到 ISP 端（上行）则最高只有 1Mbps。

ADSL 与普通 Modem 拨号上网的对比如表 8-1 所示。

表 8-1 ADSL 与普通 Moden 拨号上网的对比

网络连接方式	网络连接速率	网络的稳定性	扩 展 功 能
Modem 拨号上网	低	差，容易掉线	上网的同时不能打电话，互相受影响
ADSL 拨号上网	高	稍稳定	上网的同时可打电话，互不影响

ADSL 的速率与线路的长度和质量有很大关系。由于信号的衰减，一般离开电信局交换机距离超过 4 公里的用户基本上就不能使用 ADSL 服务了。

总的来说，ADSL 具有如下技术特点。

- **安装快捷方便**：如果用户安装有普通电话，那么不需要做任何改造和重新铺设线路，只需在用户端加装一个 ADSL Modem 即可使用 ADSL 上网。
- **独享带宽**：ADSL 采用点对点的拓扑结构，它不像小区宽带用户那样共享带宽，而是独享带宽。
- **连接速度快**：ADSL 的连接速度是普通电话拨号上网的百倍以上，一般上行速率为 1Mbps，下行速率最高可达 8Mbps。
- **一线多用**：上网的同时可以打电话，并且互不影响。
- **费用低廉**：使用 ADSL 上网并不需要缴纳电话费，因为 ADSL 传输的数字信号并没有通过交换机，目前大多数城市都采用 ADSL 包月上网，费用低廉。

8.2.2 虚拟拨号软件

ADSL 有两种连接方式：一种是一直在线的固定式连接；一种是通过虚拟拨号软件进行连接，只有在需要连接到 Internet 时才拨号上网，平时不使用时 ADSL 的连接是断开的。

常见的 ADSL 虚拟拨号软件有 EnterNet、WinPoET 和 RASPPPoE 等。

1．EnterNet

EnterNet 是目前使用最广泛的 ADSL 虚拟拨号软件，被大多数电信部门选用并提供给用户。

EnterNet 有自己的拨号网络，具备独立的 PPP 协议，可以不依赖操作系统的拨号网络来提供 PPP 协议，具有直接通过网卡和 ISP 连接的能力，并且支持多种操作系统，如 Windows、Linux 和 MacOS 等。但这也造成了 EnterNet 的体积比较庞大，且配置比较麻烦。

EnterNet 是一款商业软件，它根据功能的多少又分为 100、300 和 500 等多个系列。其中 300 系列最流行，已经被多家特大型的 ISP 采用。

2．WinPoET

WinPoET 是美国 WindRiver System 公司开发的商业用虚拟拨号软件，它通过操作系统的拨号网络来提供 PPP 协议，使用非常简单。

3．RASPPPoE

一般的 ADSL 拨号程序自身附带了拨号网络，这样不仅占用系统资源，而且登录及拨号的时间长。而 RASPPPoE（自动同步的端对端以太网）却是一个非常小巧的 ADSL 拨号软件，它利用 Windows 原有的拨号网络，增加了对 Point-to-Point Protocol Over Ethernet（PPPOE）通信协议的支持，使计算机通过该拨号软件即可轻松连接到 Internet。

目前，RASPPPoE 支持 China Telecom（China）、Chunghwa Telecom、HiNet（Taiwan）、Cyber Express Communication Ltd.（Hong Kong）等。

RASPPPoE 是一款免费软件，它实际上只是一个驱动程序，体积很小，不到 100KB，由于它是以网络协议组件的形式来工作的，因此在使用上和 Modem 一样简单。

8.2.3 安装 ADSL

通过 ADSL 拨号上网需要计算机配备网卡，因为从 ADSL Modem 传输出的网络信号需要通过网卡接收。

安装 ADSL 之前需要准备好 ADSL Modem 和语音信号分离器。

- ADSL Modem：原理和普通 Modem 相同，是一种信号调制设备。
- 语音信号分离器：由于 ADSL 上加载的是高频数字信号，为了不影响普通电话信号，从用户端接收到的信号需要通过语音信号分离器进行分离，语音信号传递到电话机，而高频数字信号传递到 ADSL Modem 上。

安装 ADSL 主要可分为 3 部分，下面分别进行介绍。

1．在计算机上安装好网卡

在需要与 ADSL Modem 相连的计算机上安装好网卡，网卡的安装过程请参见第 5 章。如图 8-23 所示为通过 ADSL Modem 连接上网的示意图。如果想通过该计算机共享 Internet 连接，可考虑在该计算机上安装双网卡，或通过 ADSL 连接到路由器上而共享这个网络，如图 8-24 所示。

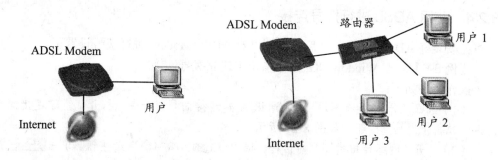

图 8-23 通过 ADSL Modem 拨号上网   图 8-24 通过路由器连接示意图

1. 安装语音信号分离器和 ADSL Modem

语音信号分离器连接在 ADSL Modem 的前端,通过信号分离器分离出的信号一端连接在电话机上,另一端连接在 ADSL Modem 上。如果连接正确,拿起电话机的听筒时可听见正常的拨号音。

目前大部分 ADSL Modem 都整合了语音信号分离器,将电信局接进户内的电话线接到 Line 接口,将 Phone 端口与电话机相连,如图 8-25 所示。另外还要将 ADSL Modem 接上电源,并在 LAN 端口中插入双绞线,用于连接计算机,也可以通过 COM 串口与计算机相连。

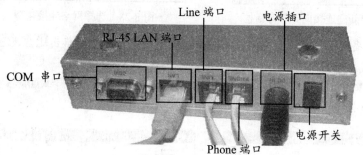

图 8-25 Modem 与分离器的连接

2. 连接 ADSL Modem 和计算机

在安装好语音信箱分离器和 ADSL Modem 之后,还需要利用网线将 ADSL Modem 输出的网络信号传送到网卡上,如图 8-26 所示。连接好之后,打开计算机电源,如果网线连接正确,可看见 ADSL Modem 面板上的 LED 指示灯闪烁。

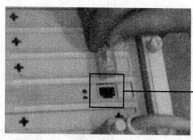

将 ADSL Modem 连接到计算机的网卡上

图 8-26 Modem 与网卡的连接

8.2.4　使用 ADSL 进行拨号连接

在安装好 ADSL Modem 之后，就可以对 ADSL Modem 进行拨号设置了。

【例 8-6】　在 Windows XP 操作系统中建立拨号连接。

操作步骤如下：

（1）选择"开始/所有程序/附件/通讯/新建连接向导"命令，打开"新建连接向导"对话框，单击 下一步(N) 按钮，如图 8-27 所示。

（2）打开"网络连接类型"对话框，选中 连接到 Internet(C) 单选按钮，单击 下一步(N) 按钮，如图 8-28 所示。

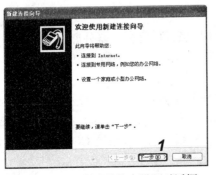
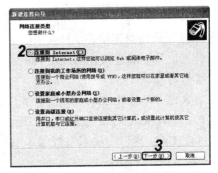

图 8-27　"新建连接向导"对话框　　　　图 8-28　选择网络连接类型

（3）打开"准备好"对话框，选中 手动设置我的连接(M) 单选按钮，单击 下一步(N) 按钮，如图 8-29 所示。

（4）打开"Internet 连接"对话框，选中 用要求用户名和密码的宽带连接来连接(U) 单选按钮，单击 下一步(N) 按钮，如图 8-30 所示。

图 8-29　选择网络设置方式　　　　　　图 8-30　选择网络连接方式

（5）打开"连接名"对话框，在"ISP 名称"文本框中输入 ISP 的名称，单击 下一步(N) 按钮，如图 8-31 所示。

（6）打开"Internet 账户信息"对话框，在"用户名"、"密码"和"确认密码"文本框中输入 ISP 为用户分配的用户名和密码，单击 下一步(N) 按钮，如图 8-32 所示。

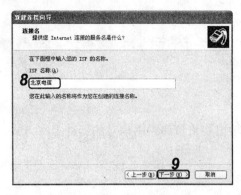

图 8-31　输入 ISP 名称

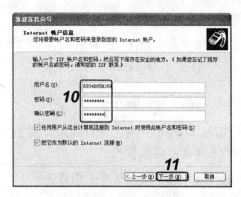

图 8-32　输入用户名和密码

（7）打开"正在完成新建连接向导"对话框，选中☑ 在我的桌面上添加一个到此连接的快捷方式(S) 复选框，可为该拨号连接建立一个快捷方式，单击 完成 按钮完成该拨号连接的创建，如图 8-33 所示。

（8）在桌面上双击建立的拨号连接快捷方式图标，打开如图 8-34 所示的连接对话框，在该对话框的"用户名"和"密码"文本框中输入相应的用户名和密码后，单击 连接(C) 按钮即可进行拨号连接，如图 8-35 所示。

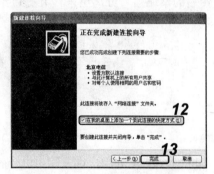

图 8-33　完成拨号连接的创建

图 8-34　连接对话框

图 8-35　正在进行拨号连接

8.3　其他 Internet 接入方式

除了 Modem 和 ADSL 这两种最常见的上网方式外，还有 ISDN、Cable Modem 拨号上网、DDN 专线上网、智能宽带接入上网、电力线接入上网、无线上网和社区宽带等接入 Internet 的方式。

📢提示：

> ISDN 是窄带综合业务数字网的简称，又被称为"一线通"，由于它的传输速率与 Modem 差不多，但是设置比 Modem 复杂，目前已经很少使用。

8.3.1 Cable Modem 拨号上网

Cable Modem 拨号上网是利用有线电视同轴电缆来传递网络信号的一种上网方式，它是最近几年才开始流行的。

1. Cable Modem 拨号上网概述

Cable Modem（线缆调制解调器）的外观如图 8-36 所示，它是一种将有线电视同轴电缆中传递的网络信号分离出来，并提供给计算机上网的一种调制解调网络设备。

图 8-36 Cable Modem

Cable Modem 的用户端采用 10MbaseT 或 100MbaseT 以太网接口，下行通信速率在 8MHz 的电视频道内为 27MB～42MB，上行通信速率可达到 128KB～10MB。下一代设备下行速率将达到 90MB，上行速率可达 30MB。作为一种崭新的高速接入方式，Cable Modem 技术极具潜力，并即将与数字视频技术、IP 语音技术融合。

Cable Modem 接入方式有两种，包括单用户接入方式和局域网接入方式。

2. Cable Modem 拨号上网的特点

Cable Modem 是通过有线电视的同轴电缆接入 Internet 的，与 Modem 上网和 ADSL 上网相比，具有如下特点。

- **高传输速率**：Cable Modem 用户端的接入速率可达到 10MB，而 ADSL 一般只有 1MB～2MB，它的高传输速率是其他接入方式不能比拟的。Cable Modem 的一般下行速率可达到 10MB～40MB，彻底解决了用户端接入瓶颈的问题。

- **平时不占用带宽**：使用 Cable Modem 拨号上网时一般不会占用带宽，只有当有数据下载时才会占用带宽。虽然 Cable Modem 用户的带宽资源在同一小区内是共享的，但仅仅在发送、接收数据的瞬间占用带宽，用完后立即释放。单个用户能享用的带宽不等于总带宽除以用户数。系统支持弹性扩容，最简单的方法是增加数字频道，每增加一个频道，系统将增加相应的带宽资源。

- **时刻在线**：Cable Modem 实现了永远连接，只要开机就能使用网络。用户终端可以始终挂在网上，无需拨号。

- **不占用其他线路**：使用 Cable Modem 的好处是不占用电话线路，这样对使用电话没有任何影响。而且使用 Cable Modem 上网不会对有线电视的收看产生任何影响。

➡️ **拥有独立的 IP 地址**：使用 Cable Modem 不像小区宽带一样共用 IP 地址，Cable Modem 有独立的 Internet IP 地址。

3. Cable Modem 的发展前景

有线电视同轴电缆网络的普及率仅次于电力线网络。随着有线电视增值业务的不断丰富以及多功能应用技术的发展，数字机顶盒（STB）与 Cable Modem（CM）作为有线电视宽带数字终端的接入设备得到了广泛应用。虽然这两种数字终端在实际的应用中各司其职，但融合 STB 与 CM 共同功能的有线电视综合型用户数字终端正在形成。届时通过有线电视 HFC 网可以享受诸如互动电视、数字视频点播、高清晰度电视、高速网络冲浪、IP 语音、可视电话、家居安防、智能家庭等信息时代的全方位服务。因此可以说 Cable Modem 的发展前景非常广阔。

8.3.2　DDN 专线上网

DDN（Digital Data Network，数字数据网）是将数万甚至数十万条以光缆为主体的数字电路，通过数字电路管理设备，构成一个传输速率高、质量好、网络时延小、全透明、高流量的数据传输基础网络。DDN 专线的连接示意图如图 8-37 所示。

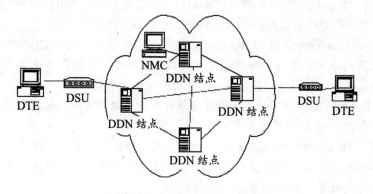

图 8-37　DDN 专线连接示意图

1. DDN 专线概述

DDN 专线是以光缆为主体的数字网络，其作用是为用户提供数字数据传输通道，主要用于计算机之间的通信或传送数字传真、数字语音、数字图像信号等。DDN 接入方式是指接入 Internet 时，需要架设专用的数字信号网络。如公司、企业、政府部门通过 DDN 专线接入 Internet 时，都需要重新铺设数字专用网。因此，DDN 专线接入的费用较高，适用于对网络传输性能和质量要求较高的场合。

DDN 与其他传输类型的区别在于它是一种专线接入方式，包括永久性和半永久性连接的数字数据传输信道。永久性连接的数字数据传输信道是指用户间建立固定连接、传输速率不变的独占带宽电路，半永久性连接的数字数据传输信道对用户来说是非交换性的。

2. DDN 专线的特点

由于 DDN 是一种专线接入方式，因此其传输速率较高、传输质量好、网络时延小，并且连接方式灵活，可以连接用户的终端设备和用户网络。还具有全透明、高流量、协议简单、电路可靠性高、网络运行管理简便等特点。

DDN专线接入的具体特点如下。

- **高传输速率**：在DDN网内的数字交叉连接复用设备能提供2MB或N×64KB（≤2MB）速率的数字传输信道。
- **高传输质量**：数字中继大量采用光纤传输系统，用户之间专有固定连接，网络时延小。
- **连接方式灵活**：可以支持数据、语音和图像传输等多种业务，它不仅可以和用户终端设备进行连接，也可以和用户网络连接，为用户提供灵活的组网环境。
- **协议简单**：采用交叉连接技术和时分复用技术，由智能化程度较高的用户端设备来完成协议的转换，本身不受任何规程的约束，是全透明的、面向各类数据用户的一个网络。
- **电路可靠性高**：采用路由迂回和备用方式，使电路安全可靠。
- **网络运行管理简便**：采用网管对网络业务进行调度监控，迅速生成业务。

3．DDN专线的网络连接

DDN专线的组成设备有数据终端设备DTE、数据业务单元DSU和网管中心NMC等。DTE和DSU的主要功能是数据的输入和输出，它们的作用分别如下。

- **DTE（Data Terminal Equipment，数据终端设备）**：接入DDN网的用户端设备可以是局域网，通过路由器连至对端，也可以是一般的异步终端或图像设备，以及传真机、电话机等。DTE和DTE之间是全透明传输。
- **DSU（Data Server Unit，数据业务单元）**：是调制解调器或基带传输设备，具有时分复用、语音/数字复用等功能。
- **NMC（Network Management Center，网管中心）**：可以方便地进行网络结构和业务的配置，实时监视网络运行情况，对网络信息、网络节点警告、线路利用情况等进行收集、统计报告。

4．DDN专线的应用

由于DDN专线接入具有众多的优点，因此得到了广泛的应用，能提供多种业务来满足各类用户的需求，具体表现在以下几个方面：

- 高传输速率可在一定范围内提供信息量大、实时性强的中高速数据通信业务。主要应用在局域网互连、大中型主机互连、计算机互联网业务提供者（ISP）等。
- 为分组交换网、公用计算机互联网等提供中继电路，适用于金融证券公司、科研教育系统和政府部门等。
- 提供虚拟专用网业务。
- 提供语音、G3传真、图像、智能用户电报等通信。
- 提供帧中继业务，扩大DDN的业务范围。用户通过一条物理电路可同时配置多条虚拟连接。
- 可提供点对点、一点对多点的业务。大集团可租用多个方向、较多数量的电路，通过自己的网络管理工作站，进行自己管理，自己分配电路带宽资源，组成虚拟专用网。

📢提示：

> DDN 专线在我国得到了广泛的应用。目前中国已开通了连接省、市、县的中国公用数字数据骨干网（CHINADDN），通达全国市级以上城市及部分经济发达县城。

8.3.3 智能宽带接入上网

智能宽带接入其实就是一种局域网共享接入方式，其连接范围一般为一个公司、一栋楼房等。在这种连接环境下，所有的计算机都通过服务器共享的 Internet 连接到 Internet 上，它们拥有相同的公有 IP 地址（只有私有 IP 地址是不相同的）。

采用智能宽带接入方式的网络容易遭受网络内部恶意用户的入侵和病毒的感染，而且也容易遭受外部黑客的入侵。由于不考虑服务器的拨号连接等问题，连接到 Internet 的网络内计算机的 IP 地址几乎是不会变化的，因此一些特殊业务无法展开。

8.3.4 电力线接入上网

虽然电力线接入上网是一种正在试验的上网技术，但一旦普及开来，将彻底改变网络的接入方式，前景一片光明。

1. 电力线接入上网概述

电力线接入（Power Line Communication，PLC）是一种利用传输电流的电力线作为通信载体来传递高频调制后的网络信号，到用户端后再利用电力线 Modem 来解调高频网络信号，并将计算机连接到 Internet 的一种接入方式。其接入示意图如图 8-38 所示。

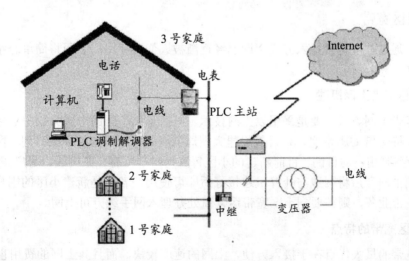

图 8-38　电力线连接示意图

利用 PLC 调制解调器上网具有极大的便捷性，不需要重新布线即可实现上网、打电话和有线电视等功能。只要在房间任何有电源插座的地方，不用拨号，即可享受高速的网络接入，从而实现集数据、语音、视频和电力于一体的"四网合一"。另外，可将房屋内的电话、电视、音响、冰箱等家电利用 PLC 连接起来，进行集中控制，实现"智能家庭"的梦想。

2．电力线接入上网的特点

电力线覆盖范围广，作为一种新兴的网络接入方式，其特点如下。

- **覆盖范围广**：电力是最基础的网络，可以轻松地把 PLC 网络连入每一个家庭。
- **安装方便**：安装只在楼内，不必入户施工，不用室内布线。
- **高传输速率**：PLC 设备可传输高达 10MB 以上的数据。
- **使用灵活**：用户房间里的插座都可用来上网，上网时不占用电话线路，通话、上网两不误。
- **费用低**：直接使用现有的电力网，不需要另外铺设线缆，费用低。
- **家庭数字化**：PLC 技术能够通过电力线将整个家庭的电器与网络连为一体，实现家电联网。

8.3.5　无线上网

无线上网是一种新兴的网络连接技术，所谓无线，就是不需要传统的线缆（如双绞线、同轴电缆、电力线等）而依靠无线传输介质来接入 Internet。

使用无线上网有很多好处，如不需要进行大规模的布线、可随处移动，不受电源、线缆等的限制。不过，无线上网也有很大的局限性，如不能在任意位置进行无线上网，只能在一些布置有无线网络信号的地方上网，如机场、宾馆等；传输距离短，需要大量基站发射信号；无线信号容易被截流和窃听，安全性不高。另外，无线上网的接入设备一般价格昂贵，普通用户难以承受。

8.3.6　社区宽带

如今，通过社区宽带接入方式上网已经逐渐被人们所使用，下面将简单介绍社区宽带的接入方式。

1．社区宽带上网概述

社区宽带上网方式主要是采用以太网技术，以信息化小区的形式为用户服务。基本可以实现吉比特（指 GB 带宽，是目前组建大型局域网的一级线路的标准）到小区、百兆到居民楼、十兆到用户的目的。目前新建的小区每家每户都留有一条网线，用户需要上网时，只需要缴纳上网费后将网线与计算机连接好后即可使用。若不是新建小区的用户，如果开通了社区宽带业务，则需要到小区宽带运营商处办理入网手续方可上网。

2．社区宽带的特点

社区宽带的最大优点在于接入方便，上网的速度较快，而且其上网的费用也比 ADSL 接入稍微便宜一些。

社区宽带由于是集中式管理，因此如果通往社区的光纤线路有损，则会影响整个社区的正常上网。另外，社区宽带的上网速率受整个社区上网人数的影响较大，当上网人数较多时，可能会出现无法连接到服务器的现象，此时需要多次重复登录。

3．使用长城宽带上网的方法

国内较早开办社区上网方式的运营商是长城宽带，与其他社区宽带上网接入的方式不同，它是通过上网认证的方式允许用户登录的，而其他的电信社区宽带则仍然通过拨号的方式登录。通过长城宽带认证后，方可允许用户进行上网的一切操作。其认证登录的方法比较简单，只需要进入登录窗口，按照相应的提示输入账号和密码后，单击"登录"按钮即可，如图 8-39 所示。

图 8-39　长城宽带接入主界面

8.4　共享 Internet 连接

上面介绍的 Internet 接入方式能将任意一台计算机连接到 Internet，但是如果使用该方法将网络中的每台计算机连入 Internet 显然是不现实的。因此需要采用 Internet 共享连接技术使网络中的每台计算机都能连接到 Internet 上，这样不但可以节约上网费用，还便于管理。

要让局域网内的每一台计算机都能实现与 Internet 的连接，需要进行 Internet 共享设置。

目前，在局域网中共享 Internet 的方式主要有使用 Windows 操作系统自带的 Internet 连接共享和使用代理服务器两种。

8.4.1　使用操作系统自带的 Internet 连接共享

Windows 操作系统的组件自带了 Internet 连接共享，这样不需要另外安装软件即可将整个网络连接到 Internet 上，而且设置简单方便。不过，唯一遗憾的是，Windows 操作系统自带的 Internet 连接共享功能太简单，不能很好地管理网络中的计算机使用 Internet。

【例 8-7】　在 Windows XP 操作系统中共享 Internet 连接。

操作步骤如下：

（1）右击"网上邻居"图标，在弹出的快捷菜单中选择"属性"命令，打开"网络连接"窗口，在需要共享的连接上右击，在弹出的快捷菜单中选择"属性"命令，如图 8-40 所示。

提示：

在"网络连接"窗口中可看到网络中有一个拨号连接"北京电信"可以连接到 Internet，而"本地连接"是用来连接局域网中的计算机的。

（2）打开"北京电信"连接的属性对话框，选择"高级"选项卡，选中 ☑允许其他网络用户通过此计算机的 Internet 连接来连接(N) 复选框，再单击 确定 按钮，如图 8-41 所示。

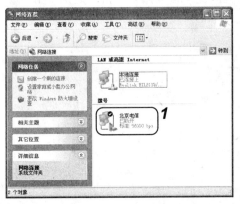

图 8-40　"网络连接"窗口

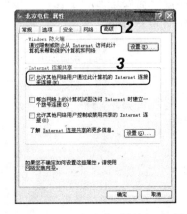

图 8-41　"北京电信 属性"对话框

（3）系统将打开提示框，提示将会自动设置网卡的 IP 地址，单击 是(Y) 按钮，如图 8-42 所示，然后系统会返回到"网络连接"窗口，此时服务器就设置好了。

（4）在客户机计算机中，打开"网络连接"窗口，在"本地连接"图标上右击，在弹出的快捷菜单中选择"属性"命令。

（5）在打开的对话框中双击"Internet 协议（TCP/IP）"选项，打开其属性对话框，参照图 8-43 进行设置即可。

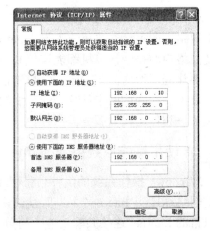

图 8-42　"网络连接"对话框

图 8-43　设置客户机

提示：

如果没有备用的 DNS 服务器地址，那么可以不填写备用 DNS 服务器的 IP 地址。

8.4.2 使用代理服务器软件

除了可以使用 Windows 操作系统自带的 Internet 连接共享组件外，在局域网中共享 Internet 连接还可通过代理服务器软件来进行。

1．代理服务器与代理服务器软件

要了解代理服务器软件，首先需要了解代理服务器。

代理服务器的英文全称是 Proxy Server，其功能就是代理网络用户去取得网络信息。形象地说，它就是网络信息的中转站。在一般情况下，使用网络浏览器直接连接其他 Internet 站点取得网络信息时，必须先发送请求，然后对方把信息传送回来。代理服务器是介于浏览器和 Web 服务器之间的一台服务器。有了它，浏览器不是直接到 Web 服务器取回网页而是向代理服务器发出请求，请求信号会先送到代理服务器，由代理服务器取回浏览器所需要的信息并传送给请求的浏览器。而且，大部分代理服务器都具有缓冲功能，就好像一个大的 Cache（缓存），它有很大的存储空间，不断将新取得数据储存到本机的存储器上。如果浏览器请求的数据在它本机的存储器上已经存在而且是最新的，就不重新从 Web 服务器上读取数据，而直接将存储器上的数据传送给用户的浏览器，这样就能显著提高浏览速度和效率。更重要的是，代理服务器是 Internet 链路级网关所提供的一种重要的安全功能，其工作主要在开放系统互联（OSI）模型的对话层。代理服务器的主要功能如下：

➡ **连接 Internet 与 Intranet，充当 firewall（防火墙）：** 因为所有内部网的用户通过代理服务器访问外界时，只映射为一个 IP 地址，所以外界不能直接访问到内部网；同时可以设置 IP 地址过滤，限制内部网对外部的访问权限；另外，两个没有互连的内部网，也可以通过第三方的代理服务器进行互连来交换信息。

➡ **节省 IP 开销：** 由于所有用户对外只占用一个 IP，所以不必租用过多的 IP 地址，可降低网络的维护成本。这样，局域网内没有与外网相连的众多计算机就可以通过内网的一台代理服务器连接到外网，大大减少费用。当然也有它不利的一面，如许多网络黑客可通过这种方法隐藏自己的真实 IP 地址而逃过监视。

➡ **提高访问速度：** 如果网络本身带宽较小，可通过带宽较大的 Proxy 与目标主机连接。而且通常代理服务器都设置了一个较大的硬盘缓冲区（可能高达几个 GB 或更大），当有外界的信息通过时，同时也将其保存到缓冲区中，当其他用户再访问相同的信息时，则直接由缓冲区中取出信息，传给用户，从而达到提高访问速度的目的。

不过建立代理服务器的投资太大，对于一般的中小型网络也没有太大的实际意义，因此，大多数中小型网络是通过代理服务器软件来实现代理服务器功能的，即代理服务器软件起到代理服务器的作用。

代理服务器软件按功能可分为以下两类。

➡ **代理服务器软件：** 其功能比较强大，但安装和设置大多比较复杂，一般应用于大中型办公网络、校园网等。这类软件的代表是 WinGate、Win Proxy 等。

➡ **网关服务器软件：** 网关服务器软件也能实现类似的功能，且使用起来要简便得多，一般应用于网吧或中小型办公网络。这类软件的代表是 Win Route。

2．常见代理服务器软件简介

代理服务器软件有很多，常见的有 WinGate、SyGate 和 Win Route 等。下面分别对 WinGate 和 SyGate 进行简单介绍。

1）WinGate

WinGate 是一款代理服务器软件，由 Qbik 公司开发，自问世以来就不断获得用户的好评。通过 WinGate，用户可通过一台已连入 Internet 的计算机将整个局域网接入 Internet，而局域网可由小到几台、大到千百台计算机组成。

WinGate 的主要功能是代理接入 Internet，并且支持多种 Internet 服务，主要有如下几种：

- WWW 服务（World Wide Web）。
- 电子邮件服务（E-mail）。
- 文件传输服务（FTP）。
- 新闻组（News Groups）。
- 远程登录服务（Telnet）。
- 其他多种功能等。

除了 Internet 代理外，WinGate 还可配置网络防火墙，既能防止他人从外部进入，从而保护局域网资源，也能通过规则设置，防止用户访问 Internet 上的一些不良信息。

2）SyGate

SyGate 是目前使用最广泛、功能最强大的 Internet 代理服务器软件之一，特别适用于中小型网络。它支持 Windows 9x/NT/Me/2000/XP/Server 2003 以及 UNIX 和 Linux 等多种操作系统，还支持 Analog Modem、ISDN、Cable Modem、ADSL 和 DirecPC 等多种 Internet 接入方式。通过 SyGate，能使整个局域网中的所有计算机快捷、经济地访问 Internet，并且可以方便管理和控制局域网中的其他计算机上网，如哪几台计算机在哪个时段访问 Internet、哪些网站不能访问、其他计算机是否可以直接拨号等操作。

SyGate 代理服务器软件的主要特点如下：

- 支持任何运行 TCP/IP 网络协议的操作系统。
- 无需专用计算机。
- 支持多种网络协议。
- 支持各种线路连接。
- 易于安装和使用。
- 可自动拨号和断线。
- 作为后台服务运行。
- 内置防火墙。

3．代理服务器软件的设置

下面以 SyGate 为例，介绍在网络中怎样对代理服务器软件进行设置以共享上网。

1）SyGate 的安装

SyGate 是一款商业共享软件，用户可从各大软件下载网站下载。目前 SyGate 的最新版本是 4.5 简体中文版。

SyGate 分为服务器和客户机两种版本，分别安装在服务器和客户机上。不过一般只在服务器端安装即可。由于 SyGate 的安装比较简单，这里不再赘述，读者可自行尝试安装。

需要注意的是，在安装完毕重新启动计算机之后，SyGate 会自动运行，并且提示用户进行注册，如图 8-44 所示，否则只有 30 天的试用期，如果在 30 天内没有注册，那么 SyGate 的所有功能将被禁止，只有注册才能继续使用。

图 8-44　提示用户注册

2）SyGate 的程序界面

安装好 SyGate 并重新启动计算机后，将打开 SyGate 的程序主界面，如图 8-45 所示。

图 8-45　SyGate 程序界面

界面中各按钮的作用和功能如下。

➡ "开始"按钮▶：启动和取消 SyGate 的 Internet 连接共享功能。

➡ "拨号"按钮：连接和断开拨号网络连接。

➡ "资源"按钮：在网络中的计算机之间提供打印机和文档共享功能。

➡ "帮助"按钮：为用户提供完整清楚的说明和发现错误的建议。

➡ "高级"按钮：使用户可以自行配置 SyGate 网络，控制网络安全，管理 Internet 内容。

➡ "配置"按钮：通过配置网络连接设置来优化 SyGate。

➡ "防火墙"按钮：通过个人桌面级防火墙来保护个人数据。

➡ "访问规则"按钮：建立规则以允许新的 Internet 应用程序与动态防火墙协作运行。

➡ "活动日志"按钮：估计网络上的 Internet 通信量。

➡ "权限"按钮：控制 Internet 上的内容和游戏。

3）SyGate 的配置

安装好 SyGate 之后，如果不对其进行正确的配置，就不能发挥其应有的功能。

配置代理服务软件的具体方法是：在 SyGate 程序主界面上单击"配置"按钮，打开"配置"对话框，如图 8-46 所示，此时可进行网络连接的设置。如果需对 SyGate 进行高级设置，可单击"配置"对话框中的 按钮，打开如图 8-47 所示的"高级设置"对话框，用于对 SyGate 进行高级设置，如设置网络的连接情况等。

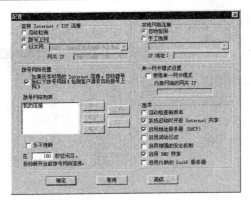

图 8-46　"配置"对话框　　　　图 8-47　"高级设置"对话框

4）SyGate 的上网控制

SyGate 的强大功能不仅体现在自动拨号进行网络连接等功能上，还体现在能控制网络中每台计算机的联网时间。

【例 8-8】　在 SyGate 中控制计算机上网。

操作步骤如下：

（1）启动 SyGate 软件，在其主界面上单击 按钮，打开"验证密码"对话框，如图 8-48 所示。

（2）在"密码"文本框中输入管理员密码，再单击 确定 按钮，打开"权限编辑器"对话框，如图 8-49 所示。

图 8-48　"验证密码"对话框　　　图 8-49　"权限编辑器"对话框

（3）选择 White List 选项卡，再单击 增加 按钮，打开 Add BWList Item 对话框，在"内网 IP 地址"文本框中输入限定的计算机 IP 地址，在"月"和"星期"下拉列表框中选择限定的日期，在"小时"数值框中选择开始的时间，在"持续"栏中选择开启网络的持续时间，如图 8-50 所示。

（4）设置完成后单击 确定 按钮，返回"权限编辑器"对话框，在该对话框中可看到设置限定的计算机 IP 地址和访问时间等信息，如图 8-51 所示。

📢**提示：**

通过设置，该计算机只能在每天的中午 11 点到 13 点 15 分之间上网，其他时间段内该网络是不通的。如果还需要对其他计算机进行设置，参照上述步骤进行即可。

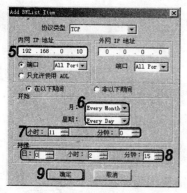

图 8-50　设置限定访问的参数

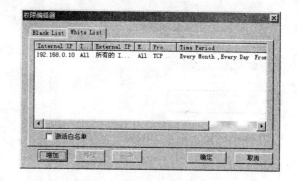

图 8-51　设置好的限制信息

8.5　上机与项目实训

　　本次实训将练习现在最为普遍的宽带 ADSL 接入，主要学习在 Windows 7 操作系统中是如何进行网络接入的，操作步骤如下：

　　（1）连接好网线，开启宽带 ADSL Modem，启动 IE 浏览器，选择"工具/Internet 选项"命令，打开"Internet 选项"对话框，如图 8-52 所示。

　　（2）选择"连接"选项卡，在"拨号和虚拟专用网络设置"栏中单击 添加(D)... 按钮，如图 8-53 所示。

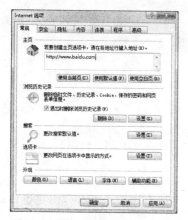

图 8-52　"Internet 选项"对话框

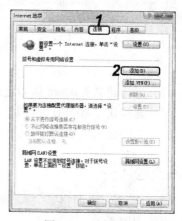

图 8-53　连接设置

📢 提示：

在 Windows 7 操作系统中，默认 IE 浏览器不显示菜单栏，需要按 Alt 键才能显示。

　　（3）打开"连接到 Internet"对话框，选择"宽带（PPPoE）"选项，如图 8-54 所示。

　　（4）在打开对话框的"用户名"与"密码"文本框中输入申请 ADSL 时网络运营商提供的账号与密码，在"连接名称"文本框中输入该宽带连接的名称"ADSL 连接"，单击 连接(C) 按钮，如图 8-55 所示。

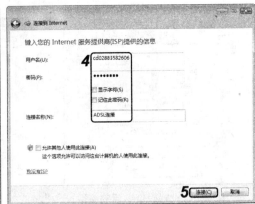

图 8-54　选择连接方式　　　　　　　　图 8-55　输入相关信息

（5）系统开始连接到 Internet，并显示连接信息。

（6）连接成功后，任务栏通知区域中显示的网络图标变为，表示已经连接到 Internet。单击该图标，在弹出的浮动框中可查看连接状态。

📢提示：

> 建立 ADSL 连接后，下次再接入 Internet 时，无需重新建立连接，直接使用已有的连接即可。其方法是：在任务栏通知区域中的网络图标（断开连接后图标即恢复为该图标）上右击，在弹出的浮动框中单击"连接到网络"超级链接，打开"连接网络"对话框，在列表框中选择"ADSL 连接"选项，单击 连接(O) 按钮，打开"连接 ADSL 连接"对话框，分别输入账号与密码，单击 连接(C) 按钮，即可连接到 Internet。

8.6　练习与提高

（1）怎样建立 Modem 拨号连接？

（2）怎样建立 ADSL 连接？

（3）怎样使用代理服务器软件共享 Internet 连接？

经验技巧

> 通过本章的学习可以了解局域网连接到 Internet 的基本知识，下面介绍几点本章中需注意的内容。
>
> ➥ 选择接入方式非常重要，最好按照接入目的进行选择，如果是办公，1MB～4MB 就可以满足；如果是网吧或者网站管理等需要大流量传输的用户，最好选择 10MB 左右的，而光纤入户是目前最好的接入方式，网吧最好使用这种方式。
>
> ➥ 对于普通家庭用户，也应该按照需要进行选择，如只有基本的上网需求，最好从价格方面考虑，现在的网络接入最低都是 1MB，完全能够满足家庭需求。

第 9 章　网络的应用

学习目标

☑ 学会建立 FTP 和 HTTP 服务器
☑ 了解架设 BBS 服务器
☑ 熟悉建立 Foxmail 电子邮局

9.1　建立 FTP 和 HTTP 服务器

在网络中，特别是局域网中，FTP 和 HTTP 服务的应用非常广泛。

9.1.1　FTP 和 HTTP 简介

下面首先了解 FTP 和 HTTP 的相关知识。

1. FTP

FTP（File Transfer Protocol）是文件传输协议的简称，它是 Internet 文件传送的基础，由一系列规定和说明文档组成，用于将文件从网络上的一台计算机传送到另一台计算机。另外，FTP 还提供了目录查询、文件操作以及其他一些会话控制功能。提供 FTP 服务的主机被称为 FTP 服务器。

FTP 服务器是互联网上提供一定存储空间的计算机，它可以是专用服务器，也可以是个人计算机。当一台服务器提供 FTP 服务后，用户可以连接到服务器下载文件，也允许用户把自己的文件上传到 FTP 服务器中。

用户可以以两种方式登录 FTP 服务器：一种是匿名登录；另一种是使用授权账号与密码登录，分别介绍如下。

❯ **匿名登录**：只能下载 FTP 服务器的文件，且传输速度相对较慢。对这类用户，FTP需要加以限制，不宜开启过高的权限，带宽也尽可能小。

❯ **需要授权账号与密码登录**：需要管理员将账号与密码告诉用户，管理员对这些账号进行设置，比如能访问到哪些资源，设置下载与上传速度等。同样管理员需要对此类账号进行限制，并尽可能把权限调低，如没有特殊要求，一定不要赋予账号管理员的权限。

FTP 有 3 种账户类型，不同的账户其权限也不同，下面分别进行介绍。

❯ **Real 用户**：这类用户在 FTP 服务上拥有账号。当这类用户登录 FTP 服务器的时候，其默认的主目录就是其账号命名的目录。

➥ Guest 用户：在 FTP 服务器中，通常会给不同的部门或者某个特定的用户设置一个账户，但是，该账户有个特点，就是其只能够访问自己的主目录，而不得访问主目录以外的文件。服务器通过这种方式来保障 FTP 服务上其他文件的安全性。这类账户在 Vsftpd 软件中就叫做 Guest 用户。

➥ Anonymous（匿名）用户：这也是通常所说的匿名访问。这类用户在 FTP 服务器中没有指定账户，但是其仍然可以进行匿名访问某些公开的资源。

在组建 FTP 服务器的时候，需要根据用户的类型，对用户进行归类。默认情况下，Vsftpd 服务器会把建立的所有账户都归属为 Real 用户。但是，这往往不符合企业安全的要求。因为这类用户不仅可以访问自己的主目录，而且可以访问其他用户的目录。这就给其他用户所在的空间带来一定的安全隐患。所以，企业要根据实际情况，修改用户所在的类别。

FTP 在传输过程中，用户并不需要了解两台计算机所处的位置、与 Internet 的连接方式、所使用的操作系统等信息。只要两台计算机能够连通，并且能访问 Internet，就可以使用 FTP 传送文件了。

FTP 的传输方式有两种，即 ASCII 传输模式和二进制数据传输模式。

➥ **ASCII 传输模式**：通常用在 UNIX 主机上，如用户正在复制的文件包含简单的 ASCII 码文本，而在远程计算机上运行的操作系统不是 UNIX，文件传输时 FTP 通常会自动调整文件的内容，以便于把文件转换成远程计算机操作系统能识别的文件格式。

➥ **二进制数据传输模式**：即将文件转换成二进制数据进行传输，并且在传输过程中保存二进制的位序，以便原始文件和复制后的文件是逐位对应的。

2．HTTP

HTTP 是超文本传输协议的简称，它是 Internet 上相当重要的一项网络服务，主要提供网页浏览和下载服务。其中提供 HTTP 服务的主机被称为 HTTP 服务器（或 Web 服务器）。

9.1.2　使用 IIS 建立 FTP 和 HTTP 服务器

要实现 FTP 和 HTTP 功能，有两种方法：一是使用 Windows 操作系统自带的 IIS 组件；另一种是安装专门的 FTP 和 HTTP 软件。

本节以 Windows Server 2003 操作系统自带的 IIS（Internet Information Server）为例介绍 FTP 功能的实现。

1．安装 IIS

要使用 IIS 服务，首先应在计算机中安装 IIS。

【例 9-1】　在 Windows Server 2003 操作系统中安装 IIS。

操作步骤如下：

（1）启动 Windows Server 2003 操作系统，在打开的"管理您的服务器"向导中打开"服务器角色"对话框，在其中的列表框中选择"应用程序服务器（IIS，ASP.NET）"选项，单击 下一步(N) 按钮，如图 9-1 所示。

（2）打开"应用程序服务器选项"对话框，选中 ☑ FrontPage Server Extension(P) 和 ☑ 启用 ASP.NET(E) 复选框，单击 下一步(N) 按钮，如图 9-2 所示。

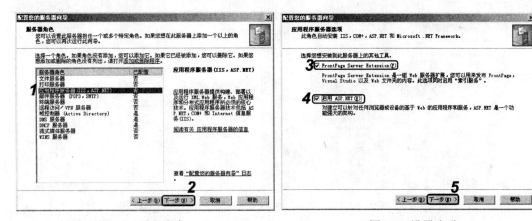

图 9-1 选择角色 图 9-2 设置选项

（3）打开"选择总结"对话框，单击 下一步(N) 按钮，如图 9-3 所示。

（4）随后开始配置服务器，并显示进度，完成后打开如图 9-4 所示的对话框，单击 完成 按钮完成 IIS 服务的安装。

图 9-3 选择总结 图 9-4 完成安装

提示：

安装好 IIS，系统会在系统盘（通常为 C 盘）根目录下建立 Inetpub 文件夹。默认情况下 Inetpub 文件夹是 wwwroot 目录存放网页文件的根目录。更新网页时，只需更新该目录中的文件即可。

2．安装与设置 FTP 服务器

安装完 IIS 后，FTP 服务器并不会自动安装，还需要用户自行添加和安装。

1）安装 FTP 服务器

FTP 服务包含在 IIS 服务中，但需手动进行添加和安装。

【例 9-2】 在 Windows Server 2003 操作系统中安装默认的 FTP 服务器。

操作步骤如下：

（1）选择"开始/控制面板/添加与删除程序"命令，如图 9-5 所示。

（2）打开"添加与删除程序"窗口，在左侧窗格中单击"添加/删除 Windows 组件"按钮 ，如图 9-6 所示。

图 9-5　选择命令

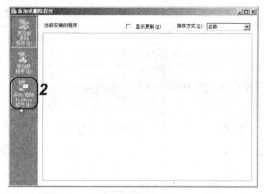

图 9-6　"添加与删除程序"窗口

（3）打开"Windows 组件向导"对话框，在"组件"列表框中选择"应用程序服务器"选项，单击 详细信息(D) 按钮，如图 9-7 所示。

（4）打开"应用程序服务器"对话框，在"应用程序服务器 的子组件"列表框中选择"Internet 信息服务（IIS）"选项，单击 详细信息(D) 按钮，如图 9-8 所示。

图 9-7　"Windows 组件向导"对话框

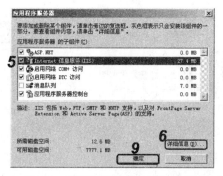

图 9-8　"应用程序服务器"对话框

（5）打开"Internet 信息服务（IIS）"对话框，在"Internet 信息服务（IIS）的子组件"列表框中选中 ☑ 文件传输协议(FTP)服务 复选框，单击 确定 按钮，如图 9-9 所示。

（6）返回"应用程序服务器"对话框，单击 确定 按钮，返回"Windows 组件向导"对话框，单击 下一步(N) 按钮，开始安装程序，然后打开如图 9-10 所示的"完成'Windows 组件向导'"对话框，单击 完成 按钮，完成安装 FTP 服务器的操作。

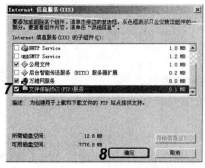

图 9-9　选择安装的组件

图 9-10　完成安装

2) 设置 FTP 服务器

安装好 FTP 服务器后，还需要对其进行设置。

【例 9-3】 在 Windows Server 2003 操作系统中设置默认的 FTP 服务器。

操作步骤如下：

（1）选择"开始/所有程序/管理工具/Internet 服务（IIS）管理器"命令，如图 9-11 所示。

（2）打开"Internet 信息服务（IIS）管理器"窗口，在左侧窗格中单击⊞按钮，展开计算机的选项，在"默认 FTP 站点"选项上右击，在弹出的快捷菜单中选择"属性"命令，如图 9-12 所示。

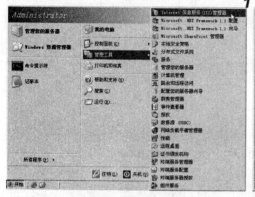
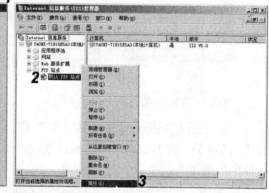

图 9-11 选择命令　　　　　　图 9-12 "Internet 信息服务（IIS）管理器"窗口

（3）打开"默认 FTP 站点 属性"对话框，在"FTP 站点"选项卡的"IP 地址"下拉列表框中选择或输入 FTP 服务器的 IP 地址，如图 9-13 所示。

（4）选择"安全账户"选项卡，选中☑只允许匿名连接(L)复选框，其他保持默认设置，如图 9-14 所示。

图 9-13 "默认 FTP 站点 属性"对话框　　　　图 9-14 "安全账户"选项卡

（5）选择"消息"选项卡，在"欢迎"文本框中输入 FTP 连接成功后将显示的消息，在"退出"文本框中输入 FTP 断开时将显示的消息，如图 9-15 所示。

（6）选择"主目录"选项卡，在"本地路径"文本框中输入 c:\inetpub\ftproot，其他保持默认设置，如图 9-16 所示。

（7）设置完毕后单击 确定 按钮，FTP 服务器设置完毕。

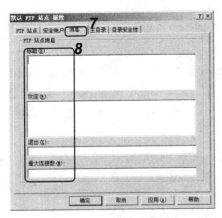

图 9-15 "消息"选项卡

图 9-16 "主目录"选项卡

3．设置 HTTP 服务器

在"Internet 信息服务（IIS）管理器"窗口中还可对 HTTP 服务器进行设置。

【例 9-4】 将 HTTP 服务器根目录设置到 C:\Inetpub\wwwroot 下。

操作步骤如下：

（1）选择"开始/所有程序/管理工具/Internet 信息服务（IIS）管理器"命令，如图 9-17 所示。

（2）打开"Internet 信息服务（IIS）管理器"窗口，在左侧窗格中单击⊞按钮，展开服务选项，在"默认网站"选项上右击，在弹出的快捷菜单中选择"属性"命令，如图 9-18 所示。

图 9-17 选择命令

图 9-18 "Internet 信息服务（IIS）管理器"窗口

（3）打开"默认网站 属性"对话框，在"网站"选项卡的"IP 地址"下拉列表框中输入 IP 地址，如图 9-19 所示。

（4）单击"主目录"选项卡，在"本地路径"文本框中输入 c:\inetpub\wwwroot 或通过单击 浏览(B)... 按钮完成目录的选择，其他保持默认设置，如图 9-20 所示。

（5）单击"文档"选项卡，修改浏览器默认的调用文件名及调用顺序，设置完毕后单

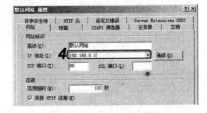

图 9-19 输入 IP 地址

击 确定 按钮，如图 9-21 所示。

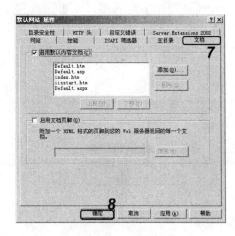

图 9-20　"主目录"选项卡　　　　　　图 9-21　"文档"选项卡

9.1.3　通过 Serv-U 和 Apache 分别建立 FTP 和 HTTP 服务器

用 IIS 实现 FTP 和 HTTP 服务的功能比较简单，但还不能完成一些复杂的应用，如限制某些用户访问、设置用户的权限等。如遇到这类问题可通过安装专门的软件来解决。

1. 通过 Serv-U 建立 FTP 服务器

Serv-U FTP Server（简称 Serv-U）软件是一款专业的 FTP 服务器软件。它可在同一台服务器上建立多个 FTP 服务器，为每个 FTP 服务器建立对应的账号，并能为不同的用户设置相应的权限等。下面以 Serv-U 为例来介绍如何实现 FTP 功能。

1）Serv-U 软件的安装

同其他软件一样，Serv-U 需要先进行安装才能使用。

【例 9-5】　安装 Serv-U 10.5 原版软件及汉化补丁。

操作步骤如下：

（1）双击下载得到的 Serv-U 安装程序图标，如图 9-22 所示。

（2）将弹出"打开文件-安全警告"对话框，提示用户是否选择运行该程序，单击 运行(R) 按钮，如图 9-23 所示。

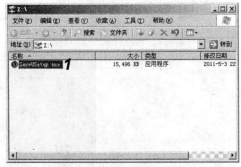

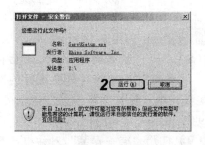

图 9-22　开始安装程序　　　　　　图 9-23　"打开文件-安全警告"对话框

（3）打开"选择安装语言"对话框，在"选择安装期间要使用的语言"下拉列表框中选择"中文（简体）"选项，单击 确定 按钮，如图 9-24 所示。

（4）打开"欢迎使用 Serv-U 安装向导"对话框，单击 下一步(N)> 按钮，如图 9-25 所示。

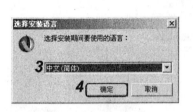

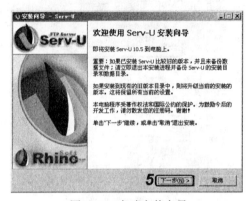

图 9-24 选择安装语言　　　　　　　图 9-25 启动安装向导

（5）打开"许可协议"对话框，阅读许可协议，并选中 ⊙我接受协议(A) 单选按钮，单击 下一步(N)> 按钮，如图 9-26 所示。

（6）打开"选择目标位置"对话框，在其中的文本框中输入安装程序的位置，单击 下一步(N)> 按钮，如图 9-27 所示。

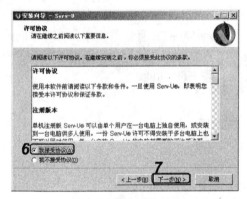

图 9-26 接收许可协议　　　　　　　图 9-27 选择软件的安装位置

（7）打开"选择开始菜单文件夹"对话框，要求用户在开始菜单中建立文件夹，在文本框中输入文件夹的名称，单击 下一步(N)> 按钮，如图 9-28 所示。

（8）打开"选择附加任务"对话框，在其中设置程序安装期间需要执行的附加任务，保持默认设置，单击 下一步(N)> 按钮，如图 9-29 所示。

（9）打开"准备安装"对话框，单击 安装(I) 按钮，如图 9-30 所示。

图 9-28 选择开始菜单中的文件夹

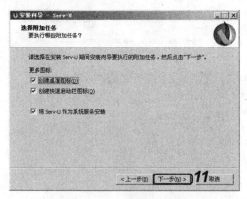

图 9-29　选择附加任务

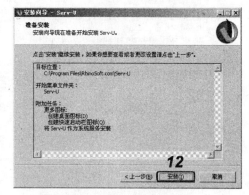

图 9-30　开始安装

（10）开始安装程序，并显示安装进度，如图 9-31 所示。

（11）完成后，将打开"完成 Serv-U 安装"对话框，提示完成程序的安装，单击 完成(F) 按钮，如图 9-32 所示。

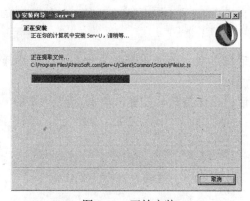

图 9-31　开始安装

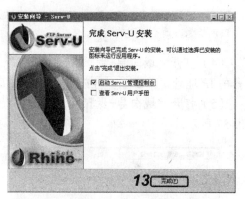

图 9-32　完成安装

2）Serv-U 的应用

当完成了 Serv-U 软件的安装后还需要对 Serv-U 软件进行设置才能使用。

【例 9-6】　对 Serv-U 进行设置。

操作步骤如下：

（1）双击桌面上的 Serv-U 程序快捷方式图标，打开"Serv-U 管理控制台-主页"窗口，此时会弹出提示框，提示用户创建新域，单击 是 按钮，如图 9-33 所示。

（2）打开"域向导-步骤 1 总步骤 4"对话框，在"名称"文本框中输入域名，在"说明"文本框中输入域名的说明信息，单击 下一步>> 按钮，如图 9-34 所示。

（3）打开"域向导-步骤 2 总步骤 4"对话

图 9-33　提示创建新域

框，在其中设置各种协议对应的端口，这里保持默认设置，单击 下一步>> 按钮，如图 9-35 所示。

219

网络组建与管理（第2版）

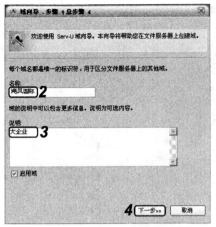

图 9-34　设置域名

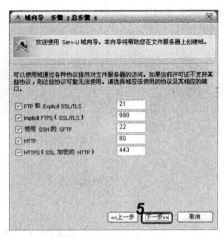

图 9-35　设置端口

提示：

协议端口设置越多，被黑客或病毒攻击的可能性也就越大。另外，出于安全考虑，可以将 FTP 的端口调整为其他不冲突的端口。

（4）打开"域向导-步骤 3 总步骤 4"对话框，在"IPv4 地址"下拉列表框中选择服务器的 IP 地址，单击 下一步>> 按钮，如图 9-36 所示。

（5）打开"域向导-步骤 4 总步骤 4"对话框，保持默认设置，单击 完成 按钮，如图 9-37 所示。

图 9-36　设置 IP 地址

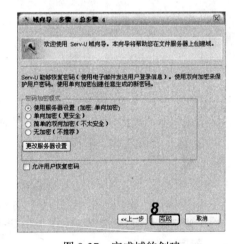

图 9-37　完成域的创建

（6）返回"Serv-U 管理控制台-主页"窗口，并弹出提示框，提示需要创建用户账户，单击 按钮，如图 9-38 所示。

（7）再次弹出一个提示框，提示用户是否需要使用向导创建用户，单击 按钮，如图 9-39 所示。

220

图 9-38 提示创建用户账户

图 9-39 提示创建向导

（8）打开"用户向导–步骤 1 总步骤 4"对话框，在"登录 ID"文本框中输入登录服务器的用户名，单击 下一步>> 按钮，如图 9-40 所示。

（9）打开"用户向导–步骤 2 总步骤 4"对话框，在"密码"文本框中输入登录密码，选中 ☑用户必须在下一次登录时更改密码 复选框，单击 下一步>> 按钮，如图 9-41 所示。

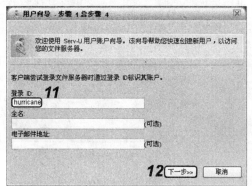

图 9-40 输入用户名称

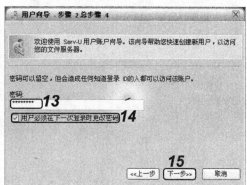

图 9-41 输入密码

（10）打开"用户向导–步骤 3 总步骤 4"对话框，在"根目录"文本框中输入登录服务器后的位置，或者单击 按钮，在打开的对话框中进行设置，单击 下一步>> 按钮，如图 9-42 所示。

（11）打开"用户向导–步骤 4 总步骤 4"对话框，在"访问权限"下拉列表框中设置用户的访问权限，单击 完成 按钮，如图 9-43 所示。

📢 提示：

> 这里的用户访问权限只有"只读访问"和"完全访问"两种，如果需要从根目录中下载或上传文件，就需要设置"完全访问"权限。

（12）返回"Serv-U 管理控制台-主页"窗口，在其中将会显示创建的域和用户账户的相关信息，完成整个设置的操作，如图 9-44 所示。

📢 提示：

> 配置好 Serv-U 软件之后，就可以通过 IE 浏览器或其他 FTP 工具来登录 FTP 服务器了。在 IE 浏览器

的地址栏中输入前面设置的 FTP 地址，再按 Enter 键，可打开"登录身份"对话框，在该对话框中输入用户名和密码，如图 9-45 所示。再单击 登录(L) 按钮，稍候片刻 IE 浏览器即可登录到 FTP 服务器上，此时即可像在本机一样对服务器进行操作了。

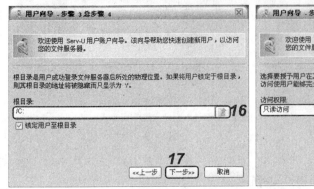

图 9-42　设置根目录　　　　　　　　　图 9-43　设置访问权限

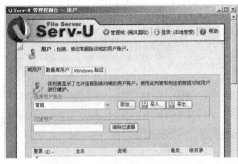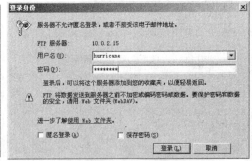

图 9-44　完成设置　　　　　　　　　图 9-45　登录服务器

2. 通过 Apache 建立 HTTP 服务器

Apache 软件是目前应用范围最广的 Web 服务器软件，可以运行在 Windows 9x/2000/XP/Server 2003 系列操作系统以及 UNIX、Linux 等操作系统上，并且 Apache 还是一款免费的、可灵活扩展的、稳定的以及高安全性的 Web 服务器软件。

1）Apache 软件的安装

目前 Internet 上几乎有一半的 Web 服务器是用 Apache 软件搭建的。因此通常需要在计算机中安装 Apache（其安装程序也可以在网站中下载）。

【例 9-7】　在 Windows XP 操作系统中安装 Apache 2.5.1 版软件。

操作步骤如下：

（1）运行 Apache 安装程序，打开 Welcome 对话框，单击 Next > 按钮，如图 9-46 所示。

（2）打开 Choose Destination Location 对话框，在 Destination Directory 文本框中输入安装程序的位置，单击 Next > 按钮，如图 9-47 所示。

（3）打开 Setup Type 对话框，选择安装方式，默认选中 ⊙ Typical 单选按钮，单击 Next > 按钮，如图 9-48 所示。

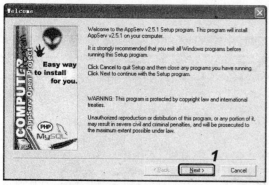

图 9-46 Welcome 对话框

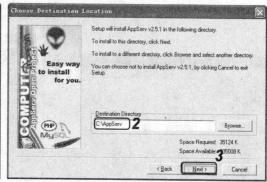

图 9-47 选择安装路径

（4）打开 Apache httpd Server 对话框，在 Server Name 文本框中输入服务器的名称，在 Administrator's Email Address 文本框中输入管理员的电子邮箱地址，在 HTTP Port 文本框中输入 HTTP 服务使用的端口号，单击 Next> 按钮，如图 9-49 所示。

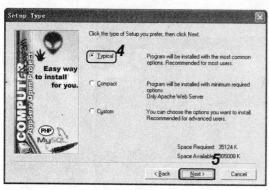

图 9-48 选择安装方式

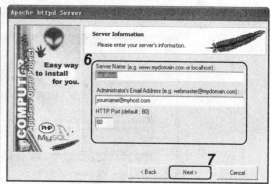

图 9-49 输入服务器信息

（5）打开 MySQL Database 对话框，在 User Name 文本框中输入用户名称，在 Password 文本框中输入密码，单击 Next> 按钮，如图 9-50 所示。

（6）开始安装程序，并显示安装进度，如图 9-51 所示。

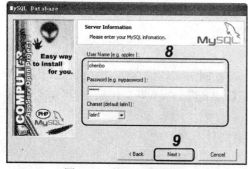

图 9-50 输入用户信息

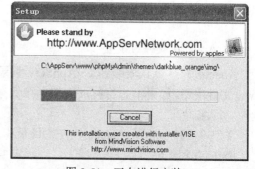

图 9-51 正在进行安装

（7）复制文件结束后，打开 Finished 对话框，单击 Close 按钮结束安装，如图 9-52 所示。

（8）安装结束后打开如图 9-53 所示的窗口，但还不能判断 Apache 软件是否安装成功。

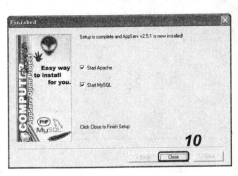

图 9-52　结束安装

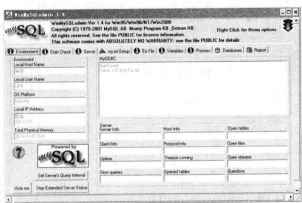

图 9-53　Apache 软件主界面

（9）此时可打开 IE 浏览器，在地址栏中输入 http://localhost 后按 Enter 键，如果能打开如图 9-54 所示的窗口，那么表示 Apache 软件已经安装成功。

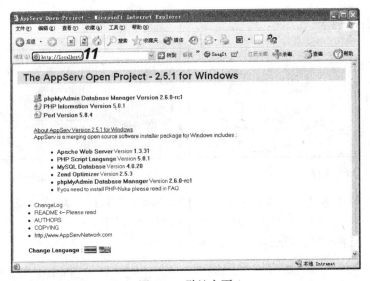

图 9-54　默认主页

2）Apache 软件的设置

Apache 软件默认安装在 C:\AppServ 目录下，其网页文件保存在 C:\AppServ 目录下的 www 文件夹中，如果不想将网页文件直接保存在 C:\AppServ\www 文件夹下，可以对 Apache 软件进行配置。

【例 9-8】　配置 Apache 软件主目录和首页文件。

操作步骤如下：

（1）使用记事本打开 C:\AppServ\apache\conf 文件夹下的 httpd.conf 文件。

（2）通过查找功能找到 "DocumentRoot "C:\AppServ\www"" 字符串，并将其更改为 "DocumentRoot "e:\www""，即可将主目录设置在 E 盘的 www 文件夹下。

（3）在打开的 httpd.conf 文件中找到 DirectoryIndex index.html index.htm index.asp index.php3。

（4）按照需要修改的首页文件顺序修改该部分，如修改为 DirectoryIndex default.asp index.htm index.html index.php3。这样当浏览器连接到服务器后便会按照 default.asp→index.htm→index.html→index.php3 的顺序来查找首页文件。

📢提示：

> 浏览器连接到站点打开的默认网页即为首页，一般默认的首页为 index.asp、index.htm 等。在 Apache 软件中的默认首页为 index.html。

通过 Serv-U 和 Apache 软件分别建立了 FTP 和 HTTP 服务器之后，该主机就成为了一台全能的网络服务器，这时可以在该主机上实现 FTP 和 HTTP 功能。而网络上服务器的一些其他扩展功能也必须通过 FTP 和 HTTP 服务来实现。

9.2　架设 BBS 服务器

BBS（Bulletin Board System）是 Internet 上的一种电子公告板，具有文件传输、信息咨询、经验交流及资料查询等一些基本功能，目前它已经从单一的文字形式发展到多媒体形式，即公告板里不仅可存储文字，还可存储图像、声音以及视频等内容。

9.2.1　BBS 服务器简介

BBS 最早是用来公布股市价格等信息的，当时 BBS 连文件传输的功能都没有，而且只能在苹果计算机上运行。早期的 BBS 与一般街头和校园内的公告板性质相同，只是通过计算机来传播或获得消息。一直到个人计算机开始普及之后，有些人尝试将苹果计算机上的 BBS 转移到个人计算机上，BBS 才开始渐渐普及开来。近些年来，由于爱好者们的努力，BBS 的功能得到了很大的扩充。

目前，通过 BBS 系统可随时取得各种最新的信息；也可以通过 BBS 系统和别人讨论计算机软件、硬件、Internet、多媒体、程序设计以及其他各学科等各种有趣的话题；还可以利用 BBS 系统来发布一些"征友"、"招聘人才"及"求职应聘"等启事。只要有计算机可以访问局域网，就可以进入 BBS 交流平台，来享受它的种种服务。

而 BBS 服务器则是专门为 BBS 服务而设立的，目前，它是依靠 FTP 和 HTTP 服务来实现的。因此，建立 BBS 服务器，就需要服务器首先开通 FTP 和 HTTP 服务。

9.2.2　建立动网论坛

目前，有很多优秀的 BBS 系统可供读者选择，这样读者即使不精通编程知识也可自己开发。目前网络上有很多用 ASP 语言编写的优秀论坛系统，如由"动网先锋"提供的免费"动网论坛"。动网论坛是动网先锋在研究了国内外众多论坛功能的基础上开发出的一款网上实时交流系统，具有系统功能强大、实用、操作简单易用、界面友好美观的特点，并且运行速度快、维护简单。

📢提示：

动网论坛可供个人用户免费使用，也可注册得到较强的技术支持，商业用户必须注册使用。

1．动网论坛的获得

动网论坛最常用的版本是 7.1.0，可从动网论坛的网站动网先锋（http://down.dvbbs.net/）上下载。

2．动网论坛的安装

动网论坛在使用前需要进行安装，安装动网论坛的基本要求如下：

- ➥ Windows 98 操作系统+PWS\Windows NT 操作系统+IIS 4.0、Windows 2000 操作系统+IIS 5.0 或 Window XP 操作系统+IIS 5.1。
- ➥ IE 5.0 以上版本的浏览器。
- ➥ Access 2000 以上的数据库。

如果服务器具备了这些条件，就可以开始安装动网论坛了。安装动网论坛只需要将动网论坛的压缩包解压缩到指定的 HTTP 目录中即可。如在操作系统中安装只需将其解压缩到 C:\Inetpub\wwwroot\目录中（C 盘为系统盘），同时应保证该目录具有足够的读/写权限。

经过以上的安装设置，动网论坛便能正常工作了。如在 IE 浏览器的地址栏中输入 http://localhost/index.asp 后按 Enter 键，即可打开动网论坛的首页，如图 9-55 所示。

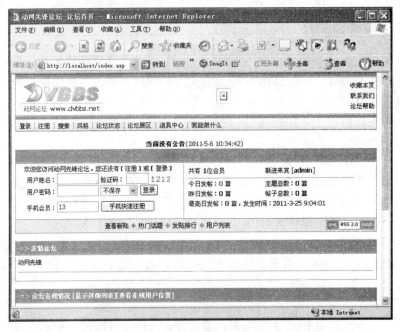

图 9-55　动网论坛首页

3．动网论坛的基本设置

要设置动网论坛需要以管理员的身份登录。安装完动网论坛后即产生默认管理员账号（用户名：admin，密码：admin888）。

首先以默认管理员账户登录动网论坛（需输入出现的随机验证码），单击 登录 按钮，如图 9-56 所示。然后在论坛的导航栏中单击"管理"链接，打开动网论坛的管理登录界面。

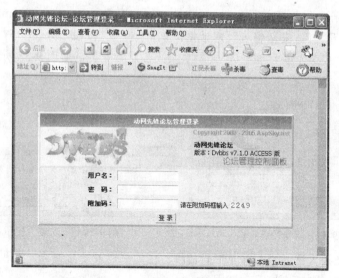

图 9-56 动网论坛管理登录界面

动网论坛的管理分为常规管理、论坛管理、用户管理、外观设置、论坛帖子管理、替换/限制处理、数据处理、文件管理及菜单管理等，下面介绍常用部分的作用。

- **常规管理**：在常规管理中，管理员可设置论坛的基本信息，包括论坛名称、论坛地址、修改 Logo，设置论坛当前的状态、论坛开放时间、维护说明和首页模式等。
- **论坛管理**：在论坛管理中，管理员可设置论坛的版面、友情论坛等。
- **用户管理**：在用户管理中，管理员可以管理在论坛中注册的用户，如对用户资料进行修改、添加等。
- **论坛帖子管理**：在论坛帖子管理中，管理员可以管理在论坛中注册用户所发布的帖子。

9.3 建立 Foxmail 电子邮局

在一个大型的局域网内，各用户之间可以使用电子邮件来进行联系和沟通。如果使用网站提供的免费邮箱会存在一些不稳定因素，而申请收费邮箱代价又比较高，此时完全可以利用局域网内的服务器建立一个电子邮件服务器来收发邮件。

Foxmail 是博大互联网技术有限公司推出的一款邮件收发软件，同时该公司还推出了 Foxmail Server 邮件服务器。下面以 Foxmail Server 邮件服务器为例来介绍在局域网中建立电子邮局的方法。

9.3.1 安装 Foxmail Server 邮件服务器

建立电子邮局，需先在服务器计算机中安装邮件服务器程序。

【例9-9】 安装 Foxmail Server 邮件服务器。

操作步骤如下：

（1）在 Internet 中搜索并下载 Foxmail Server 的安装程序，启动 Foxmail Server 的安装程序，打开"打开文件–安全警告"对话框，单击 运行(R) 按钮，如图9-57所示。

（2）弹出"安装"提示框，单击 是(Y) 按钮开始安装，如图9-58所示。

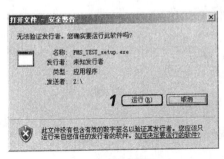

图9-57　安全警告　　　　　　　　　　图9-58　"安装"提示框

（3）打开"输入产品授权信息"对话框，在其中输入产品编号、授权用户数和产品序列号，单击 确定 按钮，如图9-59所示。

（4）打开 Foxmail Server for Windows 程序的安装程序，单击 下一步(N) > 按钮，如图9-60所示。

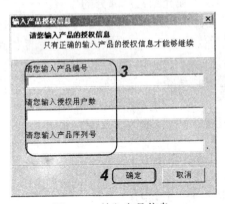

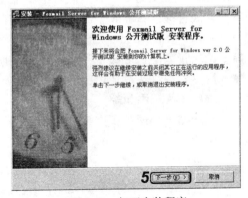

图9-59　输入产品信息　　　　　　　　图9-60　打开安装程序

（5）打开"选择目标文件夹"对话框，在其中的文本框中输入安装路径，单击 下一步(N) > 按钮，如图9-61所示。

（6）打开"选择开始菜单文件夹"对话框，在其中填写 Foxmail Server 在 Windows 开始菜单里的程序组名称，单击 下一步(N) > 按钮，如图9-62所示。

（7）打开"准备安装"对话框，单击 安装(I) 按钮，继续安装过程，如图9-63所示。

📢提示：

单击 < 上一步(B) 按钮可以修改前面的设置。

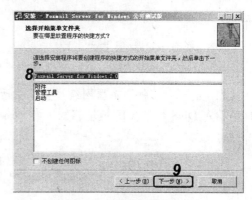

图 9-61　输入安装路径　　　　　　　　　图 9-62　填写程序组名称

（8）安装程序开始进行数据文件安装，并显示安装进度，如图 9-64 所示。

图 9-63　启动安装程序　　　　　　　　　图 9-64　开始安装

（9）数据文件安装完毕后，进入设置向导程序，打开设置向导程序对话框，单击下一步按钮，如图 9-65 所示。

（10）打开"应用程序设置"对话框，在其中进行域名、管理员密码和管理员邮箱密码设置，单击下一步按钮，如图 9-66 所示。

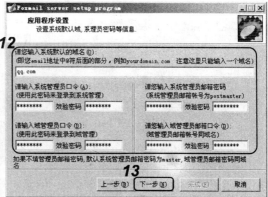

图 9-65　启动设置向导　　　　　　　　　图 9-66　填写管理员相关信息

提示：

在如图 9-66 所示对话框上方的文本框中输入默认邮箱的域名，注意只能输入一个域名。该域名将成为以后用户的 E-mail 信箱的域名，即 E-mail 地址的后缀部分（@字符后的部分）。

（11）打开"邮件服务器网络设置"对话框，在"请您输入一个 DNS 服务器地址"文本框中输入 DNS 地址（IP 地址格式），单击 下一步(N) 按钮，如图 9-67 所示。

提示：

如果邮件系统需要向 Internet 上发送邮件，需要正确填写当地电信部门或用户所在的 ISP 提供的 DNS 地址（可填写多个，之间用空格隔开）。如果只是局域网内的应用，可以填写服务器的 IP 地址。

（12）打开"IIS 设置"对话框，在左侧的列表框中选择 IIS 支持的 Foxmail Server WebMail，单击 完成(F) 按钮，如图 9-68 所示。

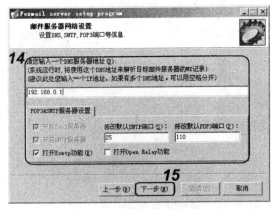

图 9-67 设置端口信息

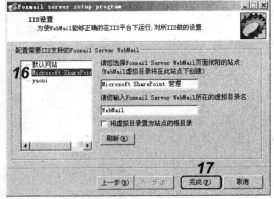

图 9-68 IIS 虚拟目录设置

（13）安装程序进行配置操作，配制操作完成后，将弹出"提示信息"对话框，提示完成了配置，单击 确定 按钮，如图 9-69 所示。

（14）返回安装程序向导对话框，显示安装程序已经完成，单击 结束(F) 按钮，如图 9-70 所示。

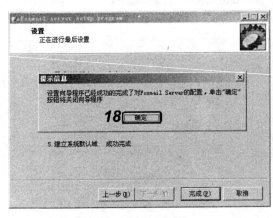

图 9-69 进行配置操作

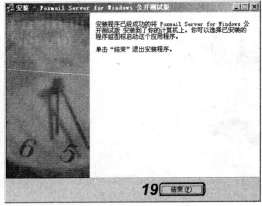

图 9-70 结束安装操作

9.3.2 Foxmail Server Web 方式的使用

安装好 Foxmail Server 的计算机就成为了一台邮件服务器,不仅可使用 Foxmail 等邮件客户端软件来收发邮件,还可使用 Web 方式来收发邮件。

1. 注册用户

首先在 IE 浏览器的地址栏中输入 http://localhost/webmail,再按 Enter 键打开 Foxmail 的 Web 客户端,如图 9-71 所示。然后单击 新用户注册 按钮,在打开的页面中填好需注册的用户信息,如图 9-72 所示,再单击 提交 按钮即可注册新用户。

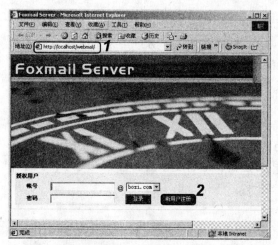

图 9-71　Web 客户端

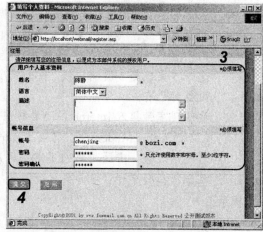

图 9-72　注册窗口

2. 管理邮件

注册新用户后,使用注册的用户名和密码登录邮箱,即可看到系统发来的欢迎邮件,如图 9-73 所示。此时即可正常使用邮箱的各种功能了。

图 9-73　登录邮箱

231

9.4　上机与项目实训

9.4.1　设置服务器端

在家庭局域网中，使用两台计算机共享一条线路上网，在直接连接 Internet 的计算机中安装两块网卡，并对这两块网卡进行设置。

家庭局域网中，使用双绞线实现两台计算机相连接并能够同时上网是一种最普通也是最实用的配置方法，需要配置如下设备：

- 3 块以太网卡，最好是使用目前主流的 10/100Mbps 双速以太网卡。
- 两条双绞线，其中一条为交叉线（1-3，2-6 跳线法），另一条为直通线。交叉线用于直连两台计算机，直通线用于连接计算机和宽带终端设备(如 ADSL Modem)。选择 5 类或超 5 类双绞线，最大长度不超过 100m。连接宽带终端设备的网线购买设备时已有。
- 要实现宽带接入 Internet，还要相应的宽带终端设备，如 ADSL 的 ADSL Modem、CM 的 Cable Modem 等，目前主流的这两种 Modem 都有以太网接口，所以还需要用网卡连接，小区局域网不需要用户配置宽带终端设备，但也要一块网卡，这样就应该在其中一台计算机中安装两块网卡。

📢 提示：

由于是连接家中的两台计算机，因此直接通过双绞线连接两台计算机网卡的 RJ-45 接口即可实施通信。由于不使用集线器（Hub），又使用双绞线作为传输介质，因此双绞线的制作方法是一端线序为橙、白橙、蓝、绿、白绿、白蓝、棕、白棕；另一端线序为蓝、白蓝、橙、绿、白橙、棕、白棕。

操作步骤如下：

（1）在服务器端计算机中，打开"网络连接"窗口，右击该计算机用于与另外一台计算机连接的网卡图标，在弹出的快捷菜单中选择"属性"命令，如图 9-74 所示。

图 9-74　选择"属性"命令

（2）打开"本地连接 属性"对话框，单击"常规"选项卡，在列表框中双击"Internet 协议（TCP/IP）"选项，如图 9-75 所示。

（3）在打开的对话框中选中 ◉ 使用下面的 IP 地址(S) 单选按钮，将该网卡的 IP 地址设置为 192.168.0.1，单击 确定 按钮，如图 9-76 所示。

图 9-75　"本地连接 属性"对话框　　　　　图 9-76　设置 TCP/IP 属性

（4）打开如图 9-77 所示的提示框，单击 确定 按钮，重新启动计算机。

图 9-77　网络连接提示

（5）打开"宽带连接 属性"对话框，单击"高级"选项卡，选中 ☑ 允许其他网络用户通过此计算机的 Internet 连接来连接(N) 复选框，选择刚才设置好的网卡，单击 确定 按钮，如图 9-78 所示。

（6）弹出"网络连接"提示对话框，再次单击 确定 按钮即可，如图 9-79 所示。至此，在服务器端的设置基本完成。

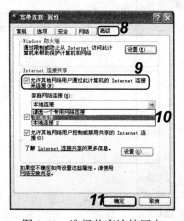

图 9-78　选择共享连接网卡　　　　　　图 9-79　"网络连接"提示对话框

9.4.2　设置客户端

下面设置不直接与 Internet 连接的客户端计算机，使其通过服务器端的计算机访问 Internet。

操作步骤如下：

（1）打开"网络和拨号连接"窗口，右击"本地连接"图标，在弹出的快捷菜单中选择"属性"命令，如图9-80所示。

（2）打开"本地连接 属性"对话框，在列表框中双击"Internet 协议（TCP/IP）"选项，如图9-81所示。

图9-80 选择"属性"命令

图9-81 "本地连接 属性"对话框

（3）打开如图9-82所示的对话框，选中 使用下面的 IP 地址(S) 单选按钮，在"IP 地址"文本框中输入 192.168.0.2，单击"子网掩码"文本框，系统将自动填写相应信息，在"默认网关"文本框中输入 192.168.0.1，单击 确定 按钮，完成客户端的设置。

🔊提示：

默认网关应该设置为作为服务器的计算机的 IP 地址。

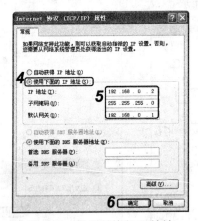
图9-82 设置网关和 IP 地址

注意：

在此种家庭局域网连接状态下，使用客户端上网的前提是服务器端已经连接到 Internet，其顺序不能相互颠倒，否则不能同时上网。

9.5　练习与提高

（1）什么是 FTP 和 HTTP 服务器？

（2）FTP 服务器的两种登录方式是什么？

（3）FTP 的两种传输方式是什么？

（4）怎样使用 IIS 来配置 FTP 和 HTTP 服务器？

（5）怎样使用 Serv-U 建立 FTP 服务器？

（6）怎样使用 Apache 建立 HTTP 服务器？

（7）怎样使用 Foxmail Server 在局域网中建立邮件服务器？

通过本章的学习可以了解网络应用的基本知识，下面介绍几点本章中需注意的内容。

➥ 设置 FTP 对于普通家庭网络用户意义不大，但对于网吧、企业和校园网络则比较实用。设置 FTP 就相当于在网络中设置了一个单独的数据传输与下载的区域，能够方便网络中的用户进行数据的交流，而且不会影响网络的使用。

➥ 设置 Foxmail Server 邮件服务器应该在网络中的服务器计算机中进行，客户机设置 Foxmail Server 完全没有作用。

第 10 章　局域网的安全和维护

学习目标

- ☑ 了解网络安全知识
- ☑ 学习局域网的日常维护
- ☑ 学会在网络中防御病毒
- ☑ 熟悉使用网络防火墙
- ☑ 认识防御黑客攻击
- ☑ 掌握数据加密与备份的方法

10.1　网络安全概述

在计算机发展的早期，计算机只是作为数据计算和处理的中心，尽管它连接了多个终端组成了计算机网络，但是这时的网络和用户都是固定的，根本不存在病毒或黑客攻击的危险。然而，随着网络技术的不断发展、网络规模的不断扩大，网络变得越来越复杂，特别是近几十年来兴起的 Internet 连接了世界上几百个国家和地区，包含了数以万计的接入点、成百上千的服务器以及数百万英里长的电缆连接，是当今最大的、最为复杂的网络。因此，接入 Internet 的计算机最容易受到病毒的感染以及黑客的攻击。

10.1.1　数据传输的安全威胁

在计算机网络中进行数据传输时，如果出现差错，其后果是非常严重的。有的信息可能是国家机密或重要情报，如果被窃取，将会危及到国家安全。在计算机网络中传输数据时，经常面临的安全威胁主要有截获、篡改、中断以及伪造等情况。

- ➥ **截获**：当网络中的数据从甲地传送到乙地时，如果没有对数据采取任何加密措施，数据就很有可能被别人截获，就像打电话被别人窃听一样。
- ➥ **篡改**：是指数据在传送过程中，被截获并修改后再传送到目的地。
- ➥ **中断**：是指数据由于恶意的破坏根本不能到达目的地。
- ➥ **伪造**：是指甲与乙之间根本没有信息交流，但是有人模仿甲与乙进行通信。

截获属于被动攻击，攻击者只是对网络中的数据进行窃取和分析，并没有对双方的通信造成影响。篡改、中断和伪造等属于主动攻击，会对网络中传输的各种数据进行处理。

10.1.2　网络的安全威胁

目前常见的网络安全威胁主要有计算机病毒、黑客攻击和非法及越权操作 3 种。

1．病毒感染

从广义上讲，计算机病毒是指一种恶意的计算机程序，它采用主动攻击的方式。这种恶意的计算机程序包括计算机病毒、计算机蠕虫、特洛伊木马和逻辑炸弹等。根据传播速度、破坏性和传播范围分类，计算机病毒可分为单机病毒和网络病毒。单机病毒的危害性相对较小，它只对一台计算机上的数据进行破坏；而网络病毒是在网络上进行传播，所有连接到网络中的计算机都有可能被感染，并继续成为病毒的传染源，其危害性是单机病毒不能比拟的。下面对几种常见的恶意程序进行介绍。

- **计算机病毒**：计算机病毒和生物学上的病毒的特征类似，能够自我复制和传播，并具有一定的破坏性。
- **计算机蠕虫**：它能将自身从网络中的一个结点传送到另一个结点，并进行攻击。
- **特洛伊木马**：特洛伊木马隐藏在普通的文件或可执行程序中，当用户浏览该文件或执行该程序时就会启动，它将按照攻击者的意图监视用户的操作、窃取用户资料或密码及对计算机进行破坏等。
- **逻辑炸弹**：它就像一颗定时炸弹，当满足一定的条件时，该程序就会运行，并执行许多特殊的操作，如破坏文件、删除数据和远程控制等。

2．黑客攻击

操作系统一般都存在某些安全漏洞，这些安全漏洞会被他人加以利用并进行网络攻击，主要表现为对系统数据的非法访问和破坏。这些非法侵入计算机系统的人被称为黑客。黑客利用自己的计算机知识，强行进入自己没有使用权限的系统或网络，恶意干扰对方工作，并对这些系统内的数据进行篡改或增删，使得对方的系统或网络无法正常运行，甚至瘫痪。

3．非法及越权操作

虽然网络操作系统对各种操作权限（如读操作、写操作和读写操作等）都可以进行设置，但这些操作都是通过用户名和口令来实现的。只要用户名和口令正确，网络操作系统就会允许其进行相应的操作，如果某个用户的用户名与口令被其他人知道，对方可能通过网络和其他途径登录电脑进行非法及越权操作，造成网络工作混乱，甚至造成严重泄密事件。

10.2　网络病毒的防范

随着网络的快速发展与普及，利用网络来进行传播的计算机病毒也越来越多，而且有些计算机病毒还借助网络在短时间内就传遍全球，使得很多毫无防备的系统遭受严重的破坏，损失巨大。那么什么是计算机病毒？计算机病毒又具有哪些特点？怎样查、杀和预防病毒以及在网络中进行计算机病毒的防范又该注意哪些问题？这些都是网络用户非常关心的。下面将对这些问题分别进行讲解。

10.2.1　什么是计算机病毒

计算机病毒，是指一种通过自身复制传播而产生破坏计算机功能或毁坏数据作用的程序，它一般寄生在系统引导扇区、设备驱动程序或操作系统的可执行文件内，并能够利用系统资源进行自我繁殖，从而达到破坏计算机系统的目的。

10.2.2　计算机病毒的特点

计算机病毒具有以下特点。

➥ **顽固性**：现在的病毒一般很难一次性根除，被病毒破坏的系统、文件和数据等更是难以恢复。

➥ **变异性**：现在很多计算机病毒在短时间内就可以发展出多个变种，这是计算机病毒逃避反病毒软件的检测而新发展出来的一种特性。

➥ **潜伏期**：病毒一般有一段时间的潜伏期，计算机被病毒感染后，病毒往往不会立即发作，而是像一颗定时炸弹一样，等到条件成熟时才发作。

➥ **传染性**：当对磁盘进行读写操作时，病毒程序便会将自身复制到被读写的磁盘中或其他正在执行的程序中，使其快速扩散，因此传染性极强。

➥ **破坏性**：其破坏性主要表现为占用系统资源、破坏数据、干扰运行或造成系统瘫痪，有些病毒甚至会破坏硬件，如 CIH 病毒可攻击 BIOS，从而使硬件受到破坏。

➥ **隐蔽性**：当病毒处于静态时，往往寄生在软盘、光盘或硬盘的系统启动扇区里或某些程序文件中。有些病毒的发作具有固定的时间，若用户不熟悉操作系统的结构、运行和管理机制，便无法判断计算机是否感染了病毒。另外，计算机病毒程序大多都是用汇编语言编写的，一般都很小，大小仅为 1KB 左右，所以比较隐蔽。

10.2.3　计算机病毒的分类

计算机病毒可以寄生在计算机中的很多地方，如硬盘引导扇区、磁盘文件、电子邮件或者网页等，按计算机病毒寄生场所的不同，可将其分为以下几类。

➥ **混合型病毒**：混合型病毒一般具有多种病毒的特征，因此这种类型的病毒会造成更大的危害。

➥ **宏病毒**：是指利用宏语言编制的病毒，它一般感染 Word 和 Excel 等文档文件，造成文档无法正常使用。

➥ **文件型病毒**：这类病毒一般感染系统中的可执行文件，如果用户运行感染了病毒的程序，将立即激活病毒。

➥ **引导型病毒**：这类病毒一般感染系统的引导扇区，计算机一启动就处于病毒的控制下。当有其他存储设备访问系统时，病毒将自动复制到这些存储设备上，进行传播。

➥ **蠕虫病毒**：蠕虫病毒通过网络不断发送垃圾信息，使网络通道被堵塞，无法进行正常通信。蠕虫病毒可以在很短的时间内蔓延整个网络，造成网络瘫痪。这类病毒发作后一般常驻内存，不断自我复制以达到感染计算机并使网络堵塞的目的。

10.2.4　计算机病毒的传播途径

消灭计算机病毒和消灭传染病一样，首先要切断病毒的传播途径，以防止病毒的进一步扩散。计算机病毒的传播途径非常广泛，只要是能够进行数据交换的介质都可能成为其传播的途径。

目前，网络已经成为最重要的计算机病毒传播途径。此外，传统的软盘、光盘等移动传输设备也占据了相当的比例。下面讲解计算机病毒的几种主要传播途径。

1．不可移动的计算机硬件设备

即利用专用集成电路芯片（ASIC）进行传播。这种计算机病毒虽然极少，但破坏力却极强，目前尚没有较好的检测手段。

2．可移动存储设备

可移动存储设备有光盘、U 盘和移动硬盘等，它们都可能是病毒的携带者。光盘上的数据是相对固定的，不易改写和擦除，如果一旦发现光盘上有病毒，应该不再使用该光盘，断绝病毒的传播途径；而 U 盘和移动硬盘是进行数据转移的存储工具，通常在网上下载各种软件或图片等文件时，很有可能该文件已被病毒感染，因此，病毒会通过这些移动存储设备随着文件传播到个人计算机或局域网中。

3．网络

组成网络的每一台计算机都能连接到其他计算机，数据也能从一台计算机发送到其他计算机上。如果发送的数据感染了病毒，接收方的计算机将自动被感染，因此，在很短的时间内整个网络中的计算机都可能会受到感染。

随着 Internet 的高速发展，计算机病毒也走上了高速传播之路，网络已经成为计算机病毒的第一传播途径。除了传统的文件型计算机病毒以文件下载、电子邮件的附件等形式传播外，新兴的电子邮件病毒，如"美丽莎"、"我爱你"等则是完全依靠网络来传播的。甚至还有利用网络分布计算技术将自身分成若干部分，隐藏在不同的主机上进行传播的计算机病毒。

在网络中感染计算机病毒的途径具体有以下几种。

1）网页浏览

现在的网页越来越漂亮，这都是 Java Applets、ActiveX 控件以及各种脚本语言的"功劳"，但是这些编程语言也可能被计算机病毒制造者利用。目前 Internet 上有一些利用 Java Applets、ActiveX 控件以及各种脚本语言编写的计算机病毒，因此，浏览网页感染计算机病毒的可能性也在不断地增加。

2）电子邮件

由于可以将任何类型的文件作为电子邮件附件进行发送，而大部分计算机病毒防护软件在这方面的功能也不是十分完善，所以有些计算机病毒会伪装成电子邮件，当用户打开该邮件时就会被感染，使得电子邮件成为当今世界上网络传播计算机病毒最主要的媒介。

3）BBS

BBS 作为深受大众欢迎的栏目存在于网络中已经有相当长的时间，用户除了可以在 BBS 上讨论问题外，还能够进行各种文件的交换，加之 BBS 一般没有严格的安全管理，甚至有专门讨论和传播计算机病毒技术的 BBS 站点，使之成为计算机病毒传播的场所。

4）新闻组

通过这一服务，用户可以与世界上的任何人讨论某个话题，或选择接收感兴趣的新闻邮件。这些信息当中包含的附件也有可能使用户的计算机感染病毒。

5）FTP 文件下载

FTP 的含义是文件传输协议。通过这一协议可以将文件放置到 Internet 上，这一过程称为上传；或者从 Internet 上将文件复制到本地计算机中，这一过程称为下载。下载的文件中可能包含计算机病毒。

6）即时聊天工具

现在即时聊天工具（如 QQ、MSN 等）已经是人们上网时必不可少的工具了，由于使用即时聊天工具可以随时在用户之间传送任何类型的文件，有些病毒会模仿其他用户发送文件，当对方下载这些文件后，就会被感染。

10.2.5　计算机病毒的攻击方式

计算机病毒具有多种破坏方式，其攻击能力主要取决于病毒制作者的主观愿望以及所具有的技术能力。根据已有计算机病毒资料的记录，可以将计算机病毒的攻击方式按攻击目标和破坏程度进行分类。

1．根据攻击目标分类

计算机病毒的攻击目标主要有内存、磁盘、系统数据、文件和 CMOS 等，下面分别进行讲解。

- **攻击内存**：内存是计算机的重要组成部分，其作用非常重要。在计算机运行时，它负责 CPU 与外围设备之间的通信与数据传输。因此，它是计算机病毒主要的攻击目标之一，计算机病毒将消耗大量的系统内存空间，导致程序的运行受阻，甚至引起死机。
- **攻击磁盘**：主要表现为攻击磁盘数据、不写盘、写操作变读操作和写盘时丢失字节等。
- **攻击系统数据**：病毒攻击系统数据主要包括攻击硬盘主引导扇区、Boot 扇区、FAT 表以及文件目录等方式，这些都是病毒的攻击对象，这些数据非常重要，丢失后很难恢复。
- **攻击文件**：病毒攻击文件的方式主要有修改、删除、改名和替换内容等，还有使部分程序代码丢失、文件内容颠倒、文件簇丢失、写入时间空白、文件变成碎片及假冒文件等。
- **攻击 CMOS**：在计算机主板的 CMOS 芯片中保存着系统的重要数据 BIOS，其中包括如系统时钟、磁盘类型以及内存容量等基本硬件信息。有的病毒能够对 CMOS 芯片进行写入操作，并破坏系统 BIOS 数据。一旦 BIOS 数据被毁，计算机将不能启动，或不能正常查找硬件信息供操作系统调用。

2．根据破坏程度分类

根据病毒的破坏程度，可将病毒分为干扰系统正常运行、影响计算机运行速度、扰乱屏幕显示、影响键盘和鼠标、发出噪声及干扰打印机等几种。下面分别进行讲解。

- **干扰系统正常运行**：当计算机感染了这种病毒之后，病毒会干扰系统的正常运行，如不执行命令、中止内部命令的执行、打不开文件、缓冲区溢出、占用特殊数据区、时钟倒转、重启动、死机、强制游戏以及扰乱串并行接口等。

- **影响计算机运行速度**：有的病毒内部有时间延迟程序，当被激活后，计算机就会忙个不停，始终止步不前，轻则系统运行效率明显下降，重则死机。
- **扰乱屏幕显示**：病毒扰乱屏幕显示的方式很多，主要有字符跌落、环绕、倒置、显示前一屏、光标下跌、滚屏及抖动等现象。
- **影响键盘和鼠标**：病毒干扰键盘和鼠标操作的方式有响铃、换字、抹掉缓存区字符、重复、输入紊乱及键盘鼠标停止响应等。
- **发出噪声**：许多病毒运行时，会使计算机的喇叭发出响声。有的病毒制造者让病毒演奏旋律优美的世界名曲，然后在不知不觉中将硬盘格式化；有的病毒制造者通过喇叭发出种种声音。目前发现的方式有演奏曲子和发出警笛声、炸弹噪声、鸣叫、咔咔声和嘀嗒声等。
- **干扰打印机**：使打印机出现假报警、间断性打印、更换字符等现象。

10.2.6　计算机病毒的防治

计算机病毒的防治可以从技术和管理两个方面着手，虽然病毒的入侵是无孔不入的，但是只要有意识地提高反病毒的警惕性，在管理和技术上做好防病毒的准备，完全可以防止计算机病毒的传播。

1. 通过管理手段限制计算机病毒的传播

通过以下管理手段可以有效地限制计算机病毒的传播。

- 对于新购买回来的软件光盘要先进行检测，确定无病毒后才能使用。
- 在其他计算机上使用过的软盘、U 盘或者移动硬盘等移动存储设备，在使用前也需要先进行杀毒。对重点保护的计算机应做到专人、专盘及专用。
- 应准备一张无病毒的 DOS 启动盘，用于清除病毒和维护系统。
- 做好分区表、引导扇区和注册表等重要系统数据的备份工作，以便它们被病毒破坏后能够进行恢复。
- 在安装服务器操作系统和应用软件时，应确保安装环境无病毒。
- 在网络服务器上应至少将硬盘分为"系统"、"应用程序"和"共享"3 个分区。这种方式有利于网络服务器的安全稳定运行和用户数据的安全。
- 系统管理员应将系统分区设置成对其他用户为只读状态，屏蔽其他用户对系统分区进行读操作以外的所有操作。保证除系统管理员外，其他网络用户不可能将病毒感染到系统分区中。
- 系统管理员应在服务器上安装防病毒系统，并且只允许系统管理员在应用程序分区中安装软件。在安装前对软件进行检测，以确保软件本身不含病毒。
- 系统管理员应该对网络内的共享电子邮件系统、共享存储区域和数据分区进行病毒扫描。发现异常情况应及时处理，以防止扩散。系统管理员还应该在应用程序分区中提供最新版本的反病毒软件供用户使用。
- 对系统管理员的口令进行严格的管理，最好是定期或不定期地进行更换。保证网络系统不被非法存取、感染病毒或遭受破坏。

> ❷ 在网络工作站上应采取必要的防病毒措施，使网络用户一开机就有一个良好的上机环境，不必再担心来自网络内和网络工作站本身的病毒。

> ❷ 在互连网络中，不可能绝对杜绝病毒的传染。因此，当出现病毒传染的迹象时，应立即隔离被感染的系统并进行杀毒处理，不应让系统带毒继续工作。

2. 通过技术手段防治计算机病毒

计算机病毒的防治技术是众多计算机技术人员在长期与计算机病毒的较量中逐渐发展起来的。总的来讲，计算机病毒的防治技术分为病毒的预防、检测、清除和免疫4个方面。除病毒的免疫目前还没有通用的方法而发展较慢之外，其他 3 项技术都已经有了长足的发展。

1）计算机病毒的预防

计算机病毒的预防是通过阻止计算机病毒进入系统内存或阻止计算机病毒对磁盘的操作，以达到保护系统的目的。它包括对已知病毒的预防和未知病毒的预防两个部分，对已知病毒预防可以采用特征判定技术或静态判定技术；对未知病毒的预防则是一种行为规则的判定技术，即动态判定技术，主要包括磁盘引导区保护、加密可执行程序、读写控制技术和系统监控技术等。

2）计算机病毒的检测

计算机病毒的检测是通过对系统中的内存、磁盘引导区和磁盘上的文件进行全面的检测，以判断计算机是否感染病毒的一种技术，主要有以下两种检测方法。

> ❷ **根据计算机病毒的特征判断**：根据计算机病毒程序中的关键字、特征程序段的内容、病毒特征及传染方式和文件大小的变化等特征进行检测。

> ❷ **根据指定的程序或数据是否被改变判断**：这种方法不针对病毒程序自身，而是对某个文件或数据段通过特定的算法进行计算并保存结果，再定期或不定期地对该文件或数据段进行校验，如果出现差异，则表示该文件或数据段的完整性已遭到破坏，从而判断病毒的存在。

现在计算机病毒的检测技术已相当成熟，不仅能够对多个驱动器、上千种病毒进行自动扫描检测，而且还能够在不解压的情况下检测压缩文件内的病毒。

3）计算机病毒的清除

计算机病毒的清除是计算机病毒检测的延续，是在检测到特定的计算机病毒的基础上，从被感染的程序中清除病毒代码并恢复程序的原有数据和结构。它是计算机病毒感染程序的逆过程，只要计算机病毒没有进行破坏性的覆盖式写盘操作，就可以被清除出计算机。

4）计算机病毒的免疫

计算机病毒的免疫目前还没有什么发展。只针对某一特定计算机病毒的免疫方法没有任何实际意义，而能够对各种病毒都有免疫作用的通用免疫技术到目前为止还没有被研究出来。现在，某些反病毒程序可以给可执行程序增加一个保护性外壳，能在一定程度上起保护作用，但已经有能突破这种保护性外壳的病毒出现。

10.2.7　使用 360 杀毒软件防治计算机病毒

360 杀毒软件是 360 安全中心出品的一款免费的云安全杀毒软件,具有查杀率高、资源占用少、升级迅速等优点。同时,360 杀毒软件可以与其他杀毒软件共存,还是一款一次性通过 VB100 认证的国产杀毒软件。

360 杀毒软件整合了来自罗马尼亚的国际知名杀毒软件 BitDefender2008(比特梵德)病毒查杀引擎、360QVM 人工智能引擎、360 系统修复引擎以及 360 安全中心潜心研发的云查杀引擎。四引擎智能调度,为用户提供完善的病毒防护体系,第一时间防御新出现的病毒、木马。而且 360 杀毒软件完全免费,无需激活码,轻巧、快速、不卡机,适合中低端机器,360 杀毒软件采用全新的 SmartScan 智能扫描技术,使其扫描速度非常快,误杀率远远低于其他杀毒软件。

1. 使用 360 杀毒软件

在 360 主页(http://www.360.cn/)可以下载并安装 360 杀毒软件,其主界面如图 10-1 所示,主要有以下几个功能。

图 10-1　360 杀毒软件主界面

1)病毒查杀

在系统任务栏中单击 图标,就会打开 360 杀毒软件的主界面,进入病毒查杀功能窗口,在其中有如下 3 种病毒查杀方式。

- **快速扫描**:对计算机中关键目录和病毒容易感染的目录进行扫描。
- **全盘扫描**:对计算机的所有分区进行扫描。
- **指定位置扫描**:由用户指定扫描位置。

在病毒查杀功能窗口还可以单击"打开

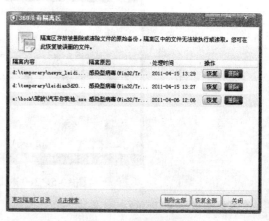

图 10-2　病毒隔离区

隔离区"超链接，打开"360 杀毒隔离区"窗口，对病毒隔离区中的文件进行恢复和删除操作，如图 10-2 所示。

2）实时防护

在 360 杀毒软件的主界面中单击"实时防护"选项卡，就进入病毒实时防护功能窗口，在其中主要是设置文件系统、聊天软件、下载软件和 U 盘病毒的防护，如图 10-3 所示。

3）产品升级

在 360 杀毒软件的主界面中单击"产品升级"选项卡，进入产品升级功能窗口，在其中主要通过单击 检查更新 按钮，对软件进行升级，如图 10-4 所示。

图 10-3　360 杀毒软件的实时防护

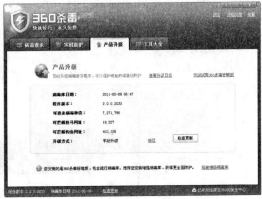

图 10-4　360 杀毒软件的产品升级

4）其他工具

在 360 杀毒软件的主界面中单击"工具大全"选项卡，进入其他工具功能窗口，其中主要包括系统安全、系统优化和其他工具 3 种类型的工具软件，如图 10-5 所示。

图 10-5　360 杀毒软件的工具大全

5）基本设置

在 360 杀毒软件的主界面中单击右上角的"设置"超链接，可打开"设置"对话框，如图 10-6 所示，在其中可对 360 杀毒软件的基本运行情况进行设置。

> ➥ **常规设置**：包括设置启动和发送报告等常规设置，以及自我保护状态和定时查毒的设置，如图 10-6 所示。
>
> ➥ **升级设置**：包括设置自动升级、其他一些升级和使用代理服务器等，如图 10-7 所示。

 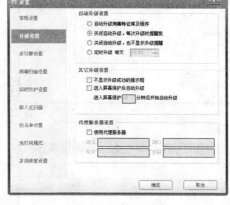

图 10-6　常规设置　　　　　　　　　　　图 10-7　升级设置

> ➥ **多引擎设置**：主要是设置主动防御引擎的自动开启，以及各种杀毒引擎的杀毒和实时防护设置，如图 10-8 所示。
>
> ➥ **病毒扫描设置**：包括设置病毒扫描的选项、病毒扫描的文件类型、发现病毒时的处理方式和全盘扫描时的扫描选项等，如图 10-9 所示。

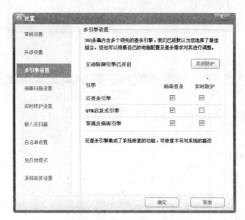 

图 10-8　多引擎设置　　　　　　　　　　图 10-9　病毒扫描设置

> ➥ **实时防护设置**：主要是设置病毒防护的级别、监控文件的类型、发现病毒时的处理方式、实时监控间谍文件和拦截局域网病毒等，如图 10-10 所示。
>
> ➥ **嵌入式扫描**：包括设置聊天软件的防护、下载软件的防护、U 盘防护和扫描提醒等，如图 10-11 所示。
>
> ➥ **白名单设置**：主要是设置加入白名单的文件和带有白名单扩展名的文件，这两种文件在病毒扫描和实时防护时会被忽略，如图 10-12 所示。
>
> ➥ **免打扰模式**：主要是设置软件的免打扰模式状态，如图 10-13 所示。

图 10-10　实时防护设置

图 10-11　嵌入式扫描

图 10-12　白名单设置

图 10-13　免打扰模式

> **系统修复设置：** 主要是设置系统修复时
> 信任的项目，如图 10-14 所示。

【例 10-1】　使用 360 杀毒软件查杀病毒。
操作步骤如下：

（1）在系统任务栏中单击 图标，打开 360
杀毒软件的主界面，单击"快速扫描"按钮，如
图 10-15 所示。

（2）360 杀毒软件将自动切换到杀毒界面进
行杀毒，并显示查杀进度，如图 10-16 所示。如
果发现病毒，将对其进行处理。

图 10-14　系统修复设置

提示：

在进行杀毒的过程中，最好选中界面左下角的 自动处理扫描出的病毒威胁复选框，这样 360 杀毒软
件会自动对扫描到的病毒进行处理。

（3）杀毒完毕后将显示杀毒报告，其中包括文件数、感染的病毒数、清除的病毒数、
隔离的病毒数以及删除的病毒数等信息，如图 10-17 所示，单击 确认 按钮即可返回 360

杀毒软件主界面。

图 10-15　打开主界面

图 10-16　杀毒状态

（4）这时，最好再次进行病毒查杀操作，直到确认计算机中没有病毒危险，单击 完成 按钮完成病毒查杀操作，如图 10-18 所示。

图 10-17　处理病毒

图 10-18　再次杀毒

2. 升级 360 杀毒软件

现在几乎每天都有新病毒出现，为了能够及时对新病毒进行防治，应及时对防病毒软件进行升级，360 杀毒软件采用的是主动实时升级模式，只要计算机连接到 Internet，就会在 360 杀毒软件的升级服务器上检测是否存在新的病毒库数据，如果有，360 杀毒软件就会打开如图 10-19 所示的提示框，提示用户有新的病毒库，单击 立即升级 按钮就能自动进行升级。

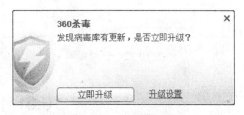

图 10-19　自动升级提示

【例 10-2】　升级 360 杀毒软件病毒库。

操作步骤如下：

（1）在系统任务栏中单击 图标，打开 360 杀毒软件的主界面，单击"产品升级"选项卡，再单击 检查更新 按钮，如图 10-20 所示。

（2）360杀毒软件将自动连接到安全中心，检测是否存在最新的病毒库，如果有，开始下载文件，并显示下载进度，如图10-21所示。

图10-20　升级界面

图10-21　开始升级

📢提示：

在360杀毒软件主界面下方单击"检查更新"超链接也能升级病毒库。

（3）下载完成后，将打开如图10-22所示的提示框，提示升级病毒库成功，并显示新增的病毒种类。

（4）在360杀毒软件的升级界面中显示病毒库版本已经是最新的，单击 确定 按钮，如图10-23所示，完成360杀毒软件的升级操作。

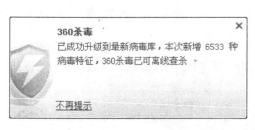

图10-22　升级提示

图10-23　完成升级

10.3　防御黑客

黑客也称为骇客，是Hacker的音译。从信息安全角度来说，黑客一般指计算机系统的非法侵入者。由于黑客攻击是人为的，因此具有不可预测性和灵活性。黑客攻击不像病毒，它能够随机地侦测网络漏洞，随时对网络发动攻击。多数黑客都痴迷计算机，认为自己在计算机方面天赋过人，只要愿意，就可毫无顾忌地非法闯入某些敏感的信息禁区或者重要网站，以窃取重要的信息资源、篡改网站信息或者删除该网站的全部内容等。

10.3.1　黑客的攻击

黑客的攻击方法繁多，其采用的主要攻击方式有利用默认账号进行攻击、获取密码、网页欺骗、放置特洛伊木马、利用系统漏洞、炸弹攻击和电子邮件攻击等。

1．利用默认账号进行攻击

很多操作系统都有默认的用户名和密码，甚至没有设置用户密码。例如，UNIX 操作系统有默认的用户名和密码。如果网络管理员没有及时对用户名和密码进行修改，就可能被黑客利用。

2．获取密码

黑客通过各种手段，可以得到用户登录服务器的密码，以便获得服务器的控制权。获取密码的方法主要有网络监听、强行破解和获取密码文件 3 种。下面分别进行介绍。

- ➥ **网络监听**：黑客利用网络监听的方法可以接收到网络上传输的所有信息，如果信息没有加密，监听者可以获得该网段内所有的用户账号和密码。
- ➥ **强行破解**：破解就如同拿着一把万能钥匙，通过这把钥匙来破解和打开网络中一扇扇被锁着的门。
- ➥ **获取密码文件**：当一个黑客获得一个用户登录服务器的密码文件后，可以非常容易地获取用户密码。

3．网页欺骗技术

所谓的网页欺骗技术，实际上是以网页作掩护，引诱用户单击某个网络链接打开一个特殊的网页，从而向黑客服务器发出请求，致使黑客软件骗过操作系统和防火墙，"名正言顺"地对系统进行攻击。黑客通常也会在攻陷了某个网站后，更改其中的某些链接，如果网站的管理员发现不及时，当其用户浏览这些网页单击其中的链接时，就会被黑客攻击。

4．放置特洛伊木马

特洛伊木马经常被黑客伪装成工具软件或游戏软件等。一旦这些工具软件或游戏软件程序被打开或被执行后，特洛伊木马就会在本地计算机中执行程序指令，这时远程的黑客即可通过该程序得到计算机的控制权，然后就可以任意地复制、删除或修改计算机中的文件、修改参数设定以及查看整个硬盘中的内容等。

5．利用系统漏洞

目前，众多的操作系统都存在着系统漏洞，许多黑客利用这些系统漏洞来直接攻击计算机，以窃取资源。通常这种系统漏洞也被戏称为"后门程序"。

6．炸弹攻击

炸弹攻击的目的在于让目标结点或主机出现超负荷运转、网络堵塞等故障，从而造成攻击目标的系统崩溃，以达到攻击的目的。常见的炸弹攻击有邮件炸弹攻击、逻辑炸弹攻击以及聊天室炸弹攻击等。

7. 电子邮件攻击

电子邮件攻击分为邮件炸弹和邮件欺骗两种方式，下面分别讲解。

- **邮件炸弹**：指用伪造的 IP 地址和电子邮件地址向攻击目标的电子邮箱中发送数以千万次，甚至无穷多次相同内容的垃圾邮件，致使该电子邮箱爆满而不能使用，同时还可能会影响邮件服务器的正常运行，甚至造成邮件服务器系统崩溃。
- **邮件欺骗**：黑客以系统管理员的邮件地址给用户发送消息，佯称自己为系统管理员，要求用户更改密码，并发送回服务器，这样黑客便轻而易举地得到了该电子邮箱的密码。

10.3.2 防止黑客攻击

黑客攻击扰乱了社会公共秩序，破坏了人们的正常工作，毁坏了人们的工作成果。但只要在平时使用和维护计算机时注意一些问题，是可以有效减少甚至杜绝黑客攻击的。下面提供一些防范的常识，使读者积累防范黑客的经验。

- 在设置密码时，不要使用过于单一的数字或太短的密码位数，应混合使用数字和字母甚至特殊符号，并且最好在 10 位以上，而且要做到定期或不定期地修改密码，这样密码就不容易被黑客破解了。另外，不同用途的密码最好不要使用相同的组合，以防黑客攻一破十。
- 在使用操作系统和软件时，最好及时更新，下载最新的补丁程序将漏洞堵住，以防黑客利用系统或软件漏洞进行攻击。
- 在接收电子邮件时，不要打开身份不明的用户发送的电子邮件及其附件。
- 在安装反病毒软件时，需要经常升级更新，下载最新的病毒升级包，以防止新病毒或黑客的攻击。
- 在网上使用信用卡时，不要随意将信用卡资料透露给商家或网站。在被要求必须提供时，则需要确定该网站是否有安全保证。

📢**提示**：

要查看某商业网站是否合法，可以寻找浏览器底部显示的挂锁图标或钥匙形图标，然后单击该图标，看是否能连接到工商局或税务局，这是一般商业网站是否注册的标志。不过这也不能保证绝对安全。

- 在浏览网页时，查看所访问网站的地址，并留意地址栏中输入的地址信息。
- 在连接到 Internet 时，启动其数据加密安全机制，以防网络监听或被黑客窃取用户名和密码。
- 当用户通过专线或 Modem 连接到 Internet 时，最好安装防火墙软件，随时注意网络中数据的流动情况。
- 上网时不要贪图小便宜，一则令你惊喜的广告或链接都可能是黑客设下的陷阱。
- 防止 IP 地址泄漏。大多数黑客和黑客软件都需要先查探到对方的 IP 地址后，才能对其发动攻击，如 IP Hunter 就是一种专门用于窃取 IP 地址的软件。因此要想防御黑客的攻击，就得保护好自己的 IP 地址。当用户通过具有防火墙作用的代理服务器上网时，黑客就只能得到代理服务器的 IP 地址，而无法获取内部真实的 IP 地址。

➥ 在用户使用计算机时，为了防止黑客的攻击或病毒软件的袭击，可以通过"Windows 任务管理器"对话框，关闭一些运行于后台的不明程序。访方法对于对系统较了解的用户比较有用，但是初级用户最好不要随意关闭这些进程，以免影响操作系统的正常运行。

10.4　使用网络防火墙

当企业内部网络连接到 Internet 上时，为了防止非法入侵，确保企业内部网络的安全，最有效的防范措施之一就是在企业内部网络和外部网络之间设置一个防火墙，用于分割内部网络和外部网络的地址，使外部网络无从查探内部网络的 IP 地址，从而无法与内部系统发生直接的数据交流，而只能通过防火墙过滤后方能与内部发生信息交换。防火墙通过监测、限制和更改通过它的数据流，过滤掉不安全的服务和非法用户，以尽可能地屏蔽网络内部的信息、网络结构及运行情况，同时限制人们对特殊站点的访问，从而实现内部网络的安全防范与保护。

10.4.1　什么是防火墙

防火墙是能够增强内部网络安全性的一组系统，它用于加强网络间的访问控制，防止外部用户非法使用内部网络的资源，保护内部网络的设备不被破坏，防止内部网络的敏感数据被窃取。防火墙系统决定了哪些内部服务可以被外界访问，外界的哪些人可以访问内部的哪些服务以及哪些外部服务可以被内部人员访问，所有来自和去往 Internet 的信息都必须经过防火墙，接受防火墙的检查，并且只允许授权的数据通过，而且防火墙本身也必须能够避免被渗透。防火墙一旦被黑客突破或绕过，就不能提供任何保护了。

10.4.2　防火墙的功能

从总体上看，防火墙主要有以下功能。

➥ **过滤进出网络的数据包**：对进出网络的所有数据进行检测，对其中的有害信息进行过滤。

➥ **保护端口信息**：保护并隐藏计算机在 Internet 上的端口信息，黑客不能扫描到端口信息，便不能进入计算机系统，攻击也就无从谈起。

➥ **管理进出网络的访问行为**：可以对进出网络的访问进行管理，限制或禁止某些访问行为。

➥ **封堵某些禁止的访问行为**：可以对设置为禁止的访问行为进行封堵，使其无法实现访问。

➥ **过滤后门程序**：防火墙可以把特洛伊木马和其他后门程序过滤掉。

➥ **保护个人资料**：防火墙可以保护计算机中的个人资料不被泄露，不明程序在改动或复制计算机资料的时候，防火墙会向用户发出警告，并阻止这些不明程序的运行。

➤ **对攻击行为进行检测和报警**：检测是否有攻击行为的发生，有则发出报警，并给出攻击的详细信息，如攻击类型、攻击者的 IP 等。

➤ **提供安全状况报告**：防火墙可以提供计算机的安全状况报告，以便及时对安全防范措施进行调整。

10.4.3 天网防火墙

黑客或计算机病毒的有意攻击将给网络带来难以估量的损失。为了防御黑客和病毒的攻击，保证网络安全运行，除了安装反病毒软件外，还需要安装网络防火墙。这里以天网防火墙个人版软件为例，介绍如何进行网络安全防御。天网防火墙个人版是由国内天网安全实验室制作的反黑软件，是一套供个人计算机使用的网络安全程序，它可以抵挡网络入侵和攻击。

天网防火墙根据系统管理者设定的安全规则（Security Rules）把守网络，提供强大的访问控制、身份认证、应用选通、网络地址转换（Network Address Translation）、信息过滤、虚拟专网（VPN）、流量控制及虚拟网桥等功能。

1．安装与启动

从网上下载或到计算机市场购买天网防火墙安装光盘后，双击其安装程序即可根据安装向导的提示将其安装到计算机上。

安装完成后重新启动计算机，然后启动天网防火墙个人版，启动后的界面如图 10-24 所示，在主界面上用户可进行应用程序规则设置、IP 规则管理、系统设置、安全级别设置以及查看应用程序的网络使用情况等。

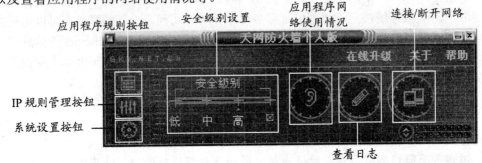

图 10-24　天网防火墙主界面

2．断开与连接网络

在主界面上单击█按钮可以断开网络，这时该按钮由蓝色变为绿色█，再次单击该按钮又可以连接网络，按钮又变回蓝色█。

3．应用程序规则设置

天网防火墙可以对应用程序的进程进行监控，对应用程序传输的数据包进行底层分析，它还可以控制应用程序发送和接收数据传输包的类型和通信端口，并且决定对数据包拦截还是通过。这种监视方式可以分析和阻止潜入本地计算机的黑客、木马程序以及一些常用程序的异常动作。

对应用程序发送数据包的监察可以使用户了解到系统有哪些程序正在进行通信，天网应用程序规则专门用于监视计算机内部应用程序在访问网络时的合法性，所以它不仅能防护诸如"反弹式木马"之类的后门软件，而且对目前流行的各种通过网络传播的病毒也有强大的拦截作用。

【例 10-3】　设置天网防火墙的应用程序规则。

操作步骤如下：

（1）在天网防火墙的主界面中单击■按钮，打开"应用程序访问网络权限设置"窗口，其中显示了对所有要访问网络的应用程序的设置信息，单击列表框中应用程序规则的 选项 按钮，如图 10-25 所示。

（2）打开"应用程序规则高级设置"对话框，在此可以设置应用程序使用网络时必须符合的规则，如采用的协议、端口及不符合规则时应选择的操作。完成设置后单击 确定 按钮，如图 10-26 所示。

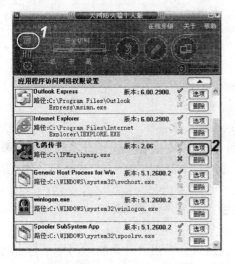 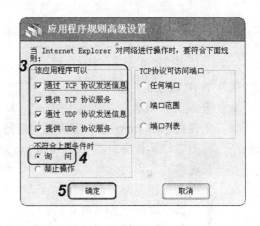

图 10-25　"应用程序访问网络权限设置"窗口　　图 10-26　"应用程序规则高级设置"对话框

🔊提示：

在应用程序名称的右侧有✓、✖和？3 种图标，其中✓图标表示该应用程序可以访问网络；✖图标表示不能访问网络；？图标表示当该应用程序访问网络时，将打开一个对话框询问用户是否允许该应用程序访问网络。

4. IP 规则设置

IP 规则是为了监控整个系统网络层数据包而设置的，其默认设置是一套适合在普遍情况下保护个人用户网络安全的规则。通常情况下，个人用户并不需要对天网防火墙的个人版做更多的设置就可以很顺利地应用防火墙的网络防护功能。

单击■按钮，打开如图 10-27 所示的"自定义 IP 规则"窗口，在窗口工具栏的上方有"增加"按钮■、"修改"按钮■、"删除"按钮✖、"保存"按钮■、"上移"按钮↑、"下移"按钮↓、"导出"按钮■和"导入"按钮■等工具按钮，分别用于对 IP 规则进行相应的操作。如单击"修改"按钮 📖 可打开如图 10-28 所示的"IP 规则修改"对话框，在其中可以对规则名称、规则说明、数据包传送方向、对方 IP 地址及采用的协议等设置进行修改。

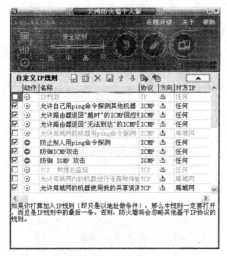

图 10-27　"自定义 IP 规则"窗口

图 10-28　"IP 规则修改"对话框

默认的 IP 规则说明如下。

- **IP 规则**：如果打算加入 IP 规则（即只是以地址做条件），那么必须选中该规则。
- **允许自己用 ping 命令探测其他机器**：用 ping 命令去探测其他计算机时，如果被探测的计算机安装了 TCP/IP 协议，就会返回一个 ICMP 回应包，该规则允许 ICMP 包返回到自己的计算机。
- **允许路由器返回"超时"的 ICMP 回应包**：当用户计算机访问一个地址超时时，路由器会返回 ICMP 回应包。
- **允许路由器返回"无法到达"的 ICMP 回应包**：当用户计算机访问一个无法到达的地址时，路由器会返回 ICMP 回应包。
- **允许局域网的内部用 ping 命令探测**：当局域网内部的计算机用 ping 命令探测用户计算机的存在时，不拦截探测数据包。
- **防止别人用 ping 命令探测**：当外部计算机用 ping 命令探测用户计算机时，它发出的 ICMP 回应包会被该规则拦截，使对方无法用这种方法确定用户的存在。
- **防御 ICMP 攻击**：别人无法用 ping 命令来确定用户计算机的存在，但不影响用户用 ping 命令去探测别人的计算机。ICMP 协议现在也被用来作为蓝屏攻击的一种方法，而且该协议对于普通用户来说，是很少使用到的。
- **防御 IGMP 攻击**：IGMP 是用于传播的一种协议，对于 Microsoft Windows 的用户是没有什么用途的，但现在也被用来作为蓝屏攻击的一种方法，建议选择此设置，不会对用户造成影响。
- **TCP 数据包监视**：通过该规则，用户可以监视本地计算机与外部计算机之间的所有 TCP 连接请求。注意，这只是一个监视规则，开启后会产生大量的日志，该规则是给熟悉 TCP/IP 协议网络的用户使用的，如果不熟悉 TCP/IP 协议，建议不要开启。

➦ **允许局域网内部的机器进行连接和传输**：允许局域网内的计算机连接到本机。

🔊提示：

可在 IP 规则中将其设置为禁止局域网内部的计算机进行连接和传输且禁止所有人连接局域网。

➦ **允许局域网的机器使用我的共享资源**：取消选中该复选框后，局域网中的其他用户就不能访问本机上的共享资源，包括获取本机的计算机名称。

➦ **禁止所有人连接**：防止所有的计算机和本机连接。这条规则有可能会影响用户使用某些软件。如果需要向外面公开自己的特定端口，请在本规则之前添加使该特定端口数据包可通行的规则。该规则通常放在最后。

➦ **UDP 数据包监视**：选中该复选框后，可以监视计算机上所有的 UDP 服务。不过通过 UDP 方式来进行蓝屏攻击比较少见，但有可能会被用来进行激活特洛伊木马的客户端程序。

🔊提示：

如果用户使用了采用 UDP 数据包发送的软件，如 QQ 聊天软件，就不可以选择阻止 UDP 数据包监视，否则将无法收到别人发出的 QQ 信息。

➦ **允许 DNS（域名解析）**：允许将域名转换为 IP 地址。

🔊提示：

如果要拒绝接收 UDP 包，就一定要开启该规则，否则会无法访问互联网上的资源。

➦ **允许局域网内的机器获取你的机器的名称**：这条规则允许局域网内的其他计算机取得自己的计算机名称。

5. 系统设置

单击 ⚙ 按钮，可打开如图 10-29 所示的"系统设置"窗口。选中"启动"栏中的 ☑ 开机后自动启动防火墙 复选框，可以使天网防火墙在操作系统启动时就自动启动。单击"规则设定"栏中的 重置 按钮，可以将天网防火墙的安全规则全部恢复为初始设置；单击 向导 按钮，将打开"天网防火墙设置向导"对话框，在其中可以进行天网防火墙的安全设置；在"局域网地址设定"栏中的"局域网地址"文本框中显示的是该计算机在局域网中的地址；在"其他设置"栏中的"报警声音"文本框中可以输入报警声音的路径，或单击 浏览 按钮进行选择；选中 ☑ 自动保存日志 复选框可自动保存系统生成的日志。

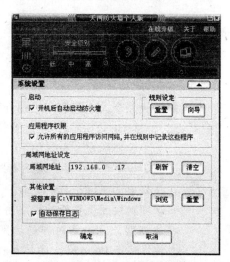

图 10-29　"系统设置"窗口

6．应用程序使用情况

单击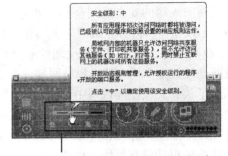按钮，可打开如图 10-30 所示的"应用程序网络状态"窗口。在该窗口中可以查看所有正在运行的应用程序进程，如果发现有非法的应用程序进程正在运行，可以选中该进程后单击 ✕ 按钮将其终止。

7．日志查看

天网防火墙可以记录所有不符合规则的数据包，如果选择了监视 TCP 和 UDP 数据包，那么发送和接收的所有数据都将被记录下来。记录的信息包括发送/接收的时间、发送的 IP 地址、数据包类型、本机通信端口、对方通信端口和标志位等。单击 按钮，在打开的如图 10-31 所示的窗口中即可查看日志。

图 10-30　"应用程序网络状态"窗口

图 10-31　系统日志

📢提示：

> 可以将安全日志导出和清除，单击💾按钮即可保存日志；单击✕按钮即可清除日志。

8．安全级别设置

天网防火墙个人版的安全级别分为高、中和低 3 级，如图 10-32 所示。默认的安全等级为"中"，其中各自的安全设置如下。

❧ 高：当应用程序第一次运行时，会向用户发出询问消息，如果程序已经被用户认可则按照设置好的规则运行。若设为该级别，无论是内部局域网上的计算机，还是 Internet 上的计算机都被禁止访问本地计算机共享的网络资源，包括文件、打印机等，即网络上的计算机根本看不到本地计算机，只打开已经被认

在级别名上单击即可设置相应的安全级别

图 10-32　设置安全级别

可的程序端口，屏蔽掉其他未对外开放的所有端口。

➤ **中**：应用程序运行和高级模式一样，初次运行时都要征求用户的许可，已经被认可的程序按照用户规定的规则运行。中级安全模式同样禁止 Internet 上的计算机访问本地计算机中的共享网络资源，局域网内部的计算机只允许访问网络共享服务（如文件、打印机共享服务），但不允许访问其他服务（如 HTTP、FTP 等）。

➤ **低**：低级安全模式要求所有初次访问网络的应用程序都要征求用户的许可，只有被许可后才能访问网络，并按照用户规定的规则运行。这种模式下只有内部局域网上的计算机才能访问本地计算机共享的各种资源，Internet 上的计算机仍旧被禁止访问本地计算机的共享资源。

10.5　数据的加密与备份

在网络中，为了防止计算机中的重要数据被窃取或破坏，应对其进行加密和备份。

10.5.1　数据的加密

对数据加密的方法有很多，这里介绍使用 Windows XP 内置的加密文件系统（Encrypting Files System，EFS）对数据进行加密。EFS 不仅可以对文件或文件夹进行加密，而且还保持了操作的简捷性。

【例 10-4】　对"我的文档"文件夹进行加密。

操作步骤如下：

（1）在系统桌面的"我的文档"图标上右击，在弹出的快捷菜单中选择"属性"命令，如图 10-33 所示。

（2）打开"我的文档 属性"对话框，单击"常规"选项卡，在"属性"栏中单击
高级(D)... 按钮，如图 10-34 所示。

图 10-33　选择"属性"命令

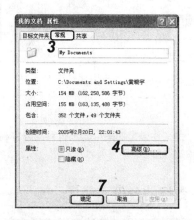

图 10-34　"我的文档 属性"对话框

📢提示：

这种方法只能对 NTFS 格式的磁盘分区中的文件进行加密，在非 NTFS 格式的磁盘分区的文件或文

件夹的属性对话框中是没有 高级(D)... 按钮的。

（3）打开"高级属性"对话框，在"压缩或加密属性"栏中选中 ☑加密内容以便保护数据(E) 复选框，然后单击 确定 按钮，如图 10-35 所示。

（4）返回"我的文档 属性"对话框，单击 确定 按钮，打开如图 10-36 所示的"确认属性更改"对话框，选中 ◉将更改应用于该文件夹、子文件夹和文件 单选按钮，并单击 确定 按钮。

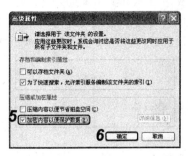

图 10-35 "高级属性"对话框

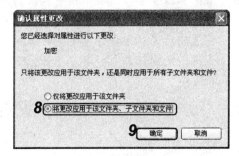

图 10-36 "确认属性更改"对话框

🔊 提示：

> 如果需要对加密后的文件或文件夹进行解密，只需由加密的用户在"高级属性"对话框中取消选中 ☐加密内容以便保护数据(E) 复选框即可。

（5）此时系统会将"我的文档"下的所有文件和文件夹进行加密，如图 10-37 所示，加密后的文件和文件夹只有进行加密的用户才能够使用或进行解密。其他用户试图使用或解密这些文件时无任何反应或打开出错对话框，如图 10-38 所示为试图复制加密文件时显示的对话框。

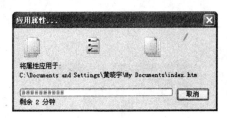

图 10-37 "应用属性"对话框

图 10-38 "复制文件或文件夹时出错"对话框

🔊 提示：

> 加密后的文件或文件夹可以进行移动或复制，不过只能将其移动到 NTFS 格式的磁盘分区内，否则会自动进行解密。

10.5.2 数据的备份

一些重要的数据一旦被病毒或黑客所破坏，要想再恢复或收集是非常困难的，所以对重要的数据进行备份是非常重要的。备份数据的方法有很多，如直接将要备份的数据复制到其他位置或刻录到光盘中，也可以使用备份工具进行备份。

【例 10-5】 使用 Windows 备份工具备份"我的文档和设置"。

操作步骤如下：

（1）选择"开始/所有程序/附件/系统工具/备份"命令，如图 10-39 所示。

（2）打开"备份或还原向导"对话框，单击 下一步(N) > 按钮，如图 10-40 所示。

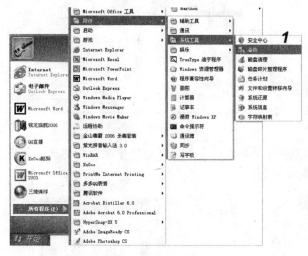

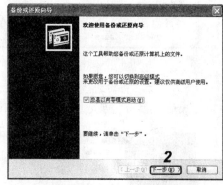

图 10-39　选择"备份"命令　　　　　　图 10-40　"备份或还原向导"对话框

（3）打开"备份或还原"对话框，选中 ⊙ 备份文件和设置(A) 单选按钮，单击 下一步(N) > 按钮，如图 10-41 所示。

（4）打开"要备份的内容"对话框，选中 ⊙ 我的文档和设置(M) 单选按钮，单击 下一步(N) > 按钮，如图 10-42 所示。

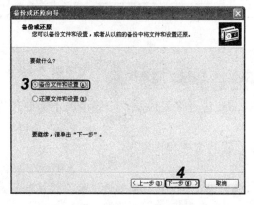

图 10-41　选择备份文件和设置　　　　　图 10-42　选择需要备份的内容

（5）打开"备份类型、目标和名称"对话框，单击 浏览(W)... 按钮，在打开的对话框中选择备份文件的位置，单击 保存(S) 按钮返回对话框，如图 10-43 所示。

（6）在"键入这个备份的名称"文本框中输入备份名称，单击 下一步(N) > 按钮，如图 10-44 所示。

（7）打开"正在完成备份或还原向导"对话框，提示已经完成备份的相关设置，单击 完成 按钮，如图 10-45 所示。

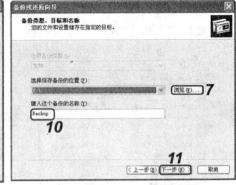

图 10-43 选择备份文件的路径　　　　　　　　图 10-44 设置备份名称

（8）打开"备份进度"对话框，在其中可以查看到备份文件的进度和所需的时间，当备份完成后，单击 关闭(C) 按钮，如图 10-46 所示。

图 10-45 完成向导　　　　　　　　　　　图 10-46 完成备份

📢提示：

数据的备份最好保存到计算机硬盘的最后一个分区或者外部移动存储设备中。

当数据被损坏或需要恢复到原来的状态时就需要进行恢复还原，一般情况下需要使用和备份数据时相同的软件进行还原。

【例 10-6】　使用 Windows 备份工具还原"我的文档和设置"。

操作步骤如下：

（1）启动 Windows 自带的备份工具后，在"备份或还原"对话框中选中 ⊙还原文件和设置(R) 单选按钮，单击 下一步(N)> 按钮，如图 10-47 所示。

（2）打开"还原项目"对话框，在其中选中备份文件前的复选框，单击 下一步(N)> 按钮，如图 10-48 所示。

（3）打开"正在完成备份或还原向导"对话框，完成还原设置，单击 完成 按钮，如图 10-49 所示。

（4）系统开始还原操作，并打开如图 10-50 所示的"还原进度"对话框，在其中可以看到还原的进度，当完成还原操作后，单击 关闭(C) 按钮即可。

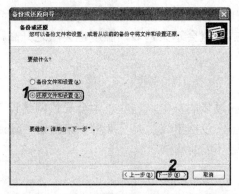

图 10-47 选中"还原文件和设置"单选按钮

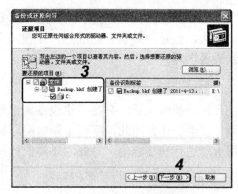

图 10-48 查找备份文件

图 10-49 完成还原设置

图 10-50 "还原进度"对话框

10.6 局域网的日常维护

随着办公自动化的深入，组建局域网的单位越来越多，在组建了一个局域网系统后，为了使网络系统正常运行，网络的维护是非常重要的。网络主要由网络硬件与网络软件组成，对网络的维护也就包括对硬件和软件的维护两个方面的内容。

10.6.1 局域网硬件的维护

局域网硬件设备包括网络主机（服务器、客户机等）、网络连接介质（双绞线、水晶头等）以及网络连接设备（网卡、集线器、交换机和路由器等）。这些网络设备都是由电子元器件构成，由于电子元器件在长时间的使用过程中会有磨损、老化，甚至烧毁等现象发生，因此需要定期对网络中的各种设备进行检测和排错。对网络硬件的维护主要包括设备的散热、灰尘的清理、设备的检查及运行状态的监测等。

1．设备的散热

由于计算机网络中的各种设备多是由电子元器件构成，这些电子元器件在工作的过程中会产生大量的热能，使电子元器件的温度升高。如果电子元器件的温度过高就会加快其老化的过程，甚至烧毁。因此对网络设备中的各电子元器件进行散热非常重要。如在交换机的内部也有和计算机一样用于数据处理的 CPU，同样需要加装散热器。虽然这些设备的散热量不大，但是如果设备的散热性能很差，热量就会越聚越多，温度也会随之升高，最后导致设备损坏。

2．设备的除尘

在使用较长时间后，会在网络设备内部聚积过多的灰尘，这些灰尘会导致网络设备发生故障，甚至损坏。因此，需要定期对网络设备，包括集线器、交换机、路由器、Modem以及网卡等进行清洁除尘，另外，还要保持网络环境的清洁。

3．设备的检查及运行状态的监测

在使用网络的过程中应定期对网络中各设备进行检查，并通过软硬件设备随时监测其运行状态，以便及时发现和解决问题。

10.6.2　局域网软件的维护

局域网软件的维护包括网络操作系统和网络协议的维护、重要数据的备份以及网络安全软件的安装和设置等。

1．网络操作系统及协议的维护

网络操作系统包括计算机操作系统和网络连接设备操作系统两部分，计算机操作系统就是常用的个人计算机的操作系统，该操作系统由于人为的原因，其运行状态及系统设置等都可能发生改变，有时还会遭受来自网络的病毒和黑客的攻击，以至系统崩溃。因此，需要定期对计算机操作系统进行维护，如清理垃圾文件、升级系统补丁等。此外，由于交换机、路由器等设备的内部有处理器，这些网络设备也安装了操作系统，其主要作用是帮助硬件完成建立连接、传输数据等操作，对其维护主要是设置网络属性、升级交换机和路由器的操作系统等。

网络协议是安装在计算机操作系统中的，在对计算机操作系统维护的同时，也需要对网络协议进行相应的维护。通过网络协议提供的网络软件，如 Ping、Ipconfig 和 Netstat 等，可以对网络运行状态进行监测、查看网络配置和检查网络故障等。

2．数据备份

在局域网中的计算机，特别是服务器（如 DNS 服务器、Web 服务器、FTP 服务器、电子邮件服务器和数据库服务器等）上，存放了大量重要的数据，这些服务器上的数据一旦丢失，如同硬盘丢失数据一样，后果不堪设想。由于服务器上的数据会随着管理员和用户的操作而经常发生变化，因此需要定期地对服务器中的重要数据进行备份。

3．网络安全与病毒防护

Internet 连接了多种不同的网络和数不胜数的计算机，因此在计算机或局域网连入Internet 后，就需要维护计算机或局域网的安全，应该安装各种防护软件，如杀毒软件、防火墙等。由于网络环境在不断发生变化，新的安全隐患也在不断地出现，因此需要对杀毒软件、防火墙以及操作系统等进行升级和安装漏洞补丁，其具体内容包括以下几方面。

➥　定期检查专用网络连接，堵住漏洞。

- 维护和升级防病毒软件、防火墙设备。
- 调整系统的安全策略，对各种安全机制定期进行调整。
- 要随时根据网络技术和安全防护技术的发展调整安全策略和制度。
- 拒绝外部网络直接连接到内部的系统上，以确保数据的安全，要定期做好连接和访问测试。

4．360 安全卫士

360 安全卫士是一款功能强、效果好、受用户欢迎的网络维护与安全软件，拥有查杀木马、清理插件、修复漏洞、计算机体检和保护隐私等多种功能，可全面、智能地拦截各类木马，保护用户的账户和隐私等重要信息。360 安全卫士的网络维护功能主要是在其"功能大全"选项卡中，如图 10-51 所示。

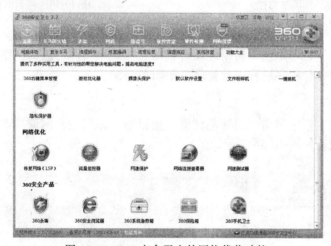

图 10-51　360 安全卫士的网络优化功能

1）修复网络（LSP）

在 360 安全卫士主界面中单击"功能大全"选项卡，在"网络优化"栏中单击"修复网络（LSP）"按钮，即可进入修复网络工具界面，对网络进行修复，如图 10-52 所示。

2）流量监控器

在"网络优化"栏中单击"流量监控器"按钮，即可进入流量监控器工具界面，对网络中的各种程序的网络流量进行监控，如图 10-53 所示。

图 10-52　修复网络

3）网速保护

在"网络优化"栏中单击"网速保护"按钮，即可进入网速保护工具界面，在其中可以设置对网络中的程序进行网速保护，如图 10-54 所示。

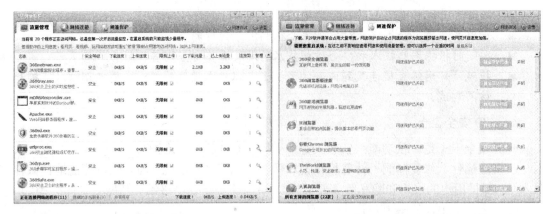

图 10-53　流量监控　　　　　　　　　　图 10-54　网速保护

4）网络连接查看器

在"网络优化"栏中单击"网络连接查看器"按钮，即可进入网络连接查看器工具界面，对网络中的各种程序进程进行管理，如图 10-55 所示。

5）网速测试器

在"网络优化"栏中单击"网速测试器"按钮，即可进入网速测试器工具界面，对网络速度进行测试，如图 10-56 所示。

图 10-55　网络程序进程　　　　　　　　图 10-56　网速测试

10.7　上机与项目实训

10.7.1　使用 360 安全卫士清除木马

本次练习将在计算机中使用 360 安全卫士查杀木马，通过本例的操作，了解查杀木马的操作。

操作步骤如下：

（1）启动 360 安全卫士，在桌面右下角单击其活动图标 ，打开主界面，单击"木马防火墙"按钮 ，如图 10-57 所示。

（2）打开"360 木马防火墙"界面，在"系统防护"选项卡中开启需要的各种网络防火墙，如图 10-58 所示。

图 10-57　启动 360 安全卫士

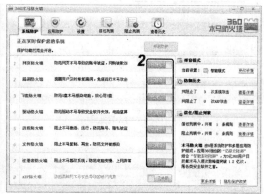

图 10-58　设置系统防护

（3）单击"应用防护"选项卡，在"功能设置"栏中单击不同的选项卡，在右侧设置桌面图标、输入法和浏览器的防护选项，如图 10-59 所示。

（4）单击"设置"选项卡，在其中设置木马防火墙的弹窗模式、免打扰模式和驱动拦截修复，单击 保存 按钮，如图 10-60 所示。

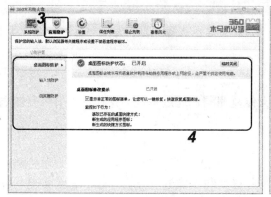

图 10-59　设置应用防护

图 10-60　设置木马防火墙

（5）单击 × 按钮返回 360 安全卫士主界面，单击"查杀木马"选项卡，然后单击"快速扫描（推荐）"按钮 ，如图 10-61 所示。

（6）360 安全卫士开始进行木马扫描，并显示扫描进度和结果，如图 10-62 所示。

（7）扫描完成，将显示扫描到的木马或危险项，并提供了处理方法，然后单击 立即处理 按钮，如图 10-63 所示。

（8）360 安全卫士将自动处理木马或危险项，并提示用户重新启动计算机，单击 好的,立刻重启 按钮，重启后，完成查杀操作，如图 10-64 所示。

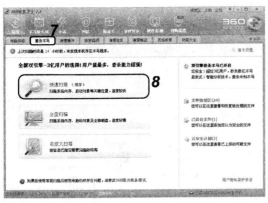

图 10-61　查杀木马

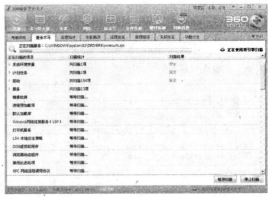

图 10-62　扫描进度和结果

图 10-63　显示结果

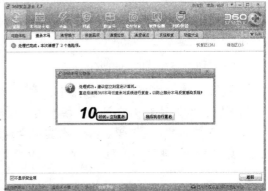

图 10-64　完成查杀

10.7.2　使用 360 安全卫士修复系统漏洞

本次练习将在计算机中使用 360 安全卫士修复漏洞，通过本例的操作，了解修复漏洞的操作。

操作步骤如下：

（1）打开 360 安全卫士的主界面窗口，单击"修复漏洞"选项卡，程序将自动检测系统中存在的各种漏洞，并将漏洞按照不同的危险程度和功能进行分类，选中需要修复的漏洞前的复选框，然后单击 立即修复 按钮，如图 10-65 所示。

🔊提示：

> 通常 360 安全卫士在检测到系统存在漏洞时，会自动提示用户进行漏洞修复。

（2）360 安全卫士开始下载漏洞补丁程序，并显示修复进度，如图 10-66 所示。

（3）下载完一个漏洞的补丁程序后，360 安全卫士将继续下载下一个漏洞的补丁程序，同时安装下载完的补丁程序，如图 10-67 所示。安装补丁程序成功将在该选项的"状态"栏中显示"已修复"。

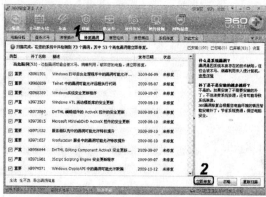

图 10-65　扫描漏洞

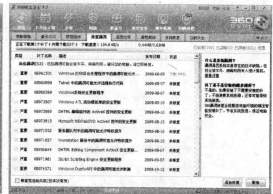

图 10-66　开始下载漏洞补丁

（4）待全部漏洞修复后，360 安全卫士建议重新启动计算机使修复生效，单击 立即重启 按钮，如图 10-68 所示。

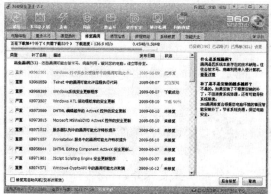

图 10-67　安装补丁程序

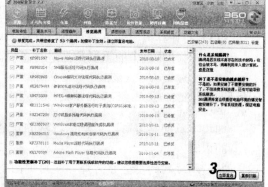

图 10-68　完成修复

（5）重新启动计算机后，最好重新对系统漏洞进行扫描，保证系统中的漏洞已经全部修复，如图 10-69 所示。

图 10-69　再次扫描

10.8　练习与提高

（1）天网防火墙有哪些功能？

（2）如何防止黑客攻击？

（3）病毒攻击对象以及表现特征有哪些？

（4）在查杀病毒前应注意哪些事项？

（5）计算机病毒的传播途径主要有哪些？

（6）简述病毒防治的技术。

（7）在计算机中安装 360 杀毒和 360 安全卫士。

（8）简述网络硬件维护和软件维护各包括哪些方面。

（9）练习启动 360 杀毒软件，并用其查杀病毒。

（10）练习天网防火墙的启动及进行相关设置。

（11）使用 360 安全卫士修复系统漏洞。

（12）使用 360 安全卫士测试网速。

（13）对计算机中的重要数据进行加密。

（14）对计算机中的重要数据进行备份。

通过本章的学习可以了解局域网的安全和维护的基本知识，下面介绍几点本章中需注意的内容。

➥　局域网的安全分为外部和内部两个方面，外部主要是服务器防御外部黑客和病毒的破坏，内部则主要是防御病毒。

➥　对于局域网中的服务器，最好安装防火墙，并需要对重要的数据进行备份，且备份最好存放在另外一台没有进行网络连接的计算机中。

➥　对于局域网中的客户机，只需要安装各种杀毒软件，并及时对软件进行升级。